I0074385

El Apicultor Práctico

Volúmenes I, II & III
Apicultura Natural

por Michael Bush

El Apicultor Práctico Volúmenes I, II & III
Apicultor Natural

Copyright © Español 2014 por Michael Bush
The Practical Beekeeper en Inglés Copyright © 2004-2011 por Michael Bush

Todos derechos reservados. Ninguna parte de este libro puede ser reproducida o transmitida de ninguna forma sin autorización por escrito del autor.

Traducido por Michelle Carrera-Hutchins
Editado y revisado por Patricia Díaz-Cordovés Román

Foto de la Portada © 2011 Alex Wild
www.alexanderwild.com

ISBN: 978-161476-094-8

654 páginas

X-Star Publishing Company

Dedicatoria

Este libro está dedicado a Ed y Dee Lusby que fueron los verdaderos pioneros de los métodos de apicultura natural que fueron exitosos contra los ácaros de Varroa y todos los otros problemas nuevos. Gracias por compartirlos con nosotros.

Sobre el libro

Este libro es sobre cómo mantener a las abejas en un sistema práctico y natural donde no necesiten tratamientos contra plagas ni enfermedades y solo mínimas intervenciones. Trata también sobre la apicultura práctica y simple. Sobre reducir su trabajo. No es un libro de apicultura regular. Muchos de los conceptos son contrarios a la apicultura convencional. Las técnicas presentadas aquí han sido perfeccionadas durante décadas de experimentación, ajustes, y simplificación. El contenido ha sido escrito y perfeccionado para responder a las preguntas hechas en foros de abejas a través de los años, así que está hecho a la medida de lo que los apicultores principiantes y expertos preguntan.

En vez de un índice, hay una Tabla de Contenidos detallada.

Está dividido en tres volúmenes y esta edición contiene los tres: Principiante, Intermedio, y Avanzado.

Agradecimientos

Estoy seguro de que olvidaré nombrar a muchos de los que me han ayudado en este camino. Primero porque a muchos solo los conozco por los nombres en los foros de abejas donde compartieron su experiencias. Pero entre los que me siguen aconsejando, Dee por supuesto, Dean y Ramona, y todas las personas maravillosas del grupo de apicultores orgánicos "Organic Beekeeping Group" en Yahoo. Sam, siempre has sido una inspiración. Toni, Christie gracias por vuestro aliento. A todos ustedes en los foros que me preguntan las mismas preguntas una y otra vez, porque me han enseñado lo que necesitaba ser escrito, y me motivaron a escribirlo. Y por supuesto a todos los que me insistieron a compilar mi conocimiento en un libro.

Prólogo

Me siento como G.M. Doolittle cuando dijo que ya había dado todo lo que sabía gratuitamente en las revistas de abejas y sin embargo las personas le seguían pidiendo un libro. Casi toda esta información está disponible en mi página de web y lo he posteado todo muchas veces en los foros de abejas. Pero muchas personas me piden un libro. Aquí hay alguna información nueva, pero la mayoría está disponible en mi página de web (www.bushfarms.com/bees.htm). Muchos entienden la naturaleza transitoria de internet, y quieren un libro sólido en nuestras estanterías. Estoy de acuerdo. Así que aquí está el libro que hubiese podido leer gratis pero ahora lo puede tener en sus manos y colocarlo en la estantería, y saber que lo tiene.

He hecho muchas presentaciones y unas cuantas han sido subidas a internet. Si tiene interés en escuchar (en inglés) algunas de estas presentaciones, haga una búsqueda por videos de "Michael Bush beekeeping" u otros temas como "queen rearing". El material también se encuentra en www.bushfarms.com/bees.htm al igual que las presentaciones de PowerPoint de mis charlas.

Prólogo a la edición española.

Este libro está escrito con muchas referencias a empresas y elementos que pueden estar solamente disponibles de empresas ubicadas en Estados Unidos. Usted puede, o no, ser capaz de encontrar proveedores locales para estas cosas. Lo que es necesario para mantener a las abejas de forma natural, sin embargo, puede ser obtenido o fabricado en cualquier lugar. Este libro también se basa en mi experiencia en mi lugar de residencia y se deben hacer ajustes por las diferencias climáticas.

Tabla de Contenido

Volumen I Principiante

BLUF

Aprenda de las abejas

"Deje que las abejas le enseñen"-
Hermano Adam

BLUF (por sus siglas en inglés) es un acrónimo para describir el Resultado por Adelantado (Bottom Line Up Front). De eso trata este capítulo. Le proporcionaré un atajo al éxito en la apicultura. No es que no merezca la pena leer lo demás, pero el resto es meramente elaboración y detalles. Con disculpas a C.S. Lewis (quien dijo en su libro El Caballo y Su Jinete, "nadie le enseña a montar a caballo mejor que el caballo") Creo que debe entender que "nadie le enseña más de la apicultura que las abejas". Escúchelas y ellas le enseñarán.

Confíe en las abejas

"Hay varios consejos que serán guías
de provecho. Una es que cuando se
enfrente a un problema en el colmenar
y no sepa qué hacer, no haga nada. Los
problemas rara vez se empeoran
cuando no se hace nada. Pero
empeoran por intervenciones
inapropiadas. —The How-To-Do-It book
of Beekeeping, Richard Taylor

Si la pregunta en su mente comienza con "cómo hago que las abejas..." entonces ya se está equivocando. Si la pregunta es "cómo puedo ayudarlas a que hagan lo que están intentando hacer" está en camino de ser un apicultor.

Recursos

Esta es la respuesta corta a todos los problemas de la apicultura. ***Deles los recursos para resolver el problema, y déjelas. Si no puede darle los recursos, entonces limite la necesidad de los recursos.***

Por ejemplo si le están robando lo que necesita es más abejas que defiendan la colmena, pero si no puede hacer eso, entonces reduzca el tamaño de la entrada para que solo puedan entrar una a una y creará el "pase de Termopila, donde los números no cuentan". Si están teniendo problemas de polilla de cera en la colmena, lo que necesitan es más abejas para proteger el panal. Si no puede dárselo entonces reduzca el área que tienen que proteger al quitar panales y espacios vacíos.

En otras palabras, deles los recursos o redúzcales la necesidad de recursos que no tienen.

Panacea

La mayoría de los problemas de abejas son problemas de reinas.

Existen pocas soluciones tan universales en sus aplicaciones y sus éxitos como añadir un marco de cría abierto de otra colmena de cada semana a cada tres semanas. Es virtualmente una panacea para cualquier problema de reina. Le da a las abejas las feromonas para dominar a las obreras ponedoras. Le da más obreras entrando en un periodo donde no hay reina ponedora. No interfiere si hay una abeja virgen. Le da los recursos para criar a la reina. Es virtualmente infalible y no requiere encontrar a la reina o ver los huevos, o diagnosticar el problema en detalle. Si tiene problemas con posesión de la reina, o con no crías, o está preocupado porque no existe una reina, ésta es la solución más simple que no necesita preocupación, no necesita espera, no necesita dudas ni suposición. Solo le provee lo que necesitan para resolver la situación. Si tiene alguna duda sobre la posesión de la reina de una colmena, dele una cría y despreocúpese. Repita una vez a la semana durante dos semanas si todavía no está seguro. Para entonces ya estarán en camino a mejorarse.

Si tiene miedo de transferir a la reina, de la colmena con reina sin querer, porque tiene dificultad para encontrar a la reina, entonces sacuda o escobille las abejas antes de dársela a otra colmena.

Si está preocupado por coger los huevos de una colonia pequeña tenga presente que la reina puede poner muchos más huevos de los que una colonia pequeña puede calentar, alimentar, y criar. Coger un marco de huevos de una nueva colonia pequeña y cambiarla por un panal vacío tendrá poco impacto en la colonia donante y puede salvar a la receptora si de verdad no tienen reina. Si la receptora no necesitaba una reina, llenará el vacío mientras la reina nueva se aparea y no intervendrá en nada.

Ahorra mucha preocupación y adivinanza. En su lugar, le podrá dar los recursos y entonces observar qué hacen, y esto le dará una buena señal de lo que está pasando en realidad. Si no crían una reina, probablemente haya una virgen ahí suelta. Si crían una reina, obviamente no tenían una o la que tenían no era suficiente.

¿Por qué este libro?

Supongo que habrá estado viviendo en una cueva si no se ha enterado de que las abejas de miel y los apicultores están en problemas. Los problemas son complejos, y mayormente recientes. Ciertamente son una amenaza para la industria de la apicultura pero más allá de esto, son una amenaza para la supervivencia de muchas plantas que necesitamos o queremos para comida y muchas otras plantas que son una parte necesaria para nuestro medio-ambiente.

"Aquellos que dicen que no se puede hacer algo no deben interrumpir a aquellos que lo están haciendo" George Bernard Shaw

Parece que existe controversia sobre si es posible criar abejas sin tratamientos. Pero somos muchos los que lo hacemos y tenemos éxito.

Mientras la mayoría de nosotros los apicultores pasamos mucho esfuerzo en luchar contra los ácaros Varroa, me enorgullece decir que mis mayores problemas en la apicultura que tengo son ahora intentar que los núcleos pasen los inviernos del sureste de Nebraska, y conseguir colmenas que no me den dolor de espalda al levantarlas, o encontrar maneras más simples de alimentar a las abejas.

Así que mi propósito es primero hablar de cómo lidiar con los problemas de apicultura, y segundo de cómo trabajar menos y lograr más en la apicultura.

Vamos a echar un vistazo rápido a algunos de los problemas de la apicultura y sus soluciones. Los detalles están en los próximos capítulos y volúmenes.

Sistemas de apicultura insostenibles

Plagas de Apicultura

¿Por qué tenemos este problema? Existen muchas plagas y enfermedades recientes que han llegado a Norte América (y a muchos otros lugares del mundo) en los últimos 30 años. (Vea el capítulo *Enemigos de las Abejas*) Como alguien dijo "No puede tener las abejas como abuelo porque las abejas de abuelo están muertas." La mayoría de nosotros, los apicultores, hemos perdido todas nuestras abejas en un momento u otro en las últimas décadas, y parece que esto está empeorando. Una parte del problema para los apicultores son las plagas, pero también hay otros problemas.

Patrimonio Genético Reducido

Tenemos un patrimonio genético reducido aquí en Norte América entre pesticidas, plagas, y excesivos programas para controlar a las abejas melíficas africanizadas, muchas abejas ferales han sido erradicadas dejando únicamente las reinas que la gente compra. Si considera que existen solo unos pocos criaderos de abejas reinas proveyendo el 99% de las reinas, eso es un patrimonio genético reducido. Esta deficiencia antes era compensada por las abejas ferales y por personas criando sus propias reinas. Pero la moda reciente es de no animar a la gente a criar sus propias reinas y solo comprarlas, especialmente en áreas donde hay abejas melíficas africanizadas.

Contaminación

El otro lado del problema de plagas es que la respuesta estándar que han dado los expertos ha sido la de usar pesticidas en las colmenas por apicultores para matar a los ácaros y otras plagas. Pero estas se acumulan en la cera y causan esterilidad en los zánganos lo que a su vez causa que las reinas no tengan éxito. Una opinión que he escuchado de un experto en el campo pone el promedio de reemplazo en tres veces al año. Eso quiere decir que las reinas están fallando y están siendo reemplazadas tres veces al año. Esto es increíble para mí ya que la mayoría de mis reinas tienen tres años.

Patrimonio Genético Equivocado

El otro lado de ayudar a las abejas con tratamientos de pesticidas y antibióticos es que mantiene la propagación de las abejas que no pueden sobrevivir. Esto es lo opuesto de lo que necesitamos. Necesitamos apicultores que propaguen las que sí puedan sobrevivir. También mantenemos las plagas que son lo suficientemente fuertes para sobrevivir a nuestros tratamientos. Así que reproducimos abejas débiles y plagas súper fuertes. También por años llevamos reproduciendo abejas que no crían zánganos, que sean grandes y usen menos propóleos. Algunos de estos tratamientos crean desafíos reproductivos (menos zánganos y abejas más grandes igual a zánganos más grandes y más lentos), y otros hacen que sean más sensibles a los virus (menos propóleos).

Desestabilización de la ecología de la colonia de abejas

Una colonia de abejas es un sistema completo y complejo compuesto a su vez por un hongo beneficioso y benigno, bacteria, ácaros, insectos y otra flora y fauna que dependen de las abejas para su supervivencia y de los cuales las abejas dependen para fermentar el polen y acabar con los patógenos. Todos los controles de plagas tienden a matar los ácaros y los insectos. Todos los antibióticos usados por los apicultores tienden a matar la bacteria (Terramicina, Tylosin, aceites esenciales, ácidos orgánicos y thymol hacen esto) o los hongos y las levaduras (fumidil, aceites esenciales, ácidos orgánicos y thymol hacen esto). El balance entero de este sistema precario ha sido desestabilizado por todos los tratamientos en la colmena. Recientemente los apicultores han cambiado al nuevo antibiótico Tylosin, al cual la bacteria beneficiosa no ha tenido tiempo de crear resistencia; han cambiado al ácido fórmico como tratamiento que cambia el pH radicalmente al acídico y mata muchos microrganismos de la colmena.

Castillo de Naipes de la Apicultura

Así que los apicultores, con el consejo de la USDA y las universidades han creado este delicado sistema de apicultura que requiere químicos, antibióticos y pesticidas para mantenerlo. Y los apicultores continúan criando plagas resistentes que pueden sobrevivir al tratamiento y contaminando el abastecimiento entero de cera con venenos (y construimos nuestra estampada de esa cera contaminada ya que es un sistema cerrado) y criando reinas que no pueden sobrevivir sin este tratamiento.

¿Cómo podemos hacer que el sistema de apicultura sea sostenible?

Parar el tratamiento

La única manera de tener un sistema de apicultura sostenible es suspendiendo el tratamiento. El tratamiento es un espiral de muerte que está colapsando. Para influenciar esto, hay que criar nuestras propias reinas de las sobrevivientes abejas locales. Solo entonces se puede tener abejas que genéticamente puedan sobrevivir, y parásitos que estén en sintonía con su huésped y en sintonía con su medio-ambiente local. Mientras demos tratamiento, tendremos abejas débiles que solo podrán sobrevivir si las tratamos, y parásitos más fuertes que solo podrán sobrevivir si se reproducen rápidamente para estar a la par con los tratamientos. Ninguna relación estable puede desarrollarse hasta que dejemos de tratarlas.

El otro problema, por supuesto, es que si solo suspendemos ahora el sistema de apicultura que tenemos, las abejas genética y ecológicamente débiles finalmente van a morir. Incluso si son genéticamente capaces de sobrevivir en un ambiente limpio (sin contaminación), tenemos que llegar a un ambiente en el cual puedan sobrevivir o si no morirán. ¿Entonces, cuál es ese ambiente?

Cera Limpia

Necesitamos cera limpia. Usando una estampada hecha de cera reciclada y contaminada no lo conseguiremos. El abastecimiento de cera del mundo entero está contaminado con acaricidas. Los panales naturales nos proporcionarán cera limpia.

Tamaño natural de las celdas

Lo siguiente que nosotros, los apicultores, tenemos que hacer es controlar las plagas de una manera natural. Este punto lo iremos elaborando según vayamos avanzando, pero Dee y Ed Lusby llegaron a la conclusión que la solución era volver a tamaños naturales de celdas. La cera estampada (una fuente de contaminación en la colmena debido al acumulamiento de pesticida en el abastecimiento mundial de cera) está diseñada a guiar para las abejas a crear el tamaño de las celdas que nosotros queremos. Como las obreras son de un tamaño, y los zánganos de otro, y como los apicultores durante más de un siglo han visto a los zánganos como los enemigos de la producción, los apicultores usan cera estampada para controlar el tamaño de las celdas que crean las abejas.

Al principio esto estaba basado en el tamaño natural de las celdas. Las primeras ceras estampadas eran de entre 4.4mm a 5.05mm. Pero entonces alguien

(Francis Huber fue el primero) observó que las abejas creaban una variedad de tamaños de celdas y que las abejas grandes formaban celdas grandes y las abejas pequeñas creaban celdas pequeñas. Así que Badoux decidió que si ampliaba las celdas tendría abejas más grandes. La suposición era que abejas más grandes podían traer más néctar y por ende ser más productivas. Así que ahora, hoy en día, tenemos unas celdas estándares de cera estampada de 5.4mm. Cuando considere que a 4.9mm el panal tiene 20mm de ancho y que a 5.4mm el panal tiene 23mm de ancho, esto crea una diferencia de volumen. De acuerdo con Baudoux, el volumen de una celda de 5.555mm es de 301mm cúbicos. El volumen de una celda de 4.7mm es de 192 mm cúbicos. Las celdas de tamaño natural tienen de 4.4mm a 5.1mm, con 4.9mm o más pequeño siendo el tamaño más común en el nido de crías.

Entonces lo que tenemos son celdas grandes antinaturales creando abejas grandes antinaturales. Elaboraremos más el por qué y el cómo en el capítulo Tamaño Natural de Celda en el Volumen II. La versión corta es que con un tamaño natural de celda tenemos control de la población del ácaro de Varroa y finalmente podemos mantener a nuestras abejas vivas sin tratamientos.

Comida Natural

La miel y el polen real son las comidas propias de las abejas. El sirope de azúcar tiene un pH mucho más alto (6.0) que la Miel (3.2 a 4.5) (El azúcar es mucho más alcalina). Lo que es lo mismo pero al revés: la miel tiene un pH mucho más bajo que el sirope de azúcar (la Miel es mas acidica). Esto afecta a la capacidad reproductiva de prácticamente toda enfermedad de cría en las abejas además de Nosema. Todas las enfermedades de crías se reproducen más en el pH del azúcar (6.0) que en el pH de la miel (~4.5). Y esto sin mencionar que la miel y el polen real son más nutritivos que el sustituto de polen y el sirope de azúcar. El sustituto de polen artificial hace que las abejas vivan durante períodos más cortos y tengan peor salud.

Aprendizaje

Los principiantes en cualquier campo siempre tienden a sentirse abrumados, así que antes de entrar más a fondo, hablemos de aprendizaje.

Lo más importante que puede aprender en la vida es como aprender. A menudo doy clases de informática, y siempre he sido un aprendiz. Me encanta aprender. He descubierto que la mayoría de las personas no saben cómo aprender. Aquí hay unas reglas de aprendizaje que creo que la mayoría de las personas no conocen.

Regla 1: Si no está cometiendo errores, no está aprendiendo nada. Tenía un jefe en la construcción que decía "Si no está cometiendo errores, no está haciendo nada". Puede ser verdad, pero a veces se hacen cosas repetitivas y puede llevarle al punto de no cometer errores, ¡pero si está aprendiendo estará cometiendo errores! Esto es un hecho. Cometer errores y aprender son inseparables. Si no está cometiendo errores, no está llegando a los límites de lo que conoce, y si no está llegando a esos límites, no está aprendiendo.

Mis estudiantes en las clases de informática comentan a menudo cómo sus hijos aprenden a usar los ordenadores tan rápida y fácilmente, y que quisieran que fuese así para ellos. Yo les digo que es porque es fácil para los niños. Ellos no tienen miedo de cometer errores. Los niños están acostumbrados a cometer errores. Los adultos no lo están. Si quiere aprender, acostúmbrese a cometer errores. Aprenda de ellos.

Escuché una historia sobre un muchacho que estaba haciéndose cargo del puesto de presidente de banco. La persona que tuvo el trabajo antes que él estuvo ahí durante cuarenta años e hizo mucho dinero para la compañía. El muchacho le pidió consejo antes de irse. El hombre mayor le dijo que para hacer mucho dinero para la compañía había que tomar buenas decisiones. El muchacho le pregunta "¿cómo se toman buenas decisiones?" El señor mayor le contestó "toma malas decisiones y aprende de ellas". Al final esta es la única manera de aprender. Cometa errores y aprenda de ellos. No estoy diciendo que no pueda aprender de los errores ajenos, o de los libros, pero al final, tiene que cometer sus propios errores.

Regla 2: Si no está confuso, no está aprendiendo nada. Si va a ser un aprendiz tiene que estar acostumbrado a estar confuso. La confusión es un sentimiento que tiene cuando está intentando descifrar las cosas. Los adultos encuentran esta sensación desconcertante, pero no hay otra manera de aprender. Si recuerda el último juego de cartas que aprendió, le dijeron las reglas de las cuales no se acordaba, pero empezó a jugar de todas formas. Las primeras manos fueron terribles, pero entonces empezó a entender las reglas. Pero eso era solo el principio. Entonces jugó hasta que empezó a entender cómo jugar estratégicamente, pero hasta que llegó ahí estaba confuso. Gradualmente la imagen de las reglas y las estrategias y de cómo encajaban juntas empezaron a formarse en su mente, y entonces tuvieron sentido. La única manera de llegar ahí es a través de ese periodo de confusión.

El problema con el aprendizaje y nuestra imagen del mundo, es que pensamos que las cosas se formaran linealmente. Aprenda esto, añada este y aquel y finalmente tendrá todos los hechos. Pero la realidad no es un conjunto de hechos lineales; es un conjunto de relaciones. Son esas relaciones y principios de los que se compone el aprendizaje. Lleva a mucha confusión llegar por fin a clasificar las relaciones. No hay punto de partida y llegada, porque no es una línea, es un circulo entre círculos. Así que empieza en algún lado y continúa hasta que tiene las relaciones básicas.

Regla 3: El aprendizaje real no es un hecho, son relaciones. Es como una especie de rompecabezas. Empieza en algún lado, aunque no parezca nada todavía. Organiza las piezas por color, patrón, y entonces empieza a juntarlas. Todo lo que aprende de cualquier materia es parte del rompecabezas completo y está relacionado con todo lo demás de alguna manera.

Los hechos son solo piezas del rompecabezas. Los necesita para que las relaciones tengan sentido, pero las piezas por sí solas no tienen sentido hasta que las tiene conectadas. La conexión entre todas las cosas es una de las primeras cosas que necesita aprender para estar listo para aprender.

Un ávido reportero de noticias le preguntó a Albert Einstein cuántos pies había en una milla. Einstein le dijo que no tenía idea. El reportero entonces lo humilló porque no lo sabía. Einstein dijo que para eso están los libros, para buscar cosas como esas. Él no quería ocupar su mente con hechos.

Es mucho más importante saber pocos hechos pero entender las relaciones entre las cosas, que saber muchos hechos y no entender las relaciones. Una parte pequeña del rompecabezas ya hecha es mejor que muchas piezas y ninguna conectada. El conocimiento y el entendimiento no están relacionados. No busque el conocimiento. Busque el entendimiento y el conocimiento vendrá por sí solo.

Regla 4: No es tan importante lo que no conoce, sino saber cómo buscarlo Tom Brown Jr. escribió una guía de supervivencia. Yo leo guías de supervivencia constantemente, aunque con frecuencia me frustran porque lo que me dan son recetas. Toma esto y esto y haz esto y esto con ello y tendrás albergue. El problema es que en la vida real normalmente falta alguno de esos ingredientes. Tom Brown en su capítulo de albergue demostró cómo él aprendió a construir un albergue. Decirle cómo construir un albergue y decirle cómo aprender a crearlo es tan diferente como el día y la noche. Lo que quiere aprender en la vida no son las respuestas, sino cómo encontrar las respuestas. Si sabe esto, podrá adaptarse a los materiales y las situaciones disponibles.

El método tradicional es mirar a su alrededor y prestar atención. Tom Brown aprendió a construir un albergue viendo a las ardillas, pero pudo haber observado a cualquier animal que necesitara albergue y haber aprendido de ellos. Observar cómo otras personas y animales solucionan sus problemas y se adaptan a esas soluciones es una manera de aprender.

Fundamentos de las Abejas

Para lograr ser apicultor, necesita un conocimiento básico de su ciclo de vida, y del ciclo anual de la colonia. Tiene dos niveles de organismos- la abeja individual (que no puede existir como organismo por mucho tiempo) y el súper-organismo de la colonia.

Ciclo de vida de la abeja

Las abejas son de una de las tres castas principales: reina, obrera, o zángano. La reina es la abeja que se reproduce, pero no puede hacerlo por sí sola. Es la abeja que sale y se aparea durante un periodo de su vida que dura varios días, y entonces pone huevos durante el resto de su vida. Las obreras, dependiendo de su edad, dan de comer a la cría, hacen panales, guardan la miel, limpian la casa, vigilan la entrada o recogen la miel, polen, agua, o propóleos. Los zánganos pasan sus días volando a las congregaciones de zánganos (DCA por sus siglas en inglés) por las tardes y volando a su casa antes de que oscurezca. Pasan sus vidas esperando encontrar una reina con la cual aparearse. Así que vamos a seguir cada casta desde el huevo hasta la muerte:

Reina

Empezaremos con la reina ya que es la más importante de las abejas porque generalmente solo hay una. Las razones por las cuales las abejas crían a la reina son: huérfanos (emergencia), reina fallida (reemplazo), y enjambre (reproducción de la colonia).

Circulo de Asistentes

Huérfanos

Las celdas para cada abeja parecen diferentes unas de otras, o al menos se crean bajo diferentes condiciones, que pueden ser observadas. Una colmena huérfana que no tendrá reina, poca cría abierta, y no tendrá huevos sin incubar. Las celdas de la reina parecen un cacahuete colgando de un lado o de la parte inferior del panal. Si la reina murió o la mataron, las abejas cogerán la larva joven y la alimentarán extensivamente con jalea real y construirán una gran celda colgante para la larva.

Reemplazo

En el reemplazo las abejas tratarán de reemplazar a la reina que perciben como fallida. Ella tendrá probablemente entre 2 a 4 años y no pondrá suficientes huevos fértiles y no creará mucha Feromona Mandibular de abeja reina (QMP por sus siglas en ingles). Estas celdas normalmente están en la cara del panal como a 2/3 de abajo hacia arriba en el panal. Por supuesto hay excepciones. Jay Smith tuvo una reina que todavía ponía huevos a los 7 años llamada Alice, pero tres años parece ser la norma cuando las abejas la reemplazan.

Enjambre

Las celdas de enjambre se construyen para facilitar la reproducción del súper-organismo. Es cómo las colonias empiezan colonias nuevas. Las celdas de enjambre generalmente están en la parte inferior de los marcos hacia el nido de cría. Normalmente son fáciles de encontrar al darle la vuelta a la cámara de cría y examinar la parte inferior de los marcos.

La larva que trae una buena reina son los huevos de obreras que se han roto, que pasa en el día 3er día y medio desde el día en que se puso el huevo. El día 8 (para celdas grandes) o el día 7 (para celdas de tamaño natural) la celda será operculada. El día 16 (para celdas grandes) o día 15 (para celdas de tamaño natural), la reina normalmente emergerá. El día 22, dependiendo del clima, volará. El día 25, dependiendo del clima, se apareará en los siguientes días. Para el día 28 podremos observar huevos de una nueva reina fértil. Desde ese día podrá poner huevos (dependiendo del clima y del abastecimiento) hasta que falle o enjambre a un nuevo lugar y empiece a poner huevos allí. La reina vivirá dos o tres años en la naturaleza, pero casi siempre fallará al tercer año y será reemplazada por obreras. En un enjambre la reina vieja viaja con su primer (primario) enjambre. Las reinas vírgenes se van con los siguientes enjambres, que son llamados enjambrazones.

Obreras

Abeja Obrera Amontonando Propóleo

Un huevo de obrera empieza igual que un huevo de reina. Es un huevo fertilizado. Ambos son alimentados con jalea real al principio pero la obrera recibe menos y menos mientras madura. Ambos rompen en el 3er día y medio pero la obrera se desarrolla más despacio. Desde el 3er día y medio hasta que se tapa se llama "cría abierta". No es operculada hasta el día 9 (para celdas grandes) o hasta el 8º día (para celdas de tamaño natural). Desde que es operculado hasta que emerge se llama "cría operculada". Emerge el día 21 (para celdas grandes) o el 18º o 19º día (para celdas de tamaño natural). Desde que las abejas empiezan a mordisquear la tapa hasta que emergen se llaman "crías emergentes". Después de emerger, la obrera empieza su vida como abeja nodriza, alimentando a la larva joven (cría abierta). Para aquellos que dicen que la obrera es una hembra incompleta mientras que la reina es una hembra funcional completa, considere que solo la obrera produce "leche" para las jóvenes. Solo una obrera puede cuidar de las pequeñas. La reina no tiene las glándulas correctas para producir comida para las jóvenes, ni las habilidades para cuidar de ellas. Ni la obrera ni la reina son "madres completas", ambas crían a las jóvenes. Las obreras y las reinas son anatómicamente diferentes en muchos aspectos. Solo la obrera tiene la glándula hipofaringea para alimentar a las jóvenes. Solo la obrera tiene canastas para cargar polen y propóleos. Solo la reina puede poner huevos fértiles. Solo la reina puede crear suficientes feromonas para mantener a la colmena trabando correctamente.

Durante los dos primeros días la obrera nueva puede limpiar las celdas y generar calor para el nido de crías. Los próximos 3 a 5 días alimentará a las larvas mayores. Los próximos 6 a 10 días le dará de comer a la larva joven y a las reinas (si hay alguna). Durante este periodo de 1 a 10 días es una Abeja Nodriza. Desde el día 11 al 18 la obrera hará miel, no amontonará pero madurará el néctar y lo cogerá de las abejas del campo que lo traen, y así hará panal. Durante los días 19 a 21 las obreras serán unidades de ventilación y abejas vigilantes y las que limpian la colmena y sacan la basura. Desde el día 11 al 21 serán abejas jóvenes. Desde el día 22 hasta el final de sus vidas serán recolectoras. Excepto durante el invierno, las obreras normalmente viven seis semanas o menos, matándose a trabajar hasta que sus alas se destruyen. Si la reina falla, la obrera puede desarrollar ovarios y empezar a poner huevos. Por norma general, estos son huevos zánganos y generalmente existen varios en una celda y están en celdas de obreras.

Zánganos

Los zánganos salen de huevos sin fertilizar. Para la mayoría de los que han estudiado genética, son haploides, solo tienen un conjunto de genes mientras que las obrera y las reinas son diploides, tienen pares de genes (dos veces más). Los zánganos son más grandes que las obreras pero son proporcionalmente más anchos, más cortos que una reina, tienen un trasero abultado, ojos enormes y no tienen aguijón.

Los huevos se rompen en el 3er día y medio. La celda es operculada el día 10 (para celdas grandes) o tan temprano como Mayo 9 (para celdas de tamaño natural) y emergen el día 24 (para celdas grandes) o entre el día 21 al 24 (para celdas de tamaño natural). La colonia criará zánganos cuando los recursos sean abundantes para que así existan zánganos que se apareen con la reina cuando sean necesitados. No está claro qué otro propósito sirven pero como una colmena típica cría 10,000 o más de ellos en un año y solo 1 o 2 de ellos llegan a aparearse puede ser que sirvan para otros propósitos. Si hay una escasez de recursos, los zánganos son exiliados de la colmena y mueren de frio o de hambre. Los siguientes días de sus vidas mendigan por comida de las abejas nodrizas. Los próximos días siguientes comen desde las celdas abiertas en el nido de crías (que es donde normalmente pasan el tiempo) Después de aproximadamente una semana empiezan a volar y a aprender los caminos. Después de dos semanas vuelan con regularidad por las Áreas de Congregación de Zánganos (ACZ) temprano por las tardes y se quedan hasta la noche. Estas áreas son donde los zánganos se congregan y donde las reinas van a aparearse. Si un zángano es afortunado de copular, su recompensa es que la reina se aferre a su miembro y lo arranque de raíz. El zángano morirá a causa de los daños. La reina guarda el esperma en un receptáculo especial (espermateca) y lo distribuye según va poniendo los huevos. Cuando a la reina se le acaba el esperma, no vuelve a copular sino que fracasa y la reemplazan. Creo que los zánganos tienen una reputación de ser inútiles. Pero el hecho es que son esenciales. No solo tienen reputación de ser inútiles sino de ser vagos también. Ellos no son vagos. Vuelan hasta que están exhaustos del cansancio todos los días según permita el clima, tratando de asegurar la continuación de la especie.

Ciclo anual de la colonia

Por definición es un ciclo así que empecemos cuando comienza el año en realidad, en el invierno. Puedo hablar sobre lo que pasa en Nebraska. Para su localidad consultaría apicultores locales.

Invierno

La colonia intenta llegar al invierno con suficiente abastecimiento no solo para sobrevivir el invierno sino para tener suficiente para que la colonia se reproduzca en primavera. Para hacer esto, la colonia necesita un abastecimiento grande de miel y polen. La colonia de abejas parece estar inactiva en el invierno. Normalmente no vuelan al no ser que las temperaturas lleguen a subir hasta los 50º F (10º C). Pero realmente las abejas conservan el calor en agrupaciones durante todo el invierno y la colonia trae tandas de cría para renovar el abastecimiento de las abejas jóvenes. Estas tandas necesitan mucha energía y el agrupamiento tiene que mantenerse mucho más caliente durante este tiempo. La colonia hace descansos entre tandas. En cuanto hay abastecimiento de polen fresco, la colonia empieza a funcionar a pleno rendimiento. Generalmente, este polen temprano es de arces y de sauces. En mi área esto es a finales de febrero o principios de marzo. Claro que si el clima no está lo suficientemente caliente para volar, las abejas no tendrán manera de recibir este polen. Los apicultores muchas veces ponen pastelillos de polen cerca de esta fecha para que el clima no sea un factor decisivo en este tiempo de creación dentro de la colmena.

Primavera

Cuando llega la primavera, la colonia ya ha aumentado. Para entonces, deben haber criado una tanda de crías. Empezarán a producir con la primera floración, que normalmente es el diente de león o los árboles de frutas tempranas. Aquí en Nebraska son las ciruelas silvestres y las cerezas silvestres las que florecerán a mediados de abril. Entre este momento y mediados de mayo la colonia estará concentrada en preparaciones para el enjambre. Intentarán acabar de construir y empezar a llenar el nido de crías con néctar para que la reina no pueda poner huevos. Esto causa una reacción en cadena que lleva al enjambre. Cuando la reina no ponga huevos, perderá peso y así podrá volar. Cuantas menos crías haya, menos tareas tendrán las abejas nodrizas y serán las que formen parte del enjambre. Una vez que se llegue a la masa crítica de abejas nodrizas, construirán las celdas de enjambre, la reina pondrá huevos y la colonia enjambrará justo antes de llegar al límite. Todo esto asumiendo por supuesto que existen recursos en abundancia y que el apicultor no interviene. Si deciden no enjambrar entonces se irán de lleno a colectar néctar. Si deciden enjambrar entonces la reina vieja se va con una cantidad grande de abejas jóvenes y empiezan a construir un hogar nuevo en otro lugar. Mientras tanto la reina nueva emerge en un par de semanas y empieza a poner huevos en otro par de semanas y las abejas de campo restantes traen el polen para empezar el abastecimiento para el próximo invierno.

Verano

Nuestro flujo aquí en Nebraska es mayormente en el verano. Esto es seguido normalmente por una calma de verano. Parece ser propiciado, aquí en mi área por lo menos, por una disminución en la precipitación. A veces si la lluvia cae en la fecha correcta, no hay una calma de verano, pero suele haberla. Nuestro flujo empieza como a mediados de junio y termina cuando las cosas se secan lo suficiente. A veces hay una sequía real donde no hay néctar en absoluto y las reinas dejan de poner huevos. La mayoría de mi néctar es de soja, alfalfa, tréboles, y plantas silvestres. Esto varía dependiendo del clima.

Otoño

Normalmente recibimos un flujo en otoño en Nebraska. Mayormente de persicaria, vara de oro, áster, y guisante de perdiz entre otras plantas silvestres. Algunos años es suficiente para hacer una cosecha. Otros años no es suficiente para hacerlas pasar el invierno y tengo que alimentarlas. Alrededor de mediados de octubre, normalmente las reinas dejan de poner y las abejas empiezan a asentarse para el invierno.

Productos de la colmena

Las abejas producen una variedad de cosas. La mayoría son recogidas de las abejas por las personas.

Abejas

Muchos productores crían abejas y las venden. Las abejas en paquetes están disponibles del sur de Estados Unidos normalmente en abril.

Larva

A mucha gente por todo el mundo le gusta comer larva de abeja. No es muy popular en Estados Unidos. Para criar larvas (lo que las abejas tienen que hacer para conseguir más abejas) las abejas necesitan néctar y polen. Alimentarlas con sirope o miel, y polen o sustituto de polen es una manera de estimular a las abejas en primavera para poner más crías y por ende más abejas.

Propóleos

Las abejas los fabrican a partir de savia de árbol que es procesada por enzimas que hacen las abejas y mezclan con cera. La sustancia más recogida es la de los brotes de la familia popar, como el popla, el aspen, los álamos, los tulipanes poplares, entre otros. Se usan en la colmena para cubrirlo todo. Es una sustancia antimicrobial y se usa tanto para esterilizar la colmena como para ayudar con la estructura. Toda la colmena se pega con esto. Las aberturas que las abejas piensan que son muy grandes se cierran con esto. Los humanos lo usan como un suplemento nutritivo y como una crema tópica antimicrobial para cortes y úlceras en la piel. Mata tanto bacterias como virus. Existen trampas de propóleos. Una simple es un filtro encima de la colmena; lo enrolla y lo coloca en el congelador y después desenróllelo mientras esté congelado para poder sacarle todo el propóleo.

Cera

Cuando una abeja obrera tiene un estómago lleno de miel y no tiene sitio donde almacenarlo, empezará a secretar cera por su abdomen. La mayoría de la cera se usa para construir panales. A veces se cae al suelo de la colmena y se desperdicia. Para los humanos, la cera de abejas es comestible, aunque no tiene valor nutritivo. Se usa en bases, velas, cera para muebles, y cosméticos. Las abejas la necesitan para almacenar su miel y criar la cría. Para obtenerla de las abejas, machaque el panal y drene la miel, o use limitaciones de extracciones, derrítalos y fíltrelos.

(Foto por Theresa Cassiday)

Polen

El polen tiene mucho valor nutricional. Es rico en proteína y ácidos amínicos. Es un suplemento nutricional popular y se cree que ayuda con las alergias, especialmente si el polen recolectado es local. Las abejas lo necesitan para alimentar a sus jóvenes. Las trampas de polen están disponibles en las tiendas o puede encontrar planos para construir la suya propia. La finalidad de un trampa de polen es forzar a las abejas a que pasen por un agujero pequeño (el mismo que la malla de ferretería #5) y en el proceso ellas pierden el polen que se cae en un envase a través de un filtro lo suficientemente grande para que el polen pase pero muy pequeño para las abejas (malla de ferretería #7). Algunas trampas de polen tienen que ser derivadas hacia la mitad del tiempo para que las colmenas no pierdan sus crías por falta de polen. Una semana si y una semana parece funcionar. Otros problemas con las trampas de polen son que los zánganos no tengan acceso a entrar y salir si se cría una nueva reina y tiene dificultad en salir y entrar. Si es alérgico y trata sus alergias con polen, tómelo en dosis pequeñas hasta que cree una tolerancia, de lo contrario tendrá una reacción que no quiere. Si tiene una reacción tome menos o nada dependiendo de la severidad.

Polinización

Un "producto" de tener abejas es que polinizan las flores. La polinización es comúnmente un servicio que se vende. Entre $50 a $150 (dependiendo del abastecimiento de las abejas) por cajas de 1 y ½ de profundidad es típicamente el precio por polinización. Los precios por polinización se basan generalmente en tener que mover las colmenas en un tiempo específico para que los árboles u otras plantas puedan ser fumigados. Hay menos probabilidad de cargos por polinización si se pueden dejar las abejas ahí permanentemente y sin usar pesticidas. Este caso suele ser una situación de beneficio tanto para los apicultores como para los granjeros y normalmente no hay cargo de alquiler, aunque es común para el apicultor darle un galón de miel al granjero de vez en cuando.

Miel

Esto es lo que normalmente se considera el producto de la colmena. La miel, en cualquier forma, es el producto primordial de la colmena. Las abejas la almacenan para alimentarse en el invierno y los apicultores la recogemos como "alquiler" de la colmena. Está hecho de néctar, lo que es mayormente sacarosa aguada, lo que se convierte en fructosa por enzimas de abejas y deshidratada para hacerla espesa.

La miel se vende como extracto (miel liquida en botes), trozos de panal (un trozo de panal de miel líquida en bote), miel de panal (miel todavía en el panal). La miel de panal se hace en Ross Rounds, cajas de secciones, panales Hogg Half, panales cortados, y más recientemente Bee-O-Pac. También se vende como crema de miel (donde se cristaliza con cristales pequeños).

Como el tema siempre surge, toda la miel (excepto quizás Tupelo) siempre se cristaliza. Algunas mieles hacen esto más temprano y otras más tarde. Algunas se cristalizan en un mes; otras tardan un año o algo así. Todavía se puede comer y se puede transformar en líquido al calentarse a 100 grados más o menos. La miel cristalizada se puede comer en ese estado, machacada para hacer crema de miel o servir de alimento a las abejas para su abastecimiento en invierno. A 57º F se cristaliza más rápido y es por ende más suave. Cuanto más cerca de esa temperatura se almacene, más rápido se cristalizará.

Jalea Real

El alimento dado a la larva de reina en desarrollo se recolecta frecuentemente en países donde la mano de obra es barata y se vende como suplemento nutritivo.

Cuatro Pasos Simples para Tener Abejas Sanas

Hablé sobre esto brevemente en el capítulo *Por qué este Libro* pero entraremos más a fondo en el tema ahora.

Por el momento echemos un vistazo a estos cuatro problemas: panal; genética, comida natural, y no tratamientos. Vamos a pasar por encima de los argumentos y a concentrarnos solo en los hechos y en lo que podemos hacer para solucionarlos.

Panal

Encuentro todos los argumentos sobre los tamaños de las celdas y si ayudan o no a los problemas con la Varroa un tanto tediosos. La Varroa ya no es un problema en mis colmenares y aún así parece que la obsesión en cada reunión de apicultores a la que voy es de Varroa y la mitad de lo que termino hablando es sobre Varroa. Volví a las celdas de tamaño natural en un momento donde nadie creía que fuera posible criar y mantener a las abejas vivas sin tratamiento. Previamente, tras no utilizar tratamientos de manera repetida, con desastrosos resultados, llegué a la misma conclusión. Pero tras volver a celdas pequeñas y celdas de tamaño natural estaba orgulloso de volver a mantener abejas en vez de manejar plagas. Esta prueba anecdótica no es suficiente para algunos, igual que lo mismo de otros no fue suficiente para mí hasta que lo probé. Pero al contrario que yo, ellos no parecen estar ni siquiera dispuestos a intentarlo. Vamos a considerar sus opciones entonces:

Usted puede asumir que el tamaño de la celda es irrelevante a todo, si quiere. Esto parece ser una conjetura dudosa ya que sabemos con certeza que todo tiene que ver con el tamaño de las abejas. Si ampliando el cuerpo de la abeja a 150% de lo que se supone es naturalmente no es un cambio significativo, entonces no sé qué se consideraría algo significativo. Sabemos que es un hecho desde las observaciones de Huber y además tenemos investigaciones de Baudoux, Pinchot, Gontarski y otras investigaciones más recientes de McMullan y Brown. (La influencia de panales de crías de celdas pequeñas en la morfología de las abejas melificas. (Apis mellifera)—John B. McMullan y Mark J.F. Brown).

Opciones

Celda de Tamaño Natural

Puede asumir lo que quiera sobre cuál es el tamaño natural. Pero al fin y al cabo la única manera de conseguir un tamaño natural de celda, y dejar a las abejas terminar el debate, es dejar de darle cera estampada y dejarlas construir lo que quieran. Como esto es lo que las abejas hacen, si permite que ellas lo hagan, y ya que terminará siendo menos trabajo para usted que usar cera estampada y menos gastos, y como es la única manera de conseguir panales no contaminados (haz una búsqueda de web para el video de Maryann Frasier en la contaminación de acaricidas en la cera estampada) parece que tenemos la combinación ganadora. Aún permitiendo la suposición de que el tamaño de celda es irrelevante, nadie está diciendo que las celdas de tamaño natural son perjudiciales para las abejas y nadie que yo conozca piensa que la cera limpia sea perjudicial para las abejas; la mayoría están ya convencidos que la cera limpia es esencial para tener unas abejas sanas.

¿Por qué no permitir que construyan lo que quieran?

¿Por qué no permitir que construyan lo que quieran? Parece que hay mucho miedo a que las abejas solo construyan zánganos. He escuchado esto de muchos apicultores. Obviamente esto no es cierto. Si fuese así nunca habrían existido las abejas ferales. Si quiere saber cuántos panales de zánganos construirían, y cuántos zánganos criaría, y cuánta influencia tiene usted sobre ellos, lea la investigación de Clarence Collison en el tema (Levin, C.G. and C.H. Collison. 1991). La producción y la distribución de zánganos en un panal y la cría en las colonias de abejas melificas (Apis mellifera L.) son afectadas por la libertad de construcción del panal. (BeeScience 1: 203-211.).El punto es que al final, la cantidad de zánganos es controlada por las abejas y dándoles el control en primer lugar simplificará su vida y la de sus abejas. Cuando las abejas llenan un marco entero de panal de zánganos en medio del nido de crías, lo que hay que hacer es colocarlo en la esquina de afuera de la caja y darles otro marco vacío. De lo contrario, si lo quitamos y no lo colocamos en la caja, su necesidad por un panal de zánganos estará insatisfecha y usarán otro marco para zánganos y contribuirá al mito de que si se les permite, lo único que harán es construir paneles de zánganos.

¿Panales en marcos?

Otro miedo común parece ser que las abejas no hagan el panal en los marcos. Ellas estropearán, sin estampada, al mismo ritmo que dañarían cualquier otro sistema de estampada. Dañarán la estampada plástica mucho más que los marcos sin estampada. Pero si lo hacen, simplemente corte el panal, y átelo al marco si son crías, o coséchelo si es miel.

¿Construcción de panal sin estampada?

He escuchado a apicultores veteranos decirles a apicultores novatos que sin estampada las abejas no construirán panal. Eso es tan absurdo que no veo necesidad de responder a ello en lo absoluto.

¿Alambre?

Esto se refiere al mito de que el alambre es necesario para extraer. El alambre fue añadido a la estampada para prevenir que la estampada se hundiese antes de ser construida (vea cualquier número de ABC XYZ de Bee Culture). No fue añadido para permitir la extracción. Mucha gente, incluyéndome a mí, hace la extracción en marcos sin cera estampada y sin alambres. Pero si el alambre es a lo que se aferra, añádale alambre a la estampada, nivele la colmena, y duerma bien. Yo prefiero usar medios que me permitan levantar las cajas y no tengo necesidad alguna de alambres.

¿Cómo no usar estampada?

- Con un trozo de marco estándar solo rompa el trozo y martilléelo de lado.

- Con las barras superiores estriadas, coloque palitos de madera en las estrías o medio palito de pintura.
- Con estampada creada, solo corte el centro del panal, dejando una fila de celdas alrededor de los bordes.
- Con un marco viejo sin panal, solo colóquelos en medio de dos panales de crías creados.
- Con estampada/marco de plástico corte el centro de la estampada dejando una fila alrededor del borde
- Cuando esté haciendo el suyo propio, corte un biselado en la barra superior para que tenga una inclinación hasta cierto punto. También la puede hacer de 1 y ¼ de ancho.

Menos trabajo

¿Entonces cuánto trabajo requiere no usar estampada? ¿Hablamos de cómo hacerlo, pero cuánto trabajo conlleva? Si compra trozos de marco estándar y le da una vuelta de 90 grados y los pega o los martillea, tendrá un marco sin estampada. Es así de sencillo. Los iba a romper y a martillear de nuevo de todas formas, ¿no? Los otros métodos de arriba eran menos trabajosos que pasar un alambre por la estampada. Lo único que puede llevar más trabajo es usar los marcos de plásticos con la estampada. Entonces necesitaría cortar la estampada. Esto se puede hacer con una variedad de herramientas pero supongo que un cuchillo caliente lo cortaría bastante rápido. Una plantilla y un adaptador también funcionarían bien y sería fácil dejar las esquinas y los bordes para que le de fuerza y como guía. ¿Entonces cómo se compara esto con usar un alambre, engastando, estampada, incrustando, etc.? ¿O usando plástico? Podría ahorrarse hasta $1 por hoja si quisiera celdas pequeñas o casi eso si quisiera usar plástico.

¿Inconveniente?

Así que por menos trabajo y por menos tiempo puede terminar con cera limpia, celda de tamaño normal, y un nido de cría natural por la distribución de tamaño de celdas y zánganos. ¿Cuál es el inconveniente? Si no le coloca alambre en las partes de abajo podría terminar con un panal colapsado si tiene una operación migratoria por carreteras con boquetes combinada con días calientes y marcos hondos, pero podría ponerle alambre y eso no sería tanto problema. Podría también tener las cajas más a nivel, en donde las operaciones fijas no sean tan difíciles; sólo tiene que nivelar el estante, lo cual debe haber hecho ya previamente. Pero en una operación migratoria llevaría más trabajo nivelarlo que solamente poner las paletas abajo y no preocuparse de que estén niveladas.

Cronología

En cuento a cronología, lo peor es que le llevará un tiempo reorganizar todo lo que haya hecho con el otro método. Compre la estampada y póngala en el momento correcto. Algunos rotan el panal cada cinco años o menos. Otros reemplazan el panal según lo necesitan, pero de todas formas, si deja de usar estampada y deja el tratamiento finalmente tendrá un panal limpio natural con el único método posible para conseguir panal limpio a no ser que alguien encuentre una fuente de cera limpia y haga su propia cera estampada.

Si tiene mucha cera estampada puede vendérsela a alguien local que vaya a comprar alguna por precio de catálogo y le ahorraría los gastos de envió. O si es impaciente, véndalo barato, si está dispuesto a tener una pérdida a cambio de abejas más sanas. Puede ganar la diferencia en esas bandas que no se estaban utilizando y que ya no tendrá que comprar.

El Peor de los Casos

Echemos un vistazo al peor de los casos. Asumamos que el tamaño de la celda no es un problema de una forma u otra. No es razonable asumir que las abejas van a ser *menos* saludables en un panal de celdas de tamaño natural, así que en el peor de los casos no serán *peores*. En el peor de los casos el *gasto* es menor que tener que rotar los panales contaminados por cera estampada contaminada. El *trabajo* es menor que alambrar la cera estampada. El *gasto* es menor que alambrar la cera estampada. La cera no se contaminará (por lo menos hasta que *usted* la contamine) y sabemos que la contaminación de la cera está contribuyendo a una falta de longevidad y fertilidad en reinas y zánganos. Así que sabemos que las abejas serán más saludables y las reinas funcionarán mejor.

El Mejor de los Casos

Ese es el peor de los casos en todas las especulaciones acerca de los tamaños de celdas y panales naturales. El mejor de los casos es que resolverá todos tus problemas con el ácaro Varroa.

Sin Tratamientos

No conozco lo que el resto de ustedes ha experimentado, pero sin tratamientos (en celdas de tamaño grande) he perdido a todas mis abejas cada vez que no pude tratarlas durante un par de años. Pero finalmente las perdí a pesar de tratarlas con Apistan. Era obvio que los ácaros habían desarrollado resistencia. He escuchado de compañías grandes perdiendo su operación completa *mientras* trataban con Apistan o CheckMite. Así que hemos llegado al punto en el que tanto si tratamos o como sino, se morirán de todas formas. Pienso que el problema viene cuando no queremos hacer nada. Queremos atacar el problema y hacemos lo que los expertos nos dicen porque estamos desesperados. Pero lo que nos dicen que hagamos está fallando también. Una vez las perdí todas después de haberlas tratado, no podía ver ninguna razón por la cual tratarlas más. El tratarlas solo perpetúa el problema. Cría abejas que no pueden sobrevivir sin tratamientos, contamina el panal y desestabiliza el equilibrio entero de la colmena.

Ecología de la colmena

No hay manera de mantener la ecología compleja de la colmena natural mientras se le echa veneno y antibióticos. La colmena es una red de vida micro y macro. Tiene más de 30 tipos de ácaros benignos y beneficiosos y tantos o más de otros tipos de insectos, 8,000 o más benignos o beneficiosos micro organismos que se han identificado hasta ahora, algunos de los cuales sabemos que las abejas no pueden vivir sin ellos, y algunos que sospechamos mantienen los patógenos en equilibrio. Cada tratamiento que echamos en la colmena, desde aceites esenciales (lo cual interfiere con el sentido de olfato de las abejas, y que es como sabemos que todo se comunica en la colmena, y mata microorganismos, beneficiosos, entre otros); ácidos orgánicos (los que matan microorganismos igual que muchos insectos y ácaros benignos) los acaricidas (los cuales siempre son químicos que matan artrópodos, los cuales incluyen insectos y ácaros pero matan ácaros a un paso más rápido); los antibióticos (los cuales matan la micro-flora la mayoría son beneficiosos o benignos pero son útiles a la hora de mantener el equilibrio y apiñar los patógenos); incluso el sirope de azúcar (el cual tiene un pH que es perjudicial para el éxito de muchos de los organismos beneficiosos y de provecho para muchos de los patógenos: loque europeo, loque americano, cría calcificada, Nosema etc. al contrario del pH de la miel que es mucho más bajo y perjudicial a los patógenos y hospitalario para muchos organismos beneficiosos conocidos). Pienso que hemos llegado al punto en el que es tonto actuar de la manera que hemos venido haciendo cuando las abejas se están colapsando a pesar de, si no precisamente por, todo esto.

Inconvenientes de no tratar

¿Así que cual es el inconveniente de no tratar? El peor de los casos es que se mueren. Parecen estar haciéndolo de manera regular ya, ¿no? No veo que esté contribuyendo a eso al darles la oportunidad de restablecerse naturalmente en un sistema sostenible. No estoy destruyendo el sistema arbitrariamente para deshacerme de una cosa sin consideración del equilibrio del sistema. De todas las personas que conozco que no están tratando, aun en celda grande; sus pérdidas son menos que las de las que están siendo tratadas. En celda pequeña o en celdas de tamaño natural son hasta menos. Pero aun si no quiere entrar en el debate del tamaño de las celdas, no tratarlas está funcionando igual que tratarlas. Voy a reuniones de apicultores por todo el país y escucho a gente como yo que ha perdido las abejas al tratarlas religiosamente y entonces decidieron simplemente suspender los tratamientos. Sus abejas nuevas están ahora mejor que cuando las trataba. Me siento mal cuando veo una colmena muerta pero también digo "qué alivio" por la genética que no podrá reproducirse.

Si piensa que tendrá demasiadas pérdidas (mi conjetura es que *ya* tiene demasiadas perdidas) y no puede tener esas pérdidas, lo que tendría que hacer son divisiones e invernar suficientes huevos para que cada primavera tenga su propio abastecimiento de abejas adaptadas locales. Un puñado de divisiones a mediados de julio después del flujo principal, normalmente invernarán, por lo menos en estos lares, y no serán una carga en la cosecha de miel. También puede dividir las colmenas mediocres más temprano ya que no están haciendo mucho de todas formas, coloque otra reina con celdas de su mejor colmena y no afectará a su cosecha de miel. También puede hacer las divisiones de las colmenas más fuertes hasta el flujo primordial y tener buenas divisiones, reinas bien alimentadas, más miel *y* más colmenas.

La ventaja de no tratar

¿Cuál es la ventaja de no tratar? No tiene que *comprar* los tratamientos. No tiene que conducir al colmenar y colocarle los tratamientos y conducir hasta allí de nuevo para quitárselos. No tiene que contaminar su cera. No tiene que desestabilizar el equilibrio natural al matar al micro y el macro organismo que no estaba intentando matar pero que se murieron por los tratamientos igualmente. Eso sería ventaja suficiente para no tratar pero también le brinda al ecosistema de una colmena de abeja una oportunidad a conseguirle el equilibrio natural de nuevo.

Pero la ventaja más obvia es que hasta que no suspenda el tratamiento no podrá reproducirlas para la supervivencia del problema al que se esté enfrentando. Mientras siga tratándolas seguirá propagando genes débiles y no tendrá manera de saber qué debilidades tienen. Mientras siga tratándolas, seguirá reproduciendo abejas débiles y súper ácaros. En cuanto deje de tratarlas, dejará de reproducir ácaros adaptados a su huésped y abejas que puedan sobrevivir con ellos.

Reproducir reinas adaptadas a la localidad

Reproducir reinas adaptadas a la localidad a partir de los mejores supervivientes es otra cosa a la que no le veo nada negativo. Si reproduce a partir de uno de sus supervivientes sin tratamientos conseguirá abejas que sobrevivirán donde usted está contra lo que encuentren ahí. Se reproducirá con las ferales locales que también están sobreviviendo. La propaganda de que no se puede criar reinas que sean igual de buenas o mejores que las reinas comerciales es solamente eso-propaganda. Lo mismo ocurre con la necesidad de reemplazar a la reina en primavera.

Las reinas jóvenes no son normalmente fecundadas correctamente ni alimentadas bien. Asumiendo que no les dio tratamiento, que no reemplaza a las reinas de manera regular y que usa a las mejores supervivientes, sus reinas estarán mejor por lo siguiente:

- Se adaptan localmente
- Son criadas por supervivientes
- Las puede criar en momentos óptimos para tener suficiente nutrición y muchos zánganos.
- Probablemente nunca han estado en una jaula y van de poner en el núcleo de copulación a la colmena en la que son colocadas sin interrupción. Esto desarrolla los mejores ovarios y hace que produzcan mejores feromonas. El resultado es abejas que viven más tiempo, con mejores patrones para poner huevos, menos enjambres, y son aceptados mejor.
- Ahorrará mucho trabajo. Si mantiene a las reinas durante más tiempo y las aparea con aquellas que son mejores tendrá reinas que sepan reemplazar a sus propias reinas. Esto le ahorrará mucho trabajo a la hora de encontrar reinas y presentar abejas que puedan hacerse cargo de esto.
- Incluso en las colmenas en las que reemplaza a la reina, puede ahorrar trabajo reemplazando a la reina y no preocuparse por encontrar la reina vieja. La reina nueva será aceptada de manera normal y no tendría que pasar el día buscando a la vieja.
- Puede ahorrar mucho dinero. La producción de fecundación abierta puede costar desde $15 a $40 y los criaderos pueden costar mucho más.
- Puede tener núcleos y reinas extra cuando los necesite.

¿Qué pasa con Abejas Melíficas Africanizadas?

Aquellos en áreas donde se encuentran abejas melíficas africanizadas parecen estar preocupados por esta manera de enfrentar el problema. Yo no estoy en dicho área, pero me parece que los antepasados no son el problema, sino el temperamento, la productividad y la supervivencia. Si solo mantiene las gentiles y reemplaza a la reina de las de temperamento fuerte, pienso que funcionaría bien. Aquellos que conozco haciendo esto en áreas de AMA han llegado a esa conclusión. Otra cosa a considerar es que los cruzamientos F1 son de temperamento caliente. Así que si sigue trayendo surtido seguirá contribuyendo a que sean de temperamento fuerte. Será mejor que las seleccione por ser gentiles y les reemplace la reina a las colmenas que no tengan temperamento fuerte con surtido local que sea gentil.

Comida Natural

Es sencillamente menos trabajoso usar comida natural. Si no alimento con sustituto de polen en la primavera entonces no tengo que hacer pastelillos etc. Si no las alimento con sirope no tengo que comprar azúcar, si no tengo que hacer sirope, no tengo que guiar al colmenar y no tengo que alimentarlas. Si dejo la miel en el invierno en la colmena, habrá menos miel para sacar, llevar a casa, extraer, limpiar, sacar para almacenar, hacer sirope, guiar a los colmenares para alimentarlas, etc. Esto es menos trabajo por todas partes. Incluso si no cree que la miel sea más nutritiva para las abejas (aunque yo me pregunto por qué quiere producir miel si cree que no hay diferencia entre el azúcar y la miel). Es definitivamente menos trabajo dejarla. Aun si cree que la diferencia de pH es irrelevante (cosa que dudo), es menos trabajo que fabricar y alimentar con sirope. Aun si está obsesionado con la diferencia en precio ($0.40 por libra de azúcar frente a algún precio variable de digamos $0.90 a $2.00 por libra de miel) para cuando haya extraído la miel, comprado el azúcar, hecho el sirope, haberlo llevado al colmenar, haberlas alimentado, volver y haber extraído el alimentador. ¿Cree de verdad que sale adelante? No es solo $0.60 en una libra, sino la diferencia en el tiempo que le lleva hacer todo eso, a no ser que su trabajo no tenga precio. Así que asumamos que toda la diferencia a favor de las abejas es solo marginal entre la miel y el azúcar e ignore que Nosema se multiplica mejor con el pH de azúcar en vez del de la miel al igual que la cría calcificada, el loque europeo y el loque americano. Ignoremos todo eso y asumamos que es marginal. Si hay ALGUNA diferencia podríamos inclinar las balanzas de una colonia sobreviviendo y de una muriendo y los paquetes solamente aquí costarían $80.

Investigar más el pH

El sirope de azúcar tiene un pH (6.0) mucho más alto que el de la Miel (3.2 a 4.5) (el azúcar es más alcalino). Por el contrario, la miel tiene un pH mucho más bajo que el sirope de azúcar. (La miel es más ácida). Esto afecta la capacidad reproducible de virtualmente cada enfermedad en las abejas además de Nosema. Todas se reproducen mejor con un pH 6.0 que con uno en 4.5.

Cría calcificada como ejemplo

"Los niveles de pH más bajos (equivalente a aquellos encontrados en

la miel, polen, y comida de cría)
drásticamente redujeron el
agrandamiento y la producción de
tubos-germinativos. La Ascosphaera
apis parece ser un patógeno altamente
especializado para la vida en la larva de
las abejas melíficas."- Autor.
Departamento de Ciencias Biológicas,
Plymouth Polytechnic, Drake Circus,
Plymouth PL4 8AA, Devon, UK. Código
de Biblioteca: Bc. Lenguaje: En.
Abstractos de Apicultura del IBRA:
4101024

Existe información similar disponible sobre otras enfermedades de abejas. Intente hacer una búsqueda de web para pH y loque americano o loque europeo, o Nosema y encontrará resultados similares en su capacidad reproductiva relacionada con el pH.

Las diferencias en pH afectan a otros organismos beneficiosos y benignos para la colmena. Los otros más de 8.000 organismos de la colmena también se ven afectados por los cambios de pH. Usar sirope de azúcar también desestabiliza el equilibrio ecológico de la colmena al desestabilizar el pH de la comida de la colmena y la comida en el estómago de las abejas.

Polen

Si no usa un sustituto de polen todavía puede dejar el polen en las colmenas y si de verdad quiere, puede sacar una colmena o dos o más (dependiendo del tamaño de su operación) y comprar unas cuantas libras de polen para ponerlas en un comedero abierto en primavera. Mientras tanto, congélelo. Yo lo coloco en una tabla de fondo de filtro en la parte superior de una tabla de fondo sólida con una caja vacía encima con tapa. El filtro mantiene la parte de abajo seca y la colmena hace que no se moje con la lluvia.

Captación de polen

El precio de captación es mayormente la captura. Si lo hace en un patio cerca o de camino a casa, es lo suficientemente fácil como para vaciar las trampas todas las noches. Y así no tendrá que comprar los pastelillos de polen si tiene nutrición superior.

Si duda sobre la diferencia, busque investigaciones sobre la nutrición de las abejas que comparen los sustitutos de polen. Las abejas que se han criado en sustitutos viven menos y son más débiles.

Sinopsis

¿Entonces, qué tiene que perder? Puede obtener mejor genética para sus abejas al fecundarlas usted mismo; un panal más limpio al no usar ni estampada ni tratamientos; abejas que viven más por usar cera limpia y comer polen real; y menos trabajo al dejar la miel que no va a cosechar y darles el sirope más tarde; y el peor de los casos es que para conseguir esto, usted trabajará menos y el mejor de los casos es que tenga un efecto marcadamente positivo en la salud de sus abejas. En el peor de los casos, si lo lleva a cabo poco a poco, perderá algunas abejas, lo cual ya le está pasando. En el mejor de los casos, perderá menos.

Formula de Ganancia Diferente

Intentemos una formula de ganancia diferente. ¿Cuánto tiempo, gasolina, trabajo, y dinero gasta en sirope, alimentación, separar las partes, poner los tratamientos, quitar los tratamientos, cosechar el último bocado de miel que después hace sirope, poner el marco, etc.?¿Cuánto dinero y tiempo ahorraría si dejara de hacer todo eso? ¿Cuántas más colmenas podría cuidar y cuááta más miel podría cosechar?

Opciones

¿Demasiadas Opciones?

Me doy cuenta de que mucha gente simplemente quiere alguien que les diga que haga "a" "b" y "c" y entonces funcionará para ellos. También me doy cuenta de que en el contexto del principiante serían las mejores instrucciones que pudiese dar, pero por otra parte nunca he apreciado el consejo de que "un tamaño único sirve para todos" y siempre he preferido saber cuáles son mis opciones. Quizás agobio a los principiantes con demasiadas opciones, pero por otra parte no siento que pueda decir que hay solo una contestación correcta cuando en verdad no las hay. Quizá no debería compartir algunas cosas que he dejado atrás y ya no hago, pero tengo una variedad de cosas que sigo usando y es difícil decir cuál es mejor que la otra cuando todavía hay cosas que llaman la atención de todas ellas.

Filosofía de Apicultura

Algunas de esas opciones están relacionadas con su filosofía y su energía. En estos ejemplos asumiré que usted quiere llegar a celdas de tamaño natural o celdas de tamaño pequeño y sin usar tratamientos. Así que por ejemplo si no puede utilizar la idea de plástico, entonces no es necesario considerar la Super Celda de Miel o Mann Lake PF120 o PF100 o PermaComb o PermaPlu como opciones. Para eso puede simplemente limitarse a cera estampada de 4.9mm o sin estampada. Pero si el plástico no es contrario a su manera de ver el mundo, el PF120 le ahorrará mucho trabajo a la hora de construir marcos sin estampada, y mucho dinero frente a Super Celda de Miel. Así que sabiendo que tiene esa opción, puede serle de ayuda para tomar esa decisión.

Tiempo y Energía

Más sobre la energía y el tiempo, si tiene la energía y el tiempo, me gustaría cortar mis marcos a 1 y $1/4''$ en vez del estándar 1 y $3/8''$ pero lleva tiempo, energía, y herramientas. Así que tengo muchos Mann Lake PF120 de ancho estándar y que probablemente nunca tendré tiempo de cortar.

Alimentar a las abejas

Esto también se aplica a los comederos y otras cosas. Por ejemplo, tener un comedero alto para la colmena que contenga cinco galones es conveniente para alimentar en el colmenar a principios de otoño, pero también es caro. Alimentar las colmenas en mi patio de atrás puede funcionar bien con comederos de tablas de fondo (que no me cuestan nada) y viajes más frecuentes. Tener estas opciones no significa que una sea mejor que la otra, pero una puede ser mejor para su situación y sus necesidades que la otra. Comprar comederos para 200 colmenas no es práctico para mí, así que alimento mi colmenar cuando es necesario con azúcar seco en cajas vacías. Ellas tienden a comérselo pero no a almacenarlo. Esto me ahorra el tener que comprar comederos, hacer sirope y ahorra a las abejas a tener panales llenos de sirope de azúcar y yo de tener que tener eso en mente para no cosechar el sirope de azúcar. ¿Esa es la mejor solución? Parece que funciona bien para mí, pero puede que funcione, o puede que no funcione bien para usted.

Tómese su tiempo

Mi idea es que las opciones, en mi opinión, son buenas, pero a veces crean muchas decisiones abrumadoras para un apicultor principiante que no tiene marco de referencia acerca de esas decisiones. Un buen paso es crecer lentamente en su apicultura y no invertir demasiado en equipos especiales hasta que haya tenido bastante tiempo para probarlo. La mayoría de los apicultores han gastado mucho dinero en equipo que normalmente no han usado. Claro que parte de esto sería ver qué puede hacer sin mucho, en vez probar todo lo disponible. Por ejemplo, alimentar con una caja vacía y azúcar seco es mucho más barato y de menor inversión que comprar comederos altos para las colmenas.

Decisiones Importantes

Una de las cosas más importantes que hacer es tomar las decisiones difíciles, para cambiar la actitud de ir inmediatamente a las fáciles.

Si presta atención al resto, verá que casi nada de lo que compro estaría en un kit de principiante de apicultura.

Hay muchas cosas en la apicultura que puede cambiar fácilmente mientras va aprendiendo. No hay razón de estresarse sobre estas cosas. Existen otras cosas en la apicultura que son una inversión y que son difíciles de cambiar después.

Cosas Fáciles de Cambiar en la Apicultura:

Siempre puede establecer una entrada superior. Solo tiene que tapar la de abajo (con un bloque de entrada de $^3/_4$" por $^3/_4$" por 14 y $^3/_4$" sobre un marco estándar de cartón inferior) y subiendo la parte superior. No es como si todo lo que tiene estuviera obsoleto si decide que quiere una entrada superior.

Siempre puede elegir entre dejar por dentro o por fura una reina excluyente. La probabilidad es que tarde o temprano, necesitará una para algo. Son útiles para la parte inferior de un tanque sin tapa o como un incluidor al atrapar un enjambre, etc. No es mucha inversión tener una o dos (o ninguna). Ni tampoco es demasiado problema comprar una más tarde si no tiene una ahora.

Puede cambiar la raza de las abejas muy fácilmente. Probablemente reemplazará a la reina aun cuando no esté tratando de cambiar las razas, y todo lo que tiene que hacer es compra una reina de la raza que quiera y reemplazarla. Así que no es tan importante qué raza escoge. Dudo que quede decepcionado con una Italiana, una Carniola, o Caucásica. Y si decide que quiere otra cosa, no es muy difícil cambiar.

Cosas Difíciles de Cambiar en la Apicultura:

Los problemas más grandes son con cosas que son grandes inversiones que tiene que vivir con ellas o tiene que pasar mucho trabajo para modificar o re-hacer.

Si cree que quiere celdas pequeñas (o celdas de tamaño natural) está un paso adelante si lo usa desde el principio. De otra manera tendrá que ir gradualmente sacando todo el panal de la celda grande o hacer una depuración y hacerlo todo de una vez. Si ha invertido dinero en estampada de plástico, esto es decepcionante (tengo cientos de hojas en mi sótano de celda grande que nunca usaré). Pero por lo menos no tendrá que cortar todo su equipo.

Si tiene que comprar el "típico" kit de principiante tendrá marcos de diez pulgadas profundos para crías y llanos para la miel. El marco de diez pulgadas lleno de miel pesa 90 libras. Algunas personas dirán que cuando tienen crías en ellos pesarán menos. Eso es verdad. Pero tarde o temprano tendrá una llena de miel y no podrá levantarla. Si acaba usando marcos medianos tendrá que poder levantar 60 libras llenas de miel. Si puede usar ocho marcos medianos, solo tendrá que levantar cajas de 48 libras. Empecé con el arreglo profundo/llano y tuve que cortar cada caja y marco a medianos. Entonces corté todas las cajas hasta ocho marcos. Hubiese sido más fácil comprar los marcos de ocho desde el principio. La intercambiabilidad es también algo maravilloso.

Las tablas de fondo con rejilla también son fáciles de comprar. Es más difícil convertir los viejos.

Si compra mucho de cualquier cosa, verá más tarde que lo odia. Haga los cambios lentamente. Pruebe las cosas antes de invertir en ellas. Solo porque a una persona le gusta no quiere decir que le vaya a gustar a usted.

Opciones que recomiendo

Así que si quiere minimizar sus opciones y maximizar sus éxitos, filtraré las cosas a lo que yo recomendaría con solo unas pocas opciones:

Profundidad de Marco

Voy a recomendar que use marcos del mismo tamaño para todo, y como los marcos medianos parecen ser el mejor compromiso para todo voy a recomendar los medianos para todo, mayormente porque son cajas más livianas. Eso incluye la miel del panal, la miel extraída, la cría, etc. Estas son a veces llamadas Illinois alza o $^3/_4$ alzas. Son de 6 y $^5/_8$" de profundidad con 6 y $^1/_4$" marcos.

Razones para tenerlas todas del mismo tamaño: Puede cebar las alzas con cría, u otros marcos de la cámara de la cría. Puede sacar la miel de las alzas para empezar los nidos de cría, etc. Puede correr un sinnúmero de nidos de crías y si la reina pone huevos en las alzas, puede sacar esos marcos de cría y cambiarlos por miel de la cámara de cría. Los tamaños diferentes son una desventaja a la hora de manejar la colmena de manera eficiente.

Razones para las medianas en vez de las profundas: Un marco de 10 lleno de miel puede pesar hasta 90 libras. Uno mediano lleno de miel puede pesar hasta 60 libras. No hay más que decir.

Varios marcos desde extra llano a profundo Dadant

Varias profundidades de cajas desde profunda hasta extra llana.

Número de Marcos

Ahora que tenemos un tamaño de marco escogido, necesitamos un tamaño de colmena. El estándar es un marco de 10. Hay mucho que decir por ser estándar. En primer lugar hay mucho que decir de la liviandad (48 libras frente a 60 libras). El marco de 8, equipo de Brushy Mt o Miller Bee Supply o Walter T.

Kelley u otros es muy bueno para trabajar menos. Necesita escoger si quiere una caja liviana o tamaños estándares. Yo me cambié a los marcos de 8. Una de las ventajas del equipo de marco de 8 es que tienen un tamaño más versátil. Es el mismo volumen que un marco de 5 y puede ser usado para núcleo. Con un tablero seguido, puede hasta ser usado como marco de núcleo de copulación de 2 y entonces expandido, si fuera necesario, a marcos de 8 finalmente.

Varias anchuras de cajas desde marcos de dos hasta marcos de diez

Estilo de Marcos y Tamaño de Celda de Estampada

Marcos, estampada, tamaño de celda, etc. Necesita decidir si quiere cera estampada de plástico, marcos de plástico, panal de plástico, etc., y qué tamaño quiere para la estampada. Recomiendo solo comprar celda pequeña o PermaComb o Honey Super Cell. Si quiere usar cera, compre cera de celda pequeña de Dadant o de uno de los otros proveedores. La celda pequeña de plástico ya no está en el mercado de Dadant. Pero las Mann Lakes PF120 son de 4.95mm tamaño de celda y son de una pieza de marco y estampada. Si no quiere construir marcos, o esperar a que las abejas lo construyan y no quiere preocuparse de la polilla de cera o de los escarabajos de colmenas entonces compre PermaComb o Honey Super Cell. Personalmente caliento el PermaComb hasta 200 º F y lo sumerjo en cera de abeja a 212 º D y lo sacudo para quitarle la cera sobrante. El resultado son celdas de 4.9mm y parece resolver todos mis problemas con la polilla. Por ahora no se preocupe por regresión ni ninguna de esas cosas que suenan complicadas, solo quédese con estampada de celdas pequeñas o de tamaño natural (o 4.9mm). O no use estampada (vea ese capítulo para más información).

Medios de Marcos de Ocho

De izquierda a derecha, marco de ocho, marco de diez, marco de ocho

Para minimizar los daños al levantarlos y hacerle la vida más simple, compre todos los marcos de ocho, cajas medianas. Escoja un fabricante con un precio razonable y que se lo envíe a su ubicación.

Marcos de Celda Pequeñas de Plástico

Si no le importa comprar plástico, compre todos los marcos Mann Lake PF120 y así no tendrá que aprender a (y encontrar tiempo para) construir marcos, alambrar la estampada, etc. Estos han sido los mejores a la hora de conseguir panales con celda pequeña desde el principio, en mi experiencia.

Si no le gusta la idea de plástico

Entonces no use estampada. Realmente, no usar estampada es lo más atrayente porque no hay nada más natural que eso. Compraría el marco de barra superior con cuña y rotaria la cuña a 90 grados para que fuese una guía para el panal.

Comedero de fondo estilo Jay Smith

Comederos de fondo

Compraría tablas de fondo sólidas y las convertiría en comederos inferiores. No hay razón para gastar mucho dinero en comederos si su estilo de manejo es dejarle la miel en vez de alimentarlas y solo alimentarlas en emergencias.

Haría esos comederos con un estilo sin entrada y con un tapón de drenaje y construiría simples coberturas superiores con entradas superiores para eliminar a los zorrillos, ratones, césped, nieve, y problemas de condensación.

Equipo Esencial

Aquí hay algunas cosas esenciales para los apicultores:

Ahumadero Grande

Compraría un buen ahumadero. Uno grande. Los grandes son más fáciles de encender y de mantener encendidos. Los pequeños son más difíciles de encender y mantener encendidos. Lo encendería cada vez que fuese a hacer algo más que abrir la parte de arriba y lo encendería la mayoría de las veces incluso si fuese escasa o cualquier otra razón por la que sospechar que pueden estar a la defensiva. No las ahúme demasiado. Asegúrese de que está bien encendido y eche una bocanada en la entrada y tras abrir eche una bocanada en las barras superiores. Coloque el ahumadero abajo y déjelo a no ser que empiecen a excitarse.

Velo, chaqueta, o traje

Yo preferiría, si solo tuviera un traje protector, tener una chaqueta con cremallera y velo. Es lo que uso más, pero es agradable tener algo que me cubra por completo con cremallera y velo. De esta manera, no tendré miedo a las abejas. Si puede hacerlas enloquecer lo suficiente, durante suficiente tiempo, estas encontrarán la manera de entrar, pero les llevará mucho más tiempo. Si tiene dinero, compraría los dos. Me gustan las que tienen capucha, en vez de las que tienen casco. Al principio estaba paranoico con las de capucha por tener contacto con mi cabeza, pero tengo tres conjuntos de nilón (una chaqueta y dos monos) y dos de algodón, todos con capuchas, y nunca me han picado en la parte de atrás de la cabeza, como esperaba. Mi chaqueta favorita es la Ultra Breeze, ya que es a prueba de picaduras y fresca en un día caluroso. Es cara pero vale la pena.

Guantes

Me pondría guantes de cuero estándares y los metería en las mangas de la chaqueta. Son más fáciles de meter y sacar que los largos y más baratos también.

Algún tipo de herramienta para la colmena

Cualquier barra plana funciona. Una de mis favoritas es un hacha vieja (el cierre es de 1 y $^1/_2$" de ancho y 6' de largo) que he afilado en la punta. Lo uso para abrir cajas o raspar algunas cosas. No clava los clavos muy bien y si lo que tengo que abrir a presión es muy pesado me preocupa romperla. Si va a comprar una me gusta la herramienta de Colmena Italiana que conseguí de Brushy Mt. Tiene un gancho al final y es liviana y larga y tiene mucha presión. Pero no la vi en su último catálogo. Mi siguiente favorita es la herramienta de colmena Thorne con un marco de levante y la siugiente es la herramienta con marco de levante Maxants. Pero me gusta la Italiana de Brushy Mt mejor porque el gancho encaja entre los marcos más fácilmente.

Cepillo de Abejas

Puede comprar uno, o si caza o tiene pájaros puede usar un desplumadero grande. Tiene que tener una pluma áspera y fuerte para ser buena. Tendrá que cepillar a las abejas de vez en cuando para poder cosechar o hacer otras manipulaciones. Sacudirlas puede funcionar de vez en cuando pero a veces necesitará un cepillo. Como cuando las abejas están agrupándose en una esquina del borde de la colmena y las tiene que cepillar antes de colocarles la caja encima.

Equipo de Apicultura que es Bueno Tener:

Estos objetos son buenos, pero no esenciales y funcionará bien sin ellos, pero no creo que se arrepienta de comprarlos.

Caja de Herramientas

Puede colocar sus herramientas en un cubo de cinco galones, pero si quiere una buena caja de herramientas, Brushy Mt. tiene una que puede hacerse coble, como una caja de enjambre. Tiene lugar para las herramientas de las colmenas, un mango para marcos, un ahumadero, una percha de marco, y espacio dentro para cosas sueltas. Sirve de silla también. Si quiere construir su propia caja de herramientas, observe la de Brushy Mt y transforme una caja de núcleo.

Trampa de Reina

Las de tipo de clip de pelo son las mejores que he visto para recoger una reina sin hacerle daño. Tiene que tener cuidado, pero está diseñada para no hacerle daño y permitir a las obreras que salgan. Hay veces que necesita saber dónde está mientras reorganiza las cosas, o mientras las divide y después la puede soltar. Con esto, más un tubo de marca, y un bolígrafo de pintura, la puede marcar usted también.

Mango de Reina

Tengo uno de Brushy Mt. Puede recoger a la reina con el clip de pelo, ponerla en el mango y no preocuparse de que se vaya volando.

Aparato de clavar marcos

Este aparato (Walter T. Kelly tiene estos) es muy bueno para armar los marcos de madera. Soporta hasta 10 marcos para que usted los clave. Es un poco complicado al principio, pero ahorra mucho tiempo y frustración.

Una pistola de grapas de corona de $^1/_4''$ y un compresor

Todo dueño de un coche necesita un compresor. La pistola de grapas cuesta menos de $100. Walter Kelley tiene una que es de tamaño perfecto. Dispara grapas de 1 y $^1/_2$" a $^5/_8$ (las compro en la ferretería). Las de 1" son perfectas para los marcos. Las de 1 y $^1/_2$" son perfectas para armar las cajas. Las de $^5/_8$" son buenas para cuando no quiere que sobresalgan de una tabla de $^3/_4$" y las de 1 y $^1/_4$" son buenas para cuando no quiere que sobresalgan de dos tablas de $^3/_4$" (como cuando coloca un listón en una caja hecha en casa). Entonces no tiene que hacerle los huecos en los marcos. Fui carpintero durante muchos años y soy muy bueno en clavar pero cuando estoy haciendo marcos doblo muchos clavos. Cuando los clavo a mano, la mitad se doblan y se salen. Pero a lo mejor mi problema es que estoy acostumbrado a los clavos de 16p y no tengo el don para hacerlo bien.

Un Extractor

Trataría de evitar comprar un extractor nuevo si solo tiene unas pocas colmenas. Si encuentra un buen precio definitivamente cómprelo, pero comprar uno nuevo es una pérdida de dinero. Claro que siempre puede estar pendiente de encontrar uno usado barato. Yo despedacé y corté colmenas durante los primeros 26 años de ser apicultor. Por fin compré una radial de 9/18 cuando empecé a conseguir colmenas. Me alegro de haber esperado a un extractor nuevo cuando por fin lo conseguí.

Evite Aparatos

Evitaría los aparatos que venden por ahí porque son superfluos y caros. Me gusta la herramienta italiana de colmenas de Brushy Mt. Evitaría las aguantaderas de marcos, y etc.

Aparatos Útiles

De todos los aparatos que venden por ahí, me gusta el calendario de núcleo "Ready Date" como una manera de mantener la cuenta del estatus de la colmena. Si tiene patios exteriores y un ahumadero, la caja de humo de betterbee.com es un elemento de seguridad que merece la pena tener. Puede colocar el ahumadero ahí y no tiene que preocuparse de que su coche salga ardiendo.

Empecemos

Ahora que hemos cubierto decisiones de equipamiento, empecemos con la apicultura.

Secuencia Recomendada para Principiantes de Apicultura

He pensado sobre esto y estoy seguro de que muchas personas pensarán diferente pero voy a dar mis consejos sobre cómo empezar como si yo fuese un principiante empezando de nuevo. Esto es lo que desearía haber hecho la primera vez.

Primero tiene que decidir cómo conseguir abejas. Es muy difícil sacarlas de un árbol o de la casa de un vecino cuando no sabe nada de ellas. Esto es realmente un trabajo avanzado. Dicho esto, admito que eso es lo mismo que yo hice. Las sacaba de las casas y de los árboles y compré algunas reinas. Pero no lo hacía del todo bien y me picaron muchas veces. Así que no creo que fuese tan bueno para las abejas, aunque fue educativo para mí.

Si tiene apicultores cerca de usted puede ser que pueda conseguir núcleos o marcos de cría etc. La desventaja es que probablemente estén en marcos profundos (marcos de 9 y $^1/_4$″ que van en una caja de 9 y $^5/_8$″). No voy a recomendar los profundos. Probablemente también estén disponibles en celdas de tamaño grande y voy a recomendar panales de celdas pequeñas o celdas de tamaño natural).

Puede encargar paquetes de abejas. Yo solía obtenerlas por correo, pero últimamente han subido de precio. Puede encontrar una tienda de proveedores de abejas con camiones con carga de paquetes de abejas en primavera. Si encuentra un club o asociación local de abejas probablemente le podrán aconsejar. Dos paquetes de abejas es buena cantidad para comenzar.

¿Cuántas colmenas?

Es buen consejo conseguir al menos dos colmenas. Creo que algunos apicultores principiantes no entienden el concepto y quieren experimentar con dos tipos diferentes de colmenas, como una colmena de barra superior y una Langstroh o una Langstroh de marco de ocho mediano y una Langstroh de marco diez profundo. Pero esto elimina el propósito de tener dos colmenas. La razón principal de tener dos colmenas es que el recurso es lo más difícil de encontrar y es lo que finalmente resuelve el propósito del reemplazo de abeja, marcos de cría. Pero esos marcos de cría no tienen mucho valor si no son intercambiables. Si de verdad quiere una colmena de barra superior y una colmena Langstroh por lo menos hágalas de las mismas dimensiones para que los marcos de Langstroh sean intercambiables con las barras superiores.

¿Núcleo o Paquete?

Otro problema que los apicultores principiantes muchas veces no entienden es lo del núcleo frente al paquete. Se reduce a esto, si quiere abejas sobre algún tipo de marco o panal en algo diferente de en el que están, compre un paquete. En otras palabras, si el núcleo es Langstroh profundo en panal de celdas grandes y si quiere una colmena de barra superior o de célula de tamaño pequeño o mediano, entonces no es practico comprar un núcleo de célula de tamaño grande y profundo y esperar poder ponerla en una caja mediana o una colmena de barra superior.

Por otro lado si puede conseguir un núcleo en el tamaño de célula o marco que quiere, un buen núcleo tendrá dos semanas de ventaja en un paquete y si puede conseguir abejas locales en un núcleo, especialmente abejas locales que ya hayan sido invernadas como núcleo, tendrá una ventaja, ya que estarán aclimatadas a su clima y un núcleo invernado siempre parece funcionar en primavera normalmente sobrepasando colmenas fuertes que han invernado.

No se preocupe demasiado por esta ventaja de dos semanas. Como he dicho antes es bueno, si tienen el mismo tamaño de celdas y marcos que quiere, pero si no, no solo es muchísimo trabajo convertir un marco a otro tamaño, o una celda a otro tamaño, o un tipo de colmena a otro, pero las habrá atrasado al menos esas semanas que hubiese ganado con el núcleo en el proceso. Así que tenga eso en consideración cuando decida.

Raza de Abejas

Asumiendo que tendrá que comprar un paquete de abejas, la próxima decisión es qué raza. Odio no tener una opinión pero en realidad no he visto una raza de abejas melificas que no me guste. Bueno, tuve unas muy agresivas una vez, pero eran de la misma raza que llevaba criando durante décadas. Voy a recomendar que busque alguna que no sea hibrida y que puedan aparearse con buenos resultados. Las caucáseas, italianas, codocas (italianas), Rusas Carniolas, son todas excelentes. Escoja la que le guste. Si puede conseguir reinas criadas localmente, es mejor, pero para aquellos de nosotros en el norte, casi nunca hay paquetes con reinas del norte disponibles para la venta. Puede reemplazar la reina un poco más tarde después de haberlas iniciado.

Más Secuencia

Hemos cubierto las opciones en el capítulo anterior, ahora que hemos tomado todas estas decisiones, aquí está el orden en que conseguiría las cosas.

Colmena de Observación

Conozco mucha gente que no está de acuerdo conmigo, pero yo compraría una colmena de observación. Dirían, correctamente, que una colmena de observación necesita de cierta destreza. Pero aprenderá todo eso en solo unos días observando una, y tanto en el primer año de observar una, que creo que sería inestimable. Incluso si se mueren o se enjambran, aprendería mucho. Debería poder comprar una colmena con un marco de cuatro llamada "Von Frisch" de Brushy Mt. No estoy seguro si todavía lo venden ya que no lo he podido ver en un catálogo. Soporta marcos de cuatro mediano (acuérdese que queremos que todos los marcos sean iguales). Tiene que hacer la conexión para el tubo usted mismo, pero todo lo demás viene prácticamente hecho. Para conectar el tubo yo uso una tubería de agua galvanizada de 1' de largo y de 1' de diámetro y una sierra de 1 y $^1/_8$" (va en un taladro para hacer un agujero de 1 y $^1/_8$") y pego una pieza de pino en el extremo de la colmena Von Frisch y taladro un agujero de 1 y $^1/_8$" y uso unas cerraduras de llave de caño para atornillarla en el tetón de tubo. Cojo una tubería de 1 y $^1/_4$" y la sujeto con una abrazadera de manguera. Corto a 1 x 4 para que quepa debajo de la ventana y otra que quepa debajo del postigo y taladro un agujero de 1 y $^3/_8$" en ambos para que las ventanas cierren cuando se alineen. Paso la tubería de 1 y $^1/_4$" (un kit de bomba de sumidero funciona bien) por la ventana. También añado el molde del filtro detrás de las bisagras y detrás de la puerta para reducir el espacio entre el cristal en $^1/_4$". Esto funciona perfectamente. El espacio de 1 y $^1/_2$" funciona si las abejas están construyendo su propio panal en la colmena. Pero si tiene que cambiar los marcos de una colmena está demasiado cerca y el PermaComb o La Súper Celda de Miel también estará demasiado ajustada.

Si visita los foros de abejas encontrará personas que hacen colmenas de observación a sus especificaciones.

También colocaría una tuerca muy pequeña o una grapa en la parte de atrás y en la puerta en el área del marco para mantener el marco en el área correcta. Parece que siempre estoy cargando la colmena hacia dentro y hacia fuera y ajustando los marcos y se deslizan de un lado a otro y desestabilizan el área de abejas.

Haga unos marcos (o sumerja en un poco de cera PermaComb) y coloque la cera estampada de celda pequeña en ella. Coloque estas cosas en la colmena de observación. Corte una tela negra para que sea doblada por encima de la colmena de manera que cubra ambos lados y hasta el suelo. Esto es una cortina de privacidad.

Núcleo de Colmena

Cuando las abejas crecen más allá de su colmena de observación necesitará dónde ponerlas. Si estamos usando marcos de ocho medianos solo podemos usar una caja de marco de ocho para el núcleo y mantendremos el resto de nuestro equipo. Si no, construyamos o compremos un núcleo mediano. Consiga un fondo y una cubierta (o hágalas). Esto va a ser un buen comienzo para cuando crezcan más allá de su colmena de observación. Un núcleo también le da un lugar para mantener una reina alterna o para hacer una división pequeña y no dejarles demasiado espacio. Colóquelos juntos y así estarán listos antes de que tenga las abejas. Entonces espere a la primavera.

Colocar las Abejas en la Colmena de Observación

Cuando llegue la primavera, coloque las abejas en la colmena de observación. Asumo que son de paquete, así que necesitan estar bien alimentadas. Riegue el filtro livianamente con sirope de azúcar, espere periódicamente, y vuelva a regar hasta que pierdan el interés en comérselo fuera del alambre del filtro. Saque las abejas y la colmena de observación, cerca de la entrada a la colmena de observación. Cubra la salida de la colmena con un pedazo de tela y una goma del pelo (son más fáciles de manejar). Haga lo mismo con la entrada del tubo y el otro lado del tubo en la casa. Coloque la colmena de observación plana de lado en el suelo y abra la puerta. Póngase el equipo protector. Abra la compuerta de la caja y cuidadosamente quite la jaula de la reina y colóquela a un lado. Ahora sáquela de la caja y sacuda las abejas de la colmena de observación. Golpee la caja en el suelo para desplazar el agrupamiento y entonces dele la vuelta a la caja y eche las abejas en la colmena de observación. Golpee la caja bruscamente por un lado para llamar al resto de abejas hasta un extremo y entonces sáquelas. Si todavía hay 20 abejas o algo así en la caja, no se preocupe. Si todavía hay cientos de abejas en la caja, repita los pasos hasta que queden solo unas cuantas.

Riegue la reina livianamente con un poco de agua para que sea más difícil que se vaya volando. Cuidadosamente quítele la grapa a la jaula de la reina, con cuidado de no abrir el filtro y dejarla salir. Coloque la jaula de la reina encima de un agrupamiento de abejas y cogiendo el filtro hacia abajo, abra el filtro y coloque la jaula cerca de las abejas, con cuidado de que la reina no se salga. (Difícil, lo sé). Si no la vio y no se fue volando y no la vio entrar, entonces hay que observarlas durante un tiempo. Asumiendo que entró, use el ahumadero para espantar a las abejas fuera del marco de la puerta para que no se apiñen y cierre la puerta (apiñando algunas abejas cabezotas e indecisas, pero con suerte no muchas). Ahora cepille las abejas de la parte exterior de la colmena, y meta la colmena en casa. Cogiendo la manguera cerca de la tubería, quite el pedazo de tela desde ambos lados y deslice la manguera y grápela (la grapa tiene que estar en la manguera antes de hacer esto)

Ahora tiene una colmena de observación. Llene una jarra de un cuarto con 2:1 sirope (2 partes de azúcar a una parte de agua) y aliméntelas. Ahora lleve la tela a la parte fuera de la tubería.

Si no vio a la reina entrar, entonces busque fuera en cualquier agrupación de abejas en el suelo o en los arbustos. Si ve algunas, mire cuidadosamente por si encuentra a la reina. Si la ve, captúrela con la trampa de clip de pelo y póngala en la entrada de tubería a ver si entra. Si no entra, tendrá que sacar la colmena fuera de nuevo y hacerlo todo desde el principio, pero por lo menos ya sabe que tiene a la reina en la colmena.

Si tiene dos paquetes (recomendado) entonces ponga la otra en el núcleo y compre el equipamiento para la colmena y únala.

Continúe alimentándolas y observándolas. Cuente los días hasta que la reina empiece a poner huevos (normalmente al menos tres o cuatro días pero a veces hasta dos semanas) y cuántos días hasta que los huevos rompen y cuántos días hasta que vea la cría tapada y cuántos días más hasta que vea el nacimiento. La colmena se construirá despacio al principio pero una vez las abejas empiecen a nacer, la población explotará.

Hacer una División en una Caja de Núcleo

Cuando ya tenga la mayoría de la colmena llena de miel, cría, y polen, necesitará mover tres marcos y la reina a la colmena de ocho marcos. Aliméntelas y continúe alimentado la colmena de observación. Intente asegurarse de que el marco que dejas en la colmena de observación tiene huevos. Ahora tiene que verlos criar una reina. Para cuando la reina en la colmena de observación esté poniendo huevos, todas las crías habrán nacido. La colmena de observación luchará por continuar pero el núcleo de cinco marcos se llenará rápido y cuando cuatro marcos y medio estén llenos, añada la caja siguiente y pida cuatro cajas medianas y suficientes marcos para ellos, una tabla de filtro inferior y una cobertura interior y exterior, o una cobertura de migración. Cuando las dos cajas de ocho marcos estén llenas, coloque la reina y todos los marcos (menos dos) en la otra colmena. Asegúrese de que esos marcos tengan huevos y cría abierta y el otro tenga polen y miel. Ponga esos dos en una caja con una parte superior e inferior y permítalos criar una reina.

Ahora tiene una colmena, un núcleo, y una colmena de observación (y si comprase un segundo paquete, otra colmena). Si necesita una reina puede unir los núcleos con la colmena, o halar el marco de cría al núcleo para criar una, o poner un marco de cría en la colmena de observación para criar una. Podrá ver en detalle lo que está pasando con la colmena de observación. Podrá ver el polen entrar, podrá ver el néctar entrando, podrá ver cuando lo están robando, podrá ver si están teniendo algún problema. Podrá ver a la reina poner huevos. Podrá practicar el encontrar la reina sin molestar a la colmena.

Manejando el Crecimiento

Si la colmena de observación crece demasiado, puede quitar marcos y colocarlos en su colmena regular para hacerlos más fuertes. Si el núcleo crece demasiado puede quitar marcos y ponerlos en la colmena regular. Puede remplazarlos con cera estampada no aprovechada. Si solamente quiere una colmena, simplemente permita al núcleo crecer y colóquelos en una colmena regular. Entonces empiece otro núcleo con otros marcos para tener dos colmenas de núcleo y una comenta de observación.

Empezando con Mas Colmenas

Claro que si quería empezar con más colmenas (una buena idea de hecho) podía colocar un paquete en la colmena de observación y un paquete de núcleo o colmena al mismo tiempo. Una mayor repetición le permite tener recursos por si algo falla. No empezaría con más de cuatro colmenas.

Marcos y Estampada

¿Qué clase de marcos y cera estampada necesita comprar? Obviamente si hubiese solamente una contestación correcta, existiría solo un tipo de cera estampada, y un tipo de marco. La razón por la que existen muchos es porque los apicultores tienen preferencias, filosofías, y experiencias diferentes.

Cubriremos alguna terminología. Con cera, el único grueso que he visto disponible es "Cría Mediana", "Sobreabundancia" y "Sobreabundancia estrecha". "Cría Mediana" no significa que vaya en marcos medianos. Solo significa que tiene un grosor mediano. "Sobreabundancia" es estrecho y "Sobreabundancia Estrecho" aún más estrecho. "Sobreabundancia" está hecho para los panales de mieles.

Estampada de cría

Las abejas tienen preferencia por construir en marcos sin estampada. Estos marcos son los más aceptados y los más naturales. Tienen muchas ventajas para la protección contra el Varroa en celdas pequeñas y para poder sacar las celdas de reina del panal sin preocuparse de darle a un alambre o tener plástico en medio del panal que no le deje sacarla.

Lo siguiente que le gusta a las abejas es la cera estampada. La pueden convertir en lo que ellas quieran. Pero cuanto más se parezca a lo que quieren, mejor lo aceptarán. Con abejas "normales", la de 5.1mm sería la mejor aceptada ya que es lo que parece que ellas prefieren construir. Dadant las vende. La de 4.9 sería la próxima, y la de 5.4mm sería la última. Pero me gusta la de 4.9mm para el control de Varroa. Así que un lado de la estampada es el material (de cera o de plástico) y el otro es el tamaño de celda.

El otro problema con la cera estampada es el refuerzo. DuraComb y DuraGilt tienen un centro de plástico liso. Esto funciona bien hasta que las abejas quitan la cera para usarla en otro lado, o los ácaros de cera comen hasta llegar al plástico. Después de esto, las abejas no construirán en el plástico. Los alambres normalmente se usan en la cera estampada. Algunas estampadas tienen alambres verticales y las personas la usan tal y como vienen. Otras no traen alambre y algunas personas le ponen alambre horizontal. El alambre ralentiza el proceso de hundimiento de la estampada.

El material que a las abejas parece no gustarle para nada y que a los apicultores parece gustarle más que nada es el plástico. Los ácaros no pueden destruir la estampada (aunque pueden destruir el panal). Las abejas no pueden cambiar el tamaño fácilmente. Los tamaños de plástico varían entre 5.4mm y 4.95mm. Están disponibles como hojas de estampadas de plástico o como marcos completamente moldeados con la estampada.

Los panales ya "construidos" también están disponibles en plástico. PermaComb (5.0mm equivalente en tamaños de celda) está disponible en mediano y Honey Super Cell (5.9mm equivalente a tamaño de célula) está disponible en profundo. Ya construido significa que las abejas no lo construyen, así que tiene el grosor máximo, y solo lo usan y lo tapan.

Estampadas para Alzas

Los panales ya construidos tienen una ventaja (una vez las abejas lo acepten y lo usen) ya que las abejas solo tienen que guardar el néctar y no tienen que construir ningún panal. Los ácaros de cera no lo pueden tocar ni tampoco los insectos pequeños de colmena.

Los varios marcos de plástico y las estampadas de plástico para alza son los mismos que están disponibles para las crías, con el uso adicional de algunos panales de zánganos (más fáciles de extraer) y las Honey Super Cell de 6.0mm tamaño de celda con un huevo falso en el fondo de la celda. El huevo falso supuestamente engaña la reina para que no ponga huevos. El de 6.0mm también disuade a la reina ya que no es del tamaño de un zángano (6.6mm) ni de una trabajadora (4.4mm a 5.4mm) así que no le gusta poner huevos ahí.

Para un panal de miel, hay "sobreabundancia" y "sobreabundancia estrecha". Esto es para que el panal de miel sea fácil de masticar y no tenga un centro grueso en el medio. Está disponible en la mayoría de los fabricantes. Walter T. Kelley lo tiene en 7/11 lo cual de nuevo disuade a la reina de poner huevos para que así pueda no tener crías en los alzas.

Tipos de Marcos

Existen diferentes tipos de marcos y muchas de las estampadas estaban planeadas para uso en uno u otro. Normalmente puede adaptarlos de cualquier manera, pero puede que quiera tener esto en cuenta cuando pida los marcos y las estampadas.

Las barras superiores vienen en estrías, trozos, o divididas (las divididas están disponibles de Walter T. Kelley). Las de estrías se usan normalmente con plástico o con un cierre de tubo de cera. Yo las prefiero a las de cuña. Puedo sujetar mucha más estampada de manera mucho más eficaz (para que no se caiga) con un cierre de tubo de cera que con la de tipo cuña. La de tipo cuña tiene listones que se rompen y se clava al marco para aguantar la estampada. La de división se usa normalmente para los paneles de miel. La estampada se echa en la raja hasta la barra de fondo sólida y se pone en el panal sin clavarla.

Las barras inferiores vienen con raja, con estrías, y sólidas. Prefiero las sólidas, porque los ácaros de cera no entran en ella. Pero su estampada puede que no se ajuste una barra de fondo sólida (dependiendo de lo que compre). Las de divisiones no son muy fuertes y siempre parece que se rompen la primera vez que las limpio y pongo estampadas nuevas. Las de estrías normalmente se usan con plástico para que la estampada de plástico encaje en el marco. Otro problema es el tamaño exacto de la estampada que está usando. Unos se cortan para que quepan completamente hasta el fondo con marcos divididos. Otros se cortan para que quepan en las estrías. Walter T. Kelley parece ser el único proveedor que dice qué encaja en que en su catálogo.

Los marcos de plástico de una pieza. Eliminan todos los problemas, excepto el de aceptación y el de cortar las celdas de las reinas. No hay marcos que construir. La estampada encaja puesto que ya está dentro. Si compra un Mann Lake PF-120 (de profundidad mediana) o PF-100 (profundidad profunda) son de 4.95mm de tamaño de celda así que ya tiene la ventaja de una celda pequeña. Son baratos (en pedidos grandes valen un poco más de $1 cada uno). No hay que ponerle alambre y las abejas lo aceptan bien.

¿Ubicando colmenas?

"¿Dónde debo poner mi colmena?" El problema es que no hay una contestación sencilla, ni una ubicación perfecta. Pero en una lista de importancia de mayor a menor, escogería este criterio con la disposición de sacrificar lo que es menos importante aunque no funcionen:

Seguridad

Lo esencial es tener la colmena donde no sea una amenaza para animales que estén atados o encerrados y que no puedan escapar si son atacados o donde pudieran ser una amenaza para la gente que esté pasando que no sepa que ahí hay colmenas. Si la colmena va a estar cerca de un camino donde la gente va a estar pasando necesita tener una verja o algo para que las abejas tengan que volar por encima de las cabezas de las personas. Por la seguridad de las abejas deben estar en un sitio donde el ganado no paste ni se tumbe sobre ellas, los caballos no se tumben sobre ellas, y los osos no puedan llegar a ellas.

Acceso Adecuado

Es esencial tener la colmena en un sitio al que el apicultor pueda acceder con el coche. Cargar alzas llenas puede pesar hasta 90 libras (profundos) o hasta 48 libras (los marcos de ocho medianos) y cualquier distancia es mucho trabajo. La misma razón se aplica para llevar cualquier equipo de apicultura y comida a las colmenas. Podría tener que alimentar hasta con 50 libras o más de sirope a cada colmena y cargar eso a cualquier distancia no es práctico. También aprenderá mucho más de las abejas si están en su patio, que si están a 20 millas en casa de su amigo. También un patio a una milla o dos de su casa tendrá mejores cuidados que uno a unas 60 millas de su casa.

Buena búsqueda de Comida

Si tiene muchas opciones, entonces vaya a un lugar con mucha comida disponible. El trébol dulce, alfalfa crecida de semilla, tulipanes, poplares, etc. pueden marcar la diferencia entre cosechas de 200 libras o más de miel por colmena a casi nada. Pero tenga en cuenta que las abejas no buscarán sólo en el espacio que tiene, sino también alrededor de los próximos 8,000 acres alrededor de la colmena.

No en su camino

Creo que es importante que la colmena no interfiera en la vida de nadie. En otras palabras, no las ponga en un camino por el que pase mucha gente donde se puedan sentir en peligro y vayan a picar a alguien, o donde alguien prefiera que no estén.

Pleno Sol

He observado que las colmenas a pleno sol tienen menos problemas con enfermedades y plagas y hacen más miel. La única ventaja de ponerlas a la sombra es cuando le toque trabajarlas a la sombra, o puede que le ayude a ajustarse más a otro criterio más importante.

Si vive en un clima muy caliente, el sol de la media tarde sería bueno, pero no debe quitarle mucho el sueño a menos que tenga una colmena de barra superior; de ser así, las pondría a la sombra para prevenir que el panal se venga abajo.

No en un área de vuelo bajo

No importa si están en algún lado a medio camino entre bajo y alto, pero prefiero que no estén donde el rocío, la neblina, y el frio las toquen, y no me gusta que estén en sitios de los que tenga que quitarlas si hay una amenaza de inundación.

Fuera del viento

Es bueno tenerlas donde el frio viento del invierno no sople muy fuerte y donde el viento no vaya a tumbarlas o a tirar las tapas. Este no es mi primer requerimiento pero si existe un sitio fuera del alcance del viento, sería preferible. Esto excluiría ponerlas en lo alto de una colina.

Agua

Las abejas necesitan agua. Uno de los problemas es proporcionarles agua. Otro problema es hacer que nuestro lugar sea más atractivo que el jacuzzi de un vecino. Para lograr esto entienda que las abejas son atraídas por el agua por cosas diferentes:

- Olor. El olor conduce las abejas a un lugar. El cloro tiene olor. La alcantarilla también.
- Calor. Se les puede dar agua tibia, e incluso fresca algunos días. Pero no se les puede dar agua fría, porque cuando las abejas están frías no pueden volar a casa.
- Confiabilidad. Las abejas prefieren una fuente fiable.
- Accesibilidad. Las abejas necesitan conseguir agua sin caer en ella. Un tanque de caballos o un cubo no funciona bien. Un riachuelo proporciona este acceso ya que pueden detenerse en la orilla y caminar al agua. Un barril o cubo no a no ser que les ponga escaleras o trozos flotantes. Yo uso un cubo con agua lleno de palitos. Las abejas pueden pararse en los palitos y agacharse hasta el agua.

Conclusión

Al fin y al cabo, las abejas se adaptan bien, así que asegúrese de que sea conveniente para usted, y si no es muy difícil de proporcionar, trate de cumplir algún que otro criterio. Dudo que tenga un lugar que cumpla todos los criterios enumerados arriba.

Instalando Paquetes

Se me ocurre que al escuchar a todos los principiantes en los foros de abejas y escuchar todos los videos de U-Tube de personas sin experiencia haciendo sus primeras instalaciones y escuchando a los expertos dar sus consejos a los apicultores principiantes, que se han dado muchos consejos erróneos. A veces es solo que un principiante no sabe lo que es un término medio, pero más que nada creo que son malos consejos. Así que aquí están mis consejos sobre qué hacer y qué no hacer:

Qué no hacer:

No las rocíe con sirope

Definitivamente si insiste en hacer esto, no las rocíe demasiado y no use sirope grueso. 2 partes de agua por 1 parte de azúcar es suficiente. Personalmente yo no rociaría en absoluto. Si tiene que alimentarlas porque no puede instalarlas, solo rócielas un poco en el filtro y espere a que ellas lo limpien. Repita hasta que no lo cojan. Pero creo que es mejor rellenar la lata con sirope, sacarla (claro que las abejas así pueden salir, así que debe colocar algo que cubra el agujero). Si tiene el tipo de bote que tiene un agujero redondo con una arandela de goma sujeto con un pedazo de tela, sáquelo y póngalo en el sirope. Reemplace la arandela y la tela y reemplace la lata. Si hay solo agujeros pequeños entonces haga un agujero lo suficientemente grande para que el sirope corra y llénelo de sirope. Entonces cierre el agujero con algún tipo de cera de abeja suave. Revise por si hay escapes y coloque la lata de nuevo.

¿Por qué? He visto muchas abejas pegajosas ahogadas en latas con escapes o de rociar abejas o peor, de abejas sobrecalentadas que regurgitan sus estómagos de miel como un reflejo para aliviarse del calor. No quiero ver más abejas ahogadas. El otro día vi un video de U-Tube en donde alguien estaba sacudiendo las abejas al fondo (lo que está bien si las va a colocar en la colmena) ensopándolas (literalmente) con sirope, dándole la vuelta a la caja y ensopándola por el otro lado, y entonces después de trabajar con la colmena, volverlas a ensopar de nuevo. Dudo que ni la mitad de ellas hayan sobrevivido.

Nunca he visto abejas morir por NO ser rociadas con sirope.

No las deje en la caja de envío

No las coloque en la colmena con la caja de envío para evitar sacarlas- especialmente si la caja está encima de las barras superiores con una caja vacía encima. Esto es buscar problemas. Asumiendo que colocó una reina en una jaula en algún lado; las abejas van a agruparse en la cubierta interior o en la cubierta y entonces crearán panales en la caja vacía. Las abejas siempre prefieren su panal a crear en estampadas y cogerán cualquier oportunidad para hacerlo. No les dé esta oportunidad. Las abejas no son tan difíciles de quitar. Sí, es una de esas cosas donde la gentileza y delicadeza no son de ayuda, sino que les hace daño a las abejas. Puede llegar a acostumbrarse a sacudir un enjambre en una caja, en vez de un enjambre fuera de una caja. Si insiste en dejarlas en la caja por si solas, entonces coloque una vacía profunda (mediana o como sea) en el fondo y coloque la caja ahí y entonces sitúe la caja con marcos encima de ella. Esto tiene la ventaja de que las abejas tratarán de agruparse en la parte de arriba y colgarse de ahí. Así que con suerte esa sería la cobertura de dentro y no las barras de abajo. Asegúrese de quitar la caja de envío y la caja vacía al día siguiente. No cuatro días después. No cinco días después- *al día siguiente.* De no ser así se arriesga a que construyan el panal en el espacio vacío.

No permita que la reina cuelgue entre los marcos

Esto casi siempre ocurre en un panal adicional entre dos marcos hechos en la jaula de la reina. Libere a la reina y no tendrá que preocuparse de los panales dañados. Esto es más importante en un escenario donde no haya estampadas, como una colmena de barra superior o marcos sin estampadas, porque una dañada entre los marcos daría lugar a la repetición del error. Suelte a las abejas. Déjelas asentarse. Para que la reina no salga volando, coloque un corcho (donde está ahora) y mientras sujeta su pulgar sobre el agujero, tumbe la jaula en el fondo y váyase. Coloque los marcos de nuevo y la tapa. No intente soltarla en las barras superiores. Suéltela en el panel de abajo.

Uno de los problemas parece ser que la gente espera que se escape o que la vayan a matar. Según mi experiencia dejarla en la jaula no resuelve estos problemas. Si se quieren ir finalmente se mudarán a la colmena de al lado, y abandonarán a la reina. Si la deja ir esto no hará que no pase, pero no lo va a causar tampoco. No he tenido problemas con paquetes que mataran a la reina. Muchas abejas confundidas se han sacudido juntas desde diferentes colmenas y en la confusión se han alegrado por encontrar una reina. Si matan a la reina es porque ya hay una ahí del paquete que fue sacudida entre ellas. Las abejas prefieren esta reina porque han tenido contacto con ella.

No use un excluidor como incluidor durante mucho tiempo

No use un excluidor como incluidor (para mantener la reina dentro) después de que haya crías abiertas en la colmena. No lo usaría para nada, pero no hay motivo para hacerlo una vez que haya crías abiertas y hará que los zánganos no puedan volar.

No rocíe a la reina con sirope

Va a provocar el caos. Sí, probablemente hará que no vuele, pero también le puede hacer daño. Conozco a algunas personas que no creen que le puedan hacer daño pero parece ser que no han visto a una reina pegajosa muerta antes. Yo he visto bastantes. No la rocío con nada, pero si insiste use agua o dos partes de agua por una parte azúcar.

No instale abejas sin equipo protector

Tiene suficientes cosas por las cuales preocuparse como para preocuparse de que le piquen.

No ahúme un paquete

Ya están en un estado emocional dócil y necesitan las feromonas para organizarse, encontrar la reina, etc. No hay necesidad de interferir con esas feromonas ya que ahumarlas no hará nada por calmar un enjambre o un paquete.

No posponga

No posponga instalarlas porque esté lloviznando o haga fresco. A no ser que esté a 10º F o menos, instálelas y considérelo una ventaja ya que no querrán volar y se asentarán mejor. Solamente asegúrese de que tienen suficiente comida para que no se mueran de hambre. La miel sellada es la mejor. Azúcar seco que haya sido rociada con suficiente agua para mantenerla húmeda será suficiente.

No las alimente de manera que tengan demasiado espacio

Un paquete es un equipo constructor de panal. Están buscando construir panal en donde puedan. No les de espacio para hacerlo donde no deban. Esto incluye ponerles cajas vacías encima donde tengan acceso a ellas, o un espacio para un comedero de bolsa, etc. Un comedero de marco, un bote sobre la cobertura interna con cinta adhesiva cubriendo cualquier acceso o algo similar está bien. Un comedero en la tabla inferior, está bien. Los comederos de bolsa si están en la tabla inferior están bien si coloca a las abejas primero y los comederos de bolsa después de que las abejas estén en el fondo.

No deje los marcos afuera

Nunca. Ni siquiera por unos minutos. A veces puede dejarlos fuera durante unos minutos y puede que se le olvide volver a por ellos. Cuando cierre la colmena siempre deben estar los marcos en la caja, o en el caso de una colmena de barra superior, el complemento completo de barras. Incluso si usa un seguimiento para limitar el espacio de manera temporal, llene el espacio de marcos o barras. Nunca sabe cuándo van a llegar las abejas hasta allí.

No suelte las abejas encima de un comedero de bolsa

Se van a cubrir de sirope ya que se aplastarán por el peso de las abejas cayendo sobre la bolsa.

No cierre un paquete de colmena nuevo

Déjelas que vuelen, respiren, y se orienten.

No deje jaulas vacías de reinas por ahí

Las abejas se agruparán en ellas y actuarán como un enjambre pensando que en la jaula hay una reina porque huele a una.

No deje que un panal estropeado lleve a más panales estropeados

Si tiene una colmena de barra superior o si tiene una sin estampada esto es aún más importante. Con estampada tiene siempre más o menos un estado limpio ya que siempre hay otra pared de estampada por dónde empezar. Como fuese intentaría limpiar toda la suciedad rápidamente. Las abejas construyen panales paralelos, así que sin estampada un panal mal hecho lleva a otro mal hecho. De la misma manera un panal bien hecho lleva a otro bien hecho también. Cuanto más rápido se asegure de que el último panal está derecho y centrado, mejor, porque entonces el siguiente panal será paralelo a este. Si tiene una colmena de barra superior asegúrese de que tiene algunos marcos hechos a los que pueda atar paneles si los hacen torcidos o se caen. De esa manera siempre podrá al lo menos llegar al último y enderezarlo, o mejor aún enderezarlos todos. Especialmente sin estampada, revisaría después de la instalación para asegurarme de que las abejas están haciéndolo correctamente, lo que significa que los marcos están derechos. Cuanto más pronto se asegure, mejor estarán.

Si está usando estampadas y las abejas construyen aletas saliendo de las estampadas o de panales paralelos donde hay una brecha a la que no puede llegar, raspe esto antes de que tenga crías abiertas. La cera no vale la inversión de una cría abierta. Mantenga la colmena limpia de panales estropeados o seguirá teniendo este problema. Con estampada de plástico puede simplemente rasparlo del plástico. Con estampada de cera necesitará entrar un poco más en detalle.

No destruya celdas de reemplazo

Los paquetes a veces construyen celdas de reemplazo y la rompen después de unos cuantos días, pero si usted las destruye se arriesga a que acaben sin reina. A veces la reina tiene un problema que usted desconoce. Asumir que las abejas están equivocadas y que usted está en lo correcto sobre la calidad de la reina, en mi experiencia, es una mala apuesta.

No entre en pánico si la reina de la jaula está muerta

No entre en pánico y asuma que están sin reina si la reina de la jaula está muerta cuando la recibe. Probablemente hay una reina suelta en el paquete. De todas formas contactaría con el proveedor por si acaso, pero mientras tanto, las instalaría y volvería a revisarlas antes de instalar una reina nueva. Podría estar sentenciándola a su muerte.

No se preocupe si la reina no pone huevos de inmediato

Algunas van a poner huevos tan pronto como haya panales de $1/4$" de profundo en la colmena. A otras les lleva dos semanas empezar a poner. Si no ponen en dos semanas probablemente no lo van a hacer y entonces es momento de preocuparse.

No se preocupe si una colmena está prosperando más que la otra

Hay muchos factores contributivos. Si tienen huevos y cría probablemente estarán bien.

No consiga solo una colmena

Consiga por lo menos dos. De esa manera tendrá los recursos para lidiar con los problemas que surjan.

No las alimente constantemente

No siga dándoles de comer pensando que dejaran de comer cuando no lo necesiten. He visto paquetes que enjambraron cuando no habían ni siquiera terminado la primera caja porque se llenaron con todo el sirope. Aliméntelas hasta que vea almacenamiento operculado. Esto es la primera señal de que las abejas han preparado un "almacenamiento a largo plazo" lo cual quiere decir que lo consideran sobreabundante. Si hay flujo de néctar en ese momento, dejaría de alimentarlas.

No las moleste todos los días

Se pueden escapar si las molesta demasiado.

No las deje solas por mucho tiempo

Perderá la oportunidad de aprender y supervisar que todo funciona correctamente. Las revisaría cada tres o cuatro días la primera vez y después esperaría al menos un poco más entre visitas e intentaría no comprobarlo todo. Solo tener una idea general de cómo van las cosas.

No las ahúme demasiado

No las ahúme demasiado cuando trabaje con ellas después de instalarlas. Los errores más comunes al ahumarlas son los siguientes:

- Tener el ahumadero demasiado caliente y quemar las abejas con el lanzador de llama
- La gente usa demasiado humo causando pánico en vez de simplemente interferir con la feromona de alarma. Una bocanada en la puerta es suficiente. Otra bocanada en la parte superior también está bien si se ven muy excitadas y después dejarlo encendido y en sitio cercano normalmente es suficiente.
- La gente no enciende el ahumadero porque piensa que el humo causa daño a las abejas, probablemente por alguna de las razones arriba.
- La gente sopla el humo hacia dentro e inmediatamente abre la colmena. Si espera un

minuto la reacción será completamente diferente. Si está haciendo algo que no lleva mucho tiempo, como llenar los comederos de marcos o algo así, es bueno soplarle el humo a la próxima colmena antes de abrir la primera. De esa manera tardará un minuto antes de abrir esa primera.

* La gente no las ahúma porque piensan que es malo para las abejas o es algo no natural. Su exposición al humo es solo de una o dos bocanadas cada semana o dos. La gente ha estado ahumando las abejas durante al menos los 8,000 años que tenemos documentados, y por una sola razón. Nada funciona mejor para calmarlas.

Cosas por hacer:

Siempre instálelas en la menor cantidad de espacio

Para criar a las crías y hacer cera se necesita calor y humedad. Intente instalarlas en la menor cantidad de espacio posible, pero lo suficientemente amplia y adecuada para usted. En otras palabras, si tiene una caja de núcleo de cinco marcos, eso es excelente. Si no, entonces una sola caja. Una caja mediana de cinco marcos es suficientemente grande si no tiene panales construidos en ella. Una caja mediana de ocho marcos es lo suficientemente grande si tiene un panal construido. Aunque no hay nada incorrecto, per se, en ponerlas en más espacio, en el clima del norte especialmente, esto es mucho trabajo para ellas y trabajan mejor en un espacio más pequeño. No compraría un núcleo de cinco marcos solo para esto, pero lo usaría si tuviese uno.

Tenga su equipo listo

Tenga su equipo listo antes de que lleguen las abejas. Escoja un lugar donde dejar el equipo. Tenga su equipo protector también.

Use su equipo protector

Tiene suficientes cosas por las que preocuparse como para tener que preocuparse porque le piquen.

Como instalar:

Cuando tenga todo ahí, abejas, equipo, etc., entonces quite cuatro o cinco marcos, quite la lata y la reina, tire la caja al suelo para sacudir las abejas y échelas como si fuesen aceite grueso. Incline la caja hacia delante y hacia atrás cuantas veces sea necesario hasta que no salgan más. Vuelva a tirarla al suelo para sacudirlas y vuélvalas a echar. Cuando ya queden entre diez y veinte, coloque el paquete en el suelo. Quite el corcho de la jaula de la reina y sujete su dedo encima del agujero y colóquelo en la tabla y suéltelo. Cuidadosamente coloque los marcos encima. No los empuje aplastando las abejas abajo. Deje que las abejas y los marcos caigan por si solos.

Si suelta a la reina (más difícil para asegurarse de que no se irá volando) no suelte la jaula. Sacuda a las abejas hacia fuera y colóquela en un bolsillo y llévela a la casa cuando termine. Si no, las abejas se agruparán en la jaula y terminará con un enjambre sin reina en la jaula.

Marcos ajustados juntos

Por alguna razón esto parece estar ignorado en los libros y causa un sinfín de problemas para los apicultores. Los marcos deben estar ajustados juntos en el centro. Un complemento lleno de ellos (10 marcos para una caja de 10). Si tiene espacio en exceso, las abejas harán algo raro en medio, como un panal extra o la cara de un panal, o aletas de la cara de un panal. Su mejor apuesta para la prevención de esta creativa creación es empujarlos hasta que queden juntos y ajustados. Mejor aún, que el espacio sea de 1 y $^1/_4$" de ancho y ponga un marco extra ajustado junto.

Aliméntelas

Un paquete intentará comer mucho especialmente cuando no tengan panal y ni reservas. Aliméntelas hasta que empiece a ver miel sellada o empiece a llenar el nido de crías. Revíselas de vez en cuando para asegurarse de que lo hacen bien. Mejor ver las cosas antes que después, especialmente cosas como un panal estropeado.

Enemigos de las Abejas

Enemigos Tradicionales de las Abejas

Tradicionalmente las abejas han tenido enemigos; plagas, depredadores, y oportunistas. Algunos tan grandes como osos y otros tan pequeños como virus.

Osos.

Ursa. Los osos no son un problema para mí. Algunas personas viven donde hay osos y ellos son su problema principal. A todas las especies de osos les gusta comer larva de abejas y no les molesta la miel tampoco. Los síntomas de que tiene un problema de osos si las colmenas están volcadas y faltan pedazos de los nidos de cría que parezcan haber sido comidos. A veces los vándalos vuelcan las colmenas pero los humanos no se comen la larva. La única solución que he escuchado para los osos son verjas eléctricas fuertes con alambre en el suelo (para que la electricidad también vaya al suelo) y también carnada en la verja (tocineta es popular) para que el oso ponga su boca tierna en partes de la verja. Esto parece funcionar la mayoría de las veces. Algunas personas colocan las colmenas en plataformas muy altas para los osos pero resulta difícil sacar la miel de la plataforma y quitar las cajas arriba. Claro que la única manera de parar a un oso es matarlo y comérselo pero esto deja un vacío que otro oso pronto llenará. Las legalidades, dificultades, y peligros de este método es mejor dejarlas para una revista de cacería.

Robo de Abejas

¡BLUF: *si tiene problemas de robo, tiene que resolverlo inmediatamente! Los daños progresan rápido y pueden devastar una colmena. Asegúrese de que están robando y no orientando primero, cuando esté seguro de que están robando, haga algo drástico. Cierre la colmena, cúbrala con un pedazo de tela mojada. Abra todas las colmenas fuertes para hacerlas quedarse en la casa y vigilar sus propias colmenas. Pero haga algo más, tan simple como cerrar la colmena con alambre de filtro completo. Así podrá evaluar lo que quiere hacer para que vuelen (entrada pequeña, filtro de ladrón, etc.) No puede permitir que sigan robando. Tiene que pararlo ahora.*

A veces durante un reemplazo las colmenas fuertes pueden robar a las débiles. Las italianas son particularmente malas para esto. Alimentarlas parece empeorar la situación. La prevención es lo mejor. Cuando vea que empieza un reemplazo de reina, reduzca la entrada en todas las colmenas. Esto las hará ir más despacio. Pero tiene que vigilarlas para que cuando el reemplazo termine, les puedas abrir de nuevo durante el flujo.

He notado que las colmenas sin reina son robadas mucho más que las otras. Siempre pensé que era porque los ladrones quieren matar a la reina y lo hacían, pero cuando hice núcleos sin reina en el otoño justo antes de combinarlas con otro núcleo, fueron robadas inmediatamente.

Un problema es estar seguro que están siendo robadas. Algunas personas confunden una tarde de orientación con robo. Todas las tardes calientes durante la cría verá a abejas jóvenes orientándose. Van a volar alrededor de la colmena. Esto es confundido por ladrones que también vuelan alrededor de la colmena. Pero con práctica aprenderá como se mueven las abejas jóvenes cuando están orientándose. Las abejas jóvenes son peludas. Las abejas jóvenes son calmadas en comparación con los ladrones. Mire la entrada. Los ladrones están agitados. Las abejas locales pueden tener un tapón en la entrada pero siguen teniendo orden. Pelearse por entrar es una señal de ladrones, pero el que no haya pelea en la entrada no quiere decir que no sean ladrones, solo prueba que han vencido las abejas guardias. Una forma segura de saber si están siendo robadas es esperar a que oscurezca y cerrar la entrada. Cualquier abeja que llega en la mañana tratando de entrar es probablemente un ladrón, especialmente si hay muchas de ellas.

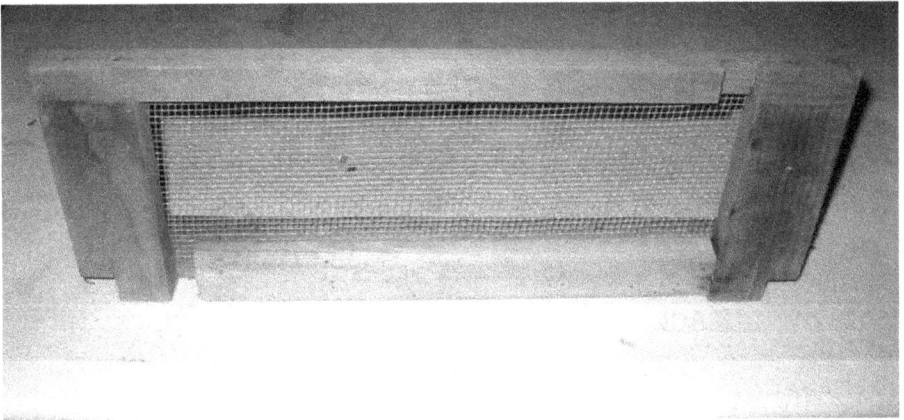

Vista interior del filtro de ladrones

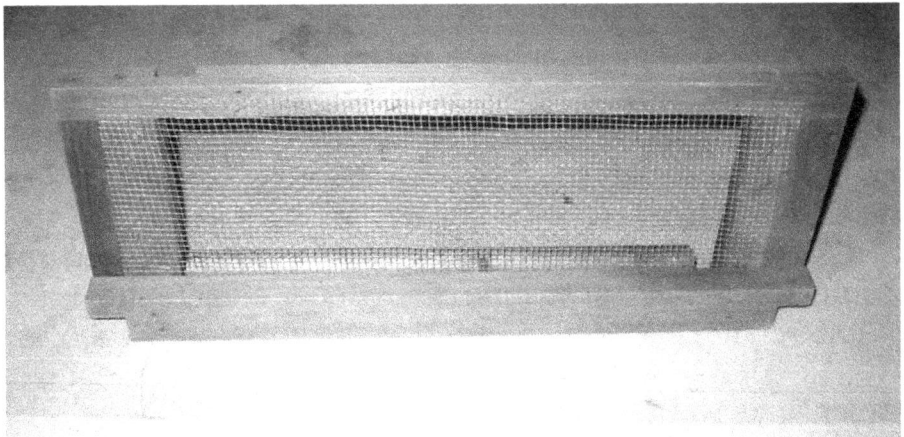

Parte exterior del filtro de ladrones

Si ya tienen robo, hay varias maneras de pararlo. Una colmena muy débil puede ser cerrada con una tela de ferretería #8 por un día o dos. Los ladrones no podrán entrar y finalmente se cansarán de intentarlo. Ayudará si puede alimentarlas y darles agua. Un poco de polen y unas gotas de agua harán que un núcleo pueda sobrevivir. Necesitará más si hay más abejas. Después de abrirles asegúrese de que el tamaño de la entrada esté reducido. Si puede alimentarlas, darles agua, y ventilarlas durante 72 horas, puede cerrarlas cuando estén llenas de ladrones y forzar a los ladrones a hacerse parte de la colmena. Otra forma de mantenerlas confinadas es cerrar las entradas con hierba. Las abejas finalmente lo quitarán, pero con suerte los ladrones se rendirán antes de eso.

Puede construir un "filtro de ladrón" o lo puede comprar con puerta de malla de Brushy Mt. (parece que han modificado las suyas para que sirvan como filtros de ladrones). Es un filtro que cubre el área alrededor de una puerta con una abertura en la parte superior (tendrá que hacerlo completo). Esto fuerza a los ladrones a doblar en las esquinas para encontrar su camino. Como ellos van por el olor, esto los confunde. También desalienta a los zorrillos.

Vicks Vaporub alrededor de la entrada confunde a los ladrones porque no pueden oler la colmena. No confunde a las abejas que viven ahí porque se acuerdan de como salieron.

Una colmena débil a veces es robada completamente, tanto que no queda ni gota de miel. Rápidamente morirán. Si no puede controlar el robo, es mejor combinar algunas de las colmenas débiles que dejar que sean robadas y mueran. Si solo tiene una fuerte y una débil, puede robar una cría emergente de la colmena fuerte para hacer la colmena débil más fuerte y sacudir algunas de las abejas nodrizas (las que están en las crías abiertas) de la colmena fuerte a la débil. O puede combinar la débil con la fuerte. Esto es mejor a que peleen y se mueran de hambre.

Zorrillos

Mephitis mephitis y otras variedades. Los zorrillos son un depredador común de abejas en toda América del Norte. Los síntomas son colmenas muy agresivas, rasgados en la parte delantera de las colmenas, pilas mojadas de abejas muertas en el suelo cerca de las colmenas de las que han sacado el zumo. Hay muchas soluciones que funcionan. Poner las colmenas en un lugar alto o tener una entrada superior, grapar trozos en el tablero de tierra, malla en el tablero de tierra, filtros de ladrones, trampas, envenenamiento, y cazarlos. Solamente los he cazado y les he puesto a las abejas las puertas de malla, y acabé poniendo entradas superiores. Pero muchas personas juran que las otras opciones funcionan. Un huevo crudo con un trozo de cáscara, y tres aspirinas machacadas en la otra parte del huevo, enterrado delante de la colmena bajo amenaza es una de las soluciones que he escuchado que hubiese intentado si las entradas superiores hubiesen fallado. Otros venenos me preocupan por mi perro, pollos, y caballos.

Zarigüeyas

Didelphis marsupialis. El mismo problema que los zorrillos con las mismas soluciones.

Ratones

Genus Mus. Muchas especies y variedades. También musarañas (Cryptotis parva). Mayormente son un problema durante el invierno cuando las abejas están agrupadas y los ratones se mudan dentro. Usar un pedazo de tela de ferretería #4 (cuadrados de $1/4$") sobre las entradas hará que las abejas entren y salgan pero no los ratones. O use solo una entrada superior para que los ratones no puedan entrar.

Polilla de Cera

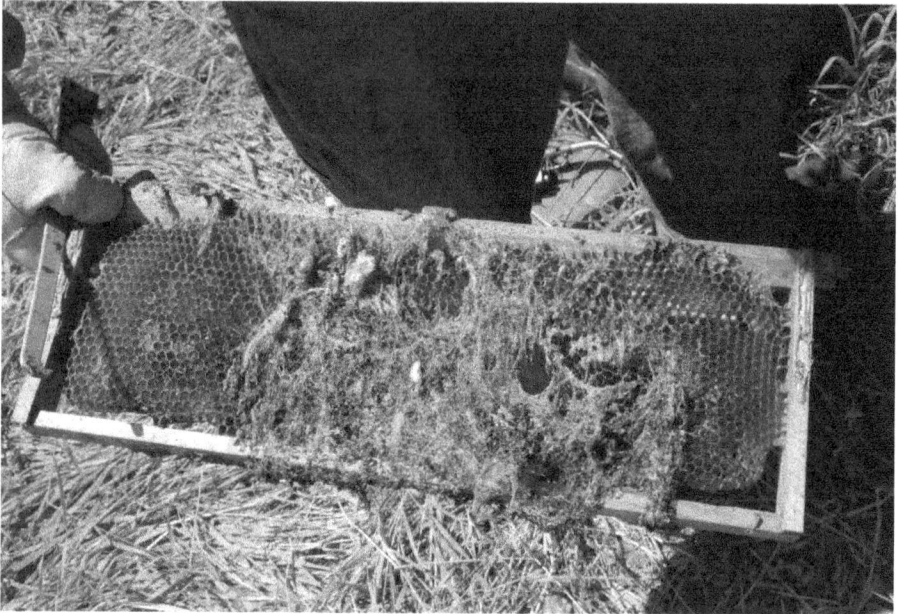

(Foto por Theresa Cassiday)

Galleria mellonella (mayor) and Achroia grisella (menor) las polillas de cera son oportunistas. Cogen ventaja de una colmena débil y viven de polen, miel, y se cobijan en la cera. Dejan un rastro de telaraña y heces. A veces son difíciles de identificar porque intentan esconderse de las abejas. Se cobijan abajo en el medio (mayormente en la cámara de cría pero a veces en los alzas) y en las estrías de los marcos. Esto parece preocupar a los apicultores y causan mucha contaminación química en las colmenas, así que vamos a cubrirlo aquí.

Clima

Primero, entienda que esto es un problema que depende del clima. En un clima donde casi nunca tiene alta congelación, la polilla de cera puede vivir el año completo lo cual sería un escenario completamente diferente al de un clima donde tiene ultra-congelaciones y un invierno largo. Compartiré lo que hago y como funciona, pero tenga en mente que deberá ajustarse a su clima y su situación y si vive en un clima donde la polilla de cera nunca muere del frio, el método que yo uso no le funcionará y tendrá que usar un método diferente.

Causa de Infestación de Polilla de Cera

Primero, hablemos sobre las polillas. Galleria mellonella (polilla de cera mayor) u Achroia grisella (polilla de cera menor). Ambas van a invadir una colmena sin vigilancia durante la temporada en que estén activas. Prefieren el panal con polen y como segunda opción el panal con capullos, pero ellas viven de cera pura sin nada más. La mayoría de mis problemas con la polilla de cera ocurren cuando una división no cría una reina y la colmena muere, o cuando un núcleo tarda demasiado en aparearse, o cuando no vigilan el panal lo suficiente. No tengo otros problemas con la polilla de cera pero en el pasado he cometido errores drásticos.

Errores de Apicultura

Un año, basado en la experiencia de otra persona, dejé unas cajas mojadas y las puse en mi sótano. La polilla de cera no solo destrozó todos esos paneles sino que infestaron mi casa de manera que nunca jamás me he podido deshacer de todas ellas. He tenido polilla de cera volando por mi casa desde entonces, y eso fue en el 2001. Nunca coloque alzas, especialmente mojadas, en un lugar caliente. Especialmente cuando tiene la opción de ponerlas fuera donde se congelarán y la polilla morirá. Que necesiten un panal de cría es un mito. Ellos prefieren panal de cría, sí, pero no lo requieren.

Control de Polilla de Cera

Mi método actual es este. Espero hasta final de la cosecha. Así puedo evaluar mejor lo que debo dejar para el invierno, para entonces darles menos de comer de lo que debo, ahorro en la cosecha y en el alimento, lo que es también menos trabajo. No tengo que perseguir las abejas fuera de las alzas, sino que solo tengo que esperar a un día frio cuando las abejas estén acurrucadas y quito las alzas vacías de abejas. Después de la cosecha puedo colocar las mojadas en las colmenas y esperar a días calientes para limpiarlas después de que acaben, quitarlas y apilarlas sin miedo de polilla de ceras ya que el clima es frio y no habrá más polillas de cera por ahí. Si quiero cosechar temprano entonces colocaría las cajas mojadas de nuevo y no las quitaría hasta después de una ultra-congelación.

Las polillas, en la parte del país donde vivo, no vuelven hasta finales de julio o agosto y trato de tener todos esos paneles de nuevo en las colmenas para mediados de junio como muy tarde, donde las abejas lo pueden vigilar. Así que no tengo polilla en los paneles durante la temporada de miel (junio a septiembre) porque están siendo vigiladas por las abejas. No tengo polillas en las colmenas de octubre a mayo porque tengo clima de congelación entonces y eso mata a la polilla y los huevos de polilla. No tengo ningunos de mayo a junio porque las polillas no han vuelto del invierno todavía.

Colonia de Abeja Infestada

Qué hacer con una colonia infestada. La razón por la cual una colonia se infesta es que es débil. La prevención es no darle más territorio del que pueden vigilar. En otras palabras, no les deje mucho panal en una colmena que es pequeña y está luchando. Una vez estén infestadas, la solución es reducirlas al espacio que la agrupación de abejas pueda cubrir. Quite todo el resto del panal. Si tiene un congelador, congélelo para matar toda la polilla, o si ha llegado más lejos, deje que las polillas lo limpien todo. Si se les deja ir hasta el final lógico, llevarán todo el panal a telarañas que se caerán de los marcos o de las estampadas de plástico. Si es solo un túnel o dos, congelarlos es la mejor manera de salvar el panal. Normalmente solo tengo problemas con colonias que se han muerto porque se han ido sin reina, o han sido robadas. En mi estilo de administración, encuentro que otra ventaja de marcos sin estampada es que puede dárselo a una colmena y es solo espacio vacío para su futura expansión, no toda esa superficie que vigilar de las polillas como con las estampadas de cera. También algo bueno de las colmenas con carnada es que las abejas construirán en los marcos pero no tendrán polilla rompiendo la estampada.

Bt, es decir, Bacillus thuringiensis

Algunas personas usan Bt (Bacillus thuringiensis) igual de potentes que Certan o Xentari, en los panales. Mata a las larvas de polillas y parece no tener efectos secundarios en las abejas, y estudios han corroborado este punto de vista. Puede ser rociado en panales infestados aun con las abejas en ellos para resolver la infestación. Puede ser rociado en la estampada antes de ser colocada en la colmena. Puede ser rociado en los panales antes de almacenarlos. Yo simplemente no he tenido el tiempo en estos últimos años pero como dije, mi estilo de administración parece mantenerlas bajo control excepto en colmenas débiles. Pero posiblemente podría ayudar en colmenas en decadencia si lo tuviese en los paneles antes de tiempo. Certan había sido aprobado para funcionar en la polilla de cera en los Estados Unidos, pero se les terminó la certificación y no había dinero para renovarla, así que ya no se identifica así en la etiqueta en Estados Unidos. Sí está identificado en Canadá y disponible para uso contra la larva de la polilla (pero no la polilla de cera en sí) en los Estados Unidos bajo el nombre de Xentari.

Control de Polilla de Cera Tropical

Qué haría si viviese en un área más tropical donde las polillas no se mueren en el invierno: Pondría panales vacíos encima de colmenas fuertes para que puedan vigilarlas. Esto no es un buen plan en un clima templado.

Que no hacer Contra las Polillas de Cera

Lo que no haría es, y está en lo más alto de mi lista de cosas que no hacer, usar bolas de polillas, particularmente de Neftalina. Un poco mejor y en la lista aprobada por la Administración Nacional de Alimentos y Fármacos (FDA por sus siglas en inglés) está PDB Para-Dichlorobenzene. Pero ambos de estos son carcinógenos y no tengo uso para esas cosas en mi suministro de alimentos, y las colmenas de abejas son parte de mi suministro de alimentos. .

Odiar Polillas de Cera

Dejé de odiar las polillas de cera, lo cual es fácil de hacer cuando las ve destruir los panales que las abejas han trabajado tanto en construir. Las polillas de cera son simplemente parte del ecosistema de la colmena. Hacen su trabajo, y quizás es trabajo útil después de todo. Deshacen los panales viejos que quizás tengan enfermedades en los capullos. Si en realidad los odia y quiere tenerlos más bajo control, algo que yo he dejado de hacer, puede construir trampas. Básicamente una botella de dos litros con agujeros pequeños a los lados y una mezcla de vinagre, cáscara de guineo, y sirope dentro parece funcionar bien. También atrapa avispas. Las polillas vuelan en los agujeros a los lados, se lo beben, intentan volar hacia arriba y quedan atrapadas.

Nosema

Causado por un hongo (antes clasificado como protozoo) llamado Nosema apis. El Nosema está presente en todo momento y es realmente una enfermedad oportunista. La solución química común (la cual yo no uso) era Fumidil, y recientemente renombrado Fumicil-B. En mi opinión la mejor prevención es asegurarse de que la colmena esté saludable y no bajo tensión, y alimentarle miel. Las investigaciones han comprobado que alimentarlas con miel, especialmente miel oscura para su alimentación del invierno reduce la incidencia de Nosema. Investigación hecha en Rusia en los 70s también ha demostrado que el espacio natural (1 y $^1/_4$" o 32mm en vez del estándar de 1 y $^3/_8$" o 35mm) reduce la incidencia de Nosema.

En mi opinión, la humedad en la colmena en el invierno, el confinamiento a largo plazo, cualquier tensión, y alimentación de sirope de azúcar aumenta la incidencia. Definitivamente, aliméntelas con sirope de azúcar si no tiene miel, y significará ayudar a un paquete, núcleo o división. Si no tiene miel en el otoño, aliméntelas con sirope de azúcar antes de dejarlas que mueran de hambre, pero si puede intente dejarles miel para su abastecimiento de invierno.

Si quiere una solución y no quiere usar químicos, pero quiere usar aceites esenciales como thymol o aceite de limoncillo en el sirope es un tratamiento efectivo. Pero considere que estos van a matar a muchos microbios beneficiosos la colmena también.

Los síntomas son una barriga hinchada blanca y disentería. No se deje llevar solamente por la disentería. Todas las abejas confinadas tienen disentería. Algunas se meten en frutas descomponiéndose u otras cosas que les puede dar disentería, pero puede no ser Nosema. La única diagnosis precisa de Nosema es encontrar un organismo de Nosema bajo un microscopio.

Si quiere saber cuan necesario es darle tratamientos preventivos para Nosema, le diré varias cosas que puedan aclarárselo. Primero, hay muchos apicultores que nunca han tratado eso, incluyéndome a mí. No solo hay muchos apicultores que no han tenido que poner antibióticos en la colmena, sino que a muchos apicultores de todo el mundo les está prohibido echarles Fumidil por ley. Estoy seguro de que no soy la única persona que cree que es una mala idea echarle Fumidil a la colmena. La Unión Europea ha prohibido su uso en la apicultura. Así que sabemos que no lo están usando legalmente, por lo menos. ¿Su razón? Se sospecha que causa defectos congénitos. El Fumagilin puede restringir la formación de vasos sanguíneos al unirse a la enzima llamada metionina aminopeptidase. La disrupción del gen localizado del metionina aminopeptidase 2 termina en defectos en la gastrulación embrionaria y detención del crecimiento de la célula endotelial. ¿Qué usan para el tratamiento en la Unión Europea? Sirope de Thymol.

¿Así que por qué quiere evitar el Fumidil?

¿Cuán peligroso es Fumidil para su colmena? Es difícil de decir exactamente, pero de todos los químicos que las personas echan en sus colmenas, es probablemente el menos peligroso. Se rompe fácilmente. No parece tener muchas desventajas en la superficie por lo menos. Pero si es de esas personas con filosofía orgánica, entonces sigue pensando, ¿por qué quiero añadir antibióticos a mi colmena? Yo definitivamente no quiero antibióticos en mi miel, y desde mi punto de vista, todo lo que entra en la colmena puede acabar en mi miel. Las abejas mueven las cosas todo el tiempo. Todos los libros que he visto sobre panales de miel hablan de que las abejas mueven la miel de la cámara de cría hasta el panal de miel alza durante una división. Tener un área de la colmena que es solo para los químicos es una buena idea, pero se parece mucho a tener una sección de no-orinar en una piscina.

Equilibrio Microbial

¿Qué hacen los antibióticos al equilibrio natural de un sistema natural? La experiencia con los antibióticos diría que desestabilizan la flora natural de cualquier sistema. Matan muchas de las cosas que quizás deberían de haber estado ahí en conjunto con las que no. Y dejan un vacío a ser llenado por lo que pueda crecer. Los prebióticos se han convertido en una moda en gente y en caballos y en otros animales, mayormente porque usamos antibióticos todo el tiempo y hemos desestabilizado la flora normal de nuestro sistema digestivo. ¿Existen microorganismos beneficiosos viviendo en las abejas y en las colmenas? ¿Están siendo afectadas por el Fumidil? Sí. No es científico por mi parte asumir que los hay sin estudios que lo prueben, pero mi experiencia dice que todos los sistemas naturales son complejos hasta el nivel microscopio. No quiero arriesgarme a desestabilizar ese equilibrio.

Entonces existe una razón por la cual está prohibido en una gran parte del mundo, y es que causa defectos congénitos muy específicos en los mamíferos.

Apoyando abejas débiles

Si, esos con filosofías científicas encontrarán ofensiva esta declaración. Pero no conozco una mejor manera de decirlo. Crear un sistema de apicultura que está unido por antibióticos y pesticidas; que perpetúe abejas que no pueden vivir sin intervención constante; es desde mi punto de vista orgánico de la apicultura, contra-producente. Continuamos reproduciendo abejas que no pueden vivir sin nosotros. Quizás algunas personas pueden obtener satisfacción al ser necesitadas por sus abejas. No sé. Pero yo preferiría tener abejas que se cuidan por si solas.

¿Qué otras prácticas no-orgánicas contribuyen a la Nosema?

¿Alentando Nosema?

Mientras el grupo no-orgánico tiende a creer que alimentar a las abejas con azúcar en vez de dejar miel puede prevenir Nosema, yo no he visto ninguna evidencia de esto. La miel puede tener más sólidos y puede causar más disentería, pero mientras la disentería es un síntoma de Nosema, no es causa ni evidencia de Nosema. En otras palabras, solo porque tienen disentería no significa que tengan Nosema.

Muchos de los enemigos de las abejas melíficas, como el Nosema, Cría encerada, EFB, y el Varroa todos se reproducen mejor con el pH del sirope de azúcar y no se reproducen bien con el pH de la miel. Esto, sin embargo, parece ser universalmente ignorado en el mundo de la apicultura. La teoría prevalente sobre cómo el ácido Oxálico funciona es que la hemolinfa de las abejas se convierte demasiado acídica para la Varroa y se mueren, mientras que las abejas no. Así que, ¿cómo ayuda a alimentar las abejas algo que tiene un pH en el rango de la mayoría de los enemigos, incluyendo Nosema, en vez de dejarles la miel que está en el rango de pH donde los enemigos fracasan?

Resultado Final

El resultado final es este. Tiene que decidir cuáles son sus riesgos. ¿Qué está dispuesto a poner en sus colmenas y por ende en su miel? ¿Cómo quiere mantener sus abejas? ¿Cuánto confía en un sistema natural o cuánto quiere vivir mejor por la química?

Aspergilosis

Esto es causado por un número de hongos Aspergillus fumigatus y Aspergillus flavus. Los extractos de este hongo se usan para hacer Fumagilin, que a su vez se usa para tratar la Nosema. La larva y la pupa son susceptibles. Causa momificación de la cría afectada. Las momias son duras y sólidas, no esponjosas como con cría encerada. Las crías infectadas son cubiertas con un polvo verde que crece de esporas de hongos. La mayoría de las esporas se encuentran cerca de la cabeza de la cría afectada. La causa principal es demasiada humedad en la colmena. Añada ventilación. Abra la cubierta de adentro o abra la SSB. No se recomienda tratamiento. Se cura por sí solo.

Cría calcificada

Esto es causado por el hongo Ascosphaera apis. Llegó a Estados Unidos aproximadamente en 1968. Las causas principales son demasiada humedad en la colmena, cría enfriada, y genética. Añada un poco (pero no mucha) ventilación. Abra la cubierta interior o abra la de SSB. Si encuentra gránulos blancos delante de la colmena que parezcan trocitos de maíz, entonces probablemente tenga cría calcificada. Al poner la colmena a pleno sol y añadir un poco de ventilación,

normalmente se cura. Alimentarlas con miel en vez de
sirope puede contribuir a la cura, ya que el sirope de
azúcar es mucho más alcalino (pH más alto) que el de
la miel.

Cría Calcificada

*"Los valores bajos de pH
(equivalente a aquellos encontrados en
la miel, polen y comida de cría)
drásticamente reducen el
agrandamiento y la producción del
tubos germinativos. La ascosphaera
apis parece ser un patógeno altamente
especializado para la vida de la larva de
la abeja melifica."—Autor. Dpto.
Ciencias Biológicas, Plymouth
Politécnica, Drake Circus, Plymouth PL4
8AA, Devon, UK. Código Biblioteca: Bb.*

Lenguaje: En. Apicultural Abstracts
from IBRA: 4101024

Las Reinas Higiénicas también pueden contribuir a curar esto. Las Reinas Higiénicas remueven la larva antes de que el hongo haya creado esporas. La ventaja de la cría calcificada es que previene el loque europeo.

Loque Europeo (EFB por sus siglas en inglés)

Es causado por una bacteria. Se llamaba Estreptococo Plutón pero ahora le han dado otro nombre, Melissococcus Plutón. El Loque Europeo es una enfermedad de cría. Con el EFB la larva se vuelve color marrón y la tráquea de un color más marrón intenso. No lo confunda con larva alimentada por miel oscura. No es solo la comida lo que es marrón. Busque la tráquea. Cuando está peor, la cría puede estar muerta y a lo mejor negra con capas hundidas, pero normalmente la cría muere antes de que sea tapada. Las tapas en el nido de crías estarán dispersas, no sólidas porque han ido eliminando la larva muerta. Para diferenciar esto de Loque Americano (AFB por sus siglas en inglés) use un palito y pinche la larva muerta y sáquela. El AFB llegara dos o tres pulgadas. Esto está relacionado con la tensión, y al quitar la tensión, ayuda. También puede romper el ciclo de cría al enjaular la reina o quitarla completamente y dejarlas criar una reina nueva. Para cuando la nueva haya salido del huevo, se haya apareado, y haya empezado a poner huevos, todas las últimas crías habrán emergido o muerto. Si quiere usar químicos, puede ser tratado con Terramicina. La estreptomicina es más efectiva pero no está aprobada por el FDA y el EPA.

Loque Americano (AFB por sus siglas en inglés)

Es causado por una espora que forma bacteria. Se llamaba Bacillus larvae pero recientemente le han cambiado el nombre a Paenibacillus larvae. Con el

Loque Americano, la larva finalmente muere después de ser operculada, pero se ve enfermar antes. El patrón de cría tendrá manchas. La cobertura estará hundida y a veces perforada. La larva de muerte reciente se ensartará si se pincha con una cerrilla. Huele a podrido y distintivo. La larva muerta de mucho tiempo se volverá una escama, que las abejas no podrán eliminar.

Prueba de leche Holts:

La Colmena y la Abeja melífica. "Revisado Exensamente en la edición de 1975. (The Hive and The Honey Bee. "Extensively Revised in 1975's edition). Página 623.

"La prueba de leche Holts: La prueba de leche Holst fue diseñada para identificar enzimas producidas por la larva B cuando se especulaba (Host 1946). Una escala o palillo de dientes regado se introduce delicadamente en un tubo conteniendo 3-4 mililitros de leche de polvo sin grasa de 1 porciento e incubado a temperatura corporal. Si las esporas de la larva B están presentes, la suspensión turbia se aclarará en 10-20 minutos. Las escalas de EFB o cría de saco son negativas en esta prueba."

Los kits de prueba están disponibles en algunos proveedores de abejas. Las muestras gratuitas están disponibles en Beltsville Lab.

http://www.ars.usda.gov/Services/docs.htm?docid=7473

Esto también es una enfermedad de tensión. En algunos estados está requerido quemar la colmena con las abejas y todo. En otros estados está requerido sacudir la abeja a un equipo nuevo y quemar el equipo viejo. En otros estados está requerido eliminar todos los panales y las abejas y fumigar el equipo en un tanque grande. Algunos estados solo requieren usar Terramicina para tratarlos. Otros estados le dejarán continuar tratándolas pero si el inspector de abejas encuentra algo le hará destruir las colmenas. Muchos apicultores tratan con Terramicina (a veces abreviado a TM) por prevención. El problema con esto es que puede tapar el AFB. Las esporas de AFB vivirán para siempre, así que cualquier equipo contaminado seguirá estando contaminado al no ser fumigado o quemado. Hervirlo no lo mata. Las esporas de AFB están presentes en todas las colmenas. Cuando una colmena está en tensión, es el momento más oportuno para un brote. La prevención es lo mejor. Trate de que no le roben sus colmenas o que se queden sin almacenamiento. Equilibre los almacenamientos y las abejas de colmenas débiles para que no les de tensión. Lo que está permitido hacer si tiene AFB varía por estado. Asegúrese de obedecer las leyes de su estado. Personalmente nunca he tenido AFB. No he tratado con TM desde el 1976. Si tuviese un brote, tendría que decidir qué hacer. Depende de cuántas colmenas estén afectadas, pero si tuviese un brote pequeño, probablemente sacudiría las abejas a equipo nuevo y quemaría el equipo viejo. Si tuviese un brote grande rompería el ciclo de cría e intercambiaría los paneles infectados. Si los apicultores continúan matando las abejas con AFB nunca tendremos abejas resistentes al AFB. Si nosotros como apicultores seguimos tratando con Terramicina como prevención, continuaremos reproduciendo AFB resistente al TM.

"Se sabe que una dieta impropia hace que uno sea susceptible a la enfermedad. ¿No es razonable creer que alimentar excesivamente a las abejas con azúcar las hace más susceptibles al Loque Americano y otras enfermedades? Se sabe que el Loque Americano es más prevalente en

el norte que en el sur. ¿Por qué? ¿No es
porque en el norte más abejas son
alimentadas con azúcar, mientras en el
sur las abejas pueden recoger néctar
todo el año lo que hace alimentarlas
con sirope de azúcar innecesario? -
Better Queens, Jay Smith

Para-loque

Esto es causado por la Bacillus para-alvei y posiblemente combinaciones de otros microorganismos y tiene síntomas similares al loque europeo. La solución más fácil es romper el ciclo de cría. Enjaule a la reina o elimínela y espere a que críen a otra. Si coloca a la reina vieja en un núcleo o en un banco de reina, puede reproducir el para-loque si no crían una reina nueva.

Cría ensacada

Causado por un virus llamado Virus de Cría Ensacada (SBV por sus siglas en ingles). Los síntomas son patrones de manchas en las crías como en otras enfermedades de crías, pero en este caso la larva está en un saco con la cabeza fuera. Como con otras enfermedades de crías, romper el ciclo de crías puede ayudar. Generalmente se cura solo a finales de la primavera. Reemplazar a la reina ayuda a veces.

Romper el ciclo de cría para ayudar con las enfermedades de cría

Para todas las enfermedades de crías, esto es de ayuda. Incluso para la Varroa, ya que salta una generación de Varroa. Para hacer esto simplemente tiene que colocar la colmena en una posición donde ya no tenga crías. Especialmente ninguna cría abierta. Si está planeando reemplazar a la reina, simplemente mate la reina vieja y espere una semana y entonces destruya todas las celdas de reina. Espere dos semanas y entonces presénteles una reina nueva (pídala con suficiente antelación). Si quiere criar la suya propia, solamente elimine la reina vieja (colóquela en una jaula o en un núcleo en algún lado por si acaso no logran criar una nueva) y déjelos que críen una reina. Para cuando la reina nueva esté poniendo huevos ya no habrá cría. Una trampa de clip de pelo funciona como jaula. La abeja guarda puede entrar y salir pero la reina no.

Celdas Pequeñas y Enfermedades de Cría

Los apicultores de celdas pequeñas han reportado que el tamaño pequeño ayuda con las enfermedades de cría. Especialmente cuando el tamaño es inferior a 4.9mm. Sabemos que cuando una celda cae bajo cierto nivel, las abejas se lo comen y obviamente estos son muchos más capullos en una celda grande que en una pequeña. (Vea la investigación de Grau sobre esto). No sé si ayuda con las enfermedades de cría o no, pero mi especulación es que porque las celdas pequeñas son comidas antes que los capullos se apiñen donde las celdas de 5.4mm se llenan con generación tras generación de capullos hasta que están alrededor de 4.8mm o más pequeños antes de ser masticados. Esto deja muchos más lugares para que se acumulen los patógenos de cría.

Vecinos

Se sabe de vecinos asustados que han rociado sus colmenas con Raid (pesticida) pero normalmente están demasiado asustados como para hacer eso y en su lugar, usan pesticidas en sus flores para deshacerse de las abejas. Si usan Sevin, muchas de sus abejas pueden morir. También se sabe de niños "valientes" de vecinos que han tumbado colmenas para demostrar que son valientes. Regalar miel a los vecinos y quizás una buena estrategia de relaciones públicas puede ayudar. Si alguien le ve abrir una colmena sin velo puede quitarles un poco el miedo. Pero si tienes la mala suerte de abrirla en un día donde las abejas están molestas, y una te pica, esto hará que sus miedos sean reforzados. Yo usaría un velo y sin guantes y trataría de no reaccionar si le pican. De esa manera verán que no es gran cosa y que las abejas no están tratando de matarles.

Enemigos recientes

Han surgió nuevos enemigos recientemente.

Ácaros de Varroa

Los Varroa destructor (antes llamado Varroa jacobsoni, otra variedad de ácaro del que está en Malaysia e Indonesia) son un invasor reciente de las colmenas en América del Norte. Llegaron a Estados Unidos en 1987. Son como garrapatas. Se sujetan a las abejas y chupan la hemolinfa de las abejas adultas y entonces se meten en las celdas antes de ser operculadas y se reproducen ahí durante esa etapa del desarrollo de la larva. La hembra adulta entra en la célula en 1 o 2 días antes de ser operculada, atraída por las feromonas de la larva justo antes de ser operculadas. La hembra se alimenta de la larva por un tiempo y entonces empieza a poner un huevo cada 30 horas. El primero es macho (haploide) y el resto son hembras (diploide).

En una celda agrandada (ver Capitulo Celda de Tamaño Natural en el Volumen II) la hembra puede poner hasta 7 huevos y ya que los ácaros inmaduros no sobrevivirán cuando la abeja emerja, de una a dos ácaros hembras probablemente sobrevivirán. Estos se aparearán antes de que la abeja emerja con la abeja huésped.

Los ácaros de Varroa tan grandes que se pueden
ver. Son como pecas en una abeja. Si se ven de cerca o
con una lupa se podrán ver las patas pequeñas. Para
controlar infestaciones de Varroa necesitará una tabla
de fondo de filtro (SSB) y una cartulina blanca. Si no
tiene SBB entonces necesitará una tabla pegajosa.
Puede comprarlas o hacerlas con una pieza de tela de
ferretería #8 en un pedazo de papel pegajoso. El tipo
de papel que se usa para cubrir las gavetas funciona.

Coloque la tabla debajo y espere 24 horas y cuente los ácaros. Es mejor hacer esto durante varios días y calcular un promedio, pero si tiene pocos ácaros (0 a 20) entonces no está tan mal. Si tiene muchos (50 o más) en 24 horas necesita hacer algo o aceptar las pérdidas.

Varroa

Métodos químicos disponibles

Creo que la meta debe ser no usar tratamientos. Pero estos son los más comunes.

Apistan (Fluvalinate) y Checkmite (Coumaphos) son los más comúnmente usados para matar los ácaros. Ambos se acumulan en la cera y causan problemas para las abejas y contaminan la colmena. Yo no los uso.

Los químicos más suaves usados para controlar los ácaros son Thymol, acido oxálico, ácido fórmico, y ácido acético. Los ácidos orgánicos se crean de manera natural en la miel y algunas personas no los consideran contaminantes. El Thymol es ese olor en el Listerin y aunque aparece en la miel Thyme, no está en otras mieles. Yo he usado el ácido oxálico, y me gustaba como vigilancia provisional mientras regresaba a un tamaño de celda pequeño. Usaba un evaporador hecho con un tubo de latón. Mis preocupaciones con estos están en su impacto sobre los microbios beneficiosos para la colmena.

Químicos inertes para ácaros Varroa

FGMO es popular. El Dr. Pedro Rodríguez, DVM ha sido un defensor e investigador en esto. Su original sistema constaba de cordones de algodón con FGMO, cera de abejas y miel en una emulsión. El objetivo era mantener el FGMO en las abejas durante un período largo de tiempo para que los ácaros aumentaran o se ahogaran en el aceite. Después se usaba un ahumado de insectos de propano para suplementar los cables en este sistema de control. El otro lado del humo FGMO era que aparentemente mata los ácaros traqueales también. Pero esto puede ser interpretado como una desventaja ya que esté posiblemente perpetuando la genética de abejas que no puedan lidiar con los ácaros traqueales.

Polvo inerte. El polvo inerte más comúnmente usado es el azúcar en polvo. El tipo de azúcar que compra en el supermercado. Se espolvorea sobre las abejas para mover a los ácaros. De acuerdo con la investigación de Nick Aliano de la Universidad de Nebraska, este método es más efectivo si quita las abejas de la colmena, las espolvorea y las devuelve. También son muy sensibles a la temperatura. Mucho frio y los ácaros no descienden. Muy caliente y las abejas mueren.

Métodos Físicos.

Algunos métodos son solo partes de colmenas u otras cosas. Alguien observó que hay menos ácaros en colmenas con trampas de polen y dedujeron que a lo mejor los ácaros cayeron en una trampa. Los resultados fueron una tabla de fondo de filtro (normalmente abreviada SBB, por sus siglas en inglés). Esto es una tabla de fondo en la colmena que tiene un agujero cubriendo la mayoría del fondo cubierto con un pedazo de tela #7 o #8. Esto permite que los ácaros aumenten o disminuyan donde no puedan entrar en las abejas. Las investigaciones muestran que esto elimina el 30% de los ácaros. Tengo serias dudas acerca de estos números, pero sí me gustan las tablas de fondo de filtro para controlar a los ácaros y controlar la ventilación y ayudar con cualquier tipo de control.

Lo que yo hago. Yo uso el tamaño pequeño/natural de celda y uso Tablas de Fondo de Filtro (SBB) y antes controlaba a los ácaros con una tabla blanca debajo del SBB. Mi plan fue ese, mientras los ácaros estuvieron bajo control, y siguen, desde 2002, eso es todo lo que haría. Nunca necesité hacer nada más y los niveles de ácaro han bajado hasta un nivel en el que es muy difícil detectarlos. Si los ácaros han empezado a subir mientras las alzas están puestas, probablemente quitaría las crías de zánganos y quizás usaría el humo de FGMO o espolvorearía con azúcar en polvo. Si aún están altos después de la cosecha, usaría vapor de ácido oxálico pero también planearía reemplazar a la reina. Hasta ahora no he necesitado ningún tratamiento desde que las abejas han regresado. Solo el tamaño pequeño de celda ha sido efectivo para mí para ambos tipos de ácaros y adecuados para mantenerlos por debajo de las condiciones normales.

Más sobre Varroa

Sin entrar en el problema de qué métodos son mejores, creo que es importante para alcanzar el éxito y a veces el consiguiente fracaso de muchos de los métodos que nosotros los apicultores estamos usando. Solo usé el humo FGMO durante dos años y cuando maté a todos los ácaros con ácido oxálico tras esos dos años tuve un promedio de 200 ácaros por colmena. Es un número bastante bajo de ácaros. Pero algunas personas han observado un rápido aumento de miles y miles de ácaros en poco tiempo. Parte de esto, por supuesto, se debe a toda la cría emergiendo con los ácaros. Pero creo que el problema también es que el FGMO (y muchos otros sistemas también) crean una población estable de ácaros dentro de la colmena. En otras palabras, los ácaros que emergen están equilibrados con los ácaros que mueren. Esta es la meta de muchos métodos. Las reinas SMR son reinas que reducen la capacidad de reproducción de los ácaros. Pero incluso logrando una reproducción estable de ácaros, esto no excluye a miles de ácaros entrando. Utilice azúcar en polvo, celda pequeña, FGMO, o lo que sea que le dé ventaja a las abejas al mover una proporción de ácaros, o prevenir la reproducción de ácaros y que parezca funcionar bajo ciertas condiciones. Creo que estas condiciones se dan donde no hay un número importante de ácaros entrando en la colmena de otros lados.

Todos estos métodos parecen fracasar a veces cuando hay un aumento de ácaros en otoño.

Entonces hay métodos que requieren más fuerza bruta. En otras palabras, virtualmente matan a todos los ácaros. Aunque parece que fallan a veces. Hemos asumido que es por resistencia, y quizás esto es un factor contributivo. ¿Pero y si a veces es por este flujo de ácaros externo a la colmena? Claro que tener el veneno en la colmena durante un período de tiempo tras tener esta explosión de población parece ayudar, pero a veces fracasa.

Una explicación para esto puede ser que el robo y la acumulación de abejas lo estén causando.

"El porcentaje de nómadas originando de las diferentes colonias dentro de un colmenar varía entre el 32 y el 63 porciento" de un estudio publicado en 1991 por Walter Boylan-Pett y Roger Hoopingarner en Acta Horticulturae 288, 6to Simposio de Polinización (ver edición de Enero 2010 de Bee Culture, 36)

Esto no me ha pasado en celda pequeña... todavía. Ni me ha pasado tampoco con FGMO. Lo he visto cuando usaba Apistan. Pero otros lo han observado con FGMO y me pregunto cuánto afecta esto al éxito de muchos métodos desde Sucracide a reinas SMR, desde FGMO a Celda Pequeña. Parece que hay por lo menos dos componentes para el éxito. El primero es crear un sistema estable para que la población de ácaros no aumente con la colmena. El segundo es encontrar la manera de controlar y recuperarse de un flujo repentino de ácaros. Las condiciones que causan que los ácaros aumenten parecen caer cuando las colmenas roban de otras trayendo muchos ácaros con ellas mientras que a la vez los ácaros que estaban en las celdas están emergiendo sin cría a la que volver.

Ácaros Traqueales

Los ácaros traqueales (Acarapis woodi) son demasiado pequeños para ser vistos con el ojo humano. Al principio se conocía como "Enfermedad de la Isla de Wight" ya que aquí se observó por primera vez y la causa en su momento se desconocía. Después descubrieron que era un ácaro y lo llamaron "Enfermedad de Ácaro" ya que era el único ácaro que se conocía que fuese maligno para las abejas melíficas. Los síntomas son abejas que gatean, abejas que no se agrupan en el invierno y alas "K" donde las dos alas en cada lado se separan y forman lo que parece ser una letra "K". Los ácaros traqueales se han encontrado en Estados Unidos desde 1984 que sepamos. Si quiere verlos necesitará un microscopio. No uno demasiado potente, pero necesitará uno ya que son demasiado pequeños para verlos a simple vista. No debe buscar los detalles de una celda, solamente una criatura que es muy pequeña.

Los ácaros traqueales necesitan entrar en la tráquea para alimentarse y reproducirse. La abertura de la tráquea en un insecto se llama espiráculo. Las abejas tienen varios de estos espiráculos y tienen un sistema muscular que permite a las abejas cerrarlo completamente si quieren. Como los ácaros son mucho más grandes que el espiráculo más grande (el primer espiráculo Torácico) los ácaros tienen que encontrar abejas jóvenes con quitina todavía suave para que lo puedan ir masticando y así el espiráculo Torácico se agrande y puedan entrar. Una vez dentro, la tráquea proporciona el espacio donde viven y se reproducen. Los ácaros traqueales deben hacer esto mientras las abejas todavía tienen entre 1 y 2 días de vida, antes que la quitina endurezca. Un remedio común es un pastelillo de grasa (azúcar y grasa de cocinar mezclada para hacer un pastelillo) porque tapa el olor que los ácaros traqueales necesitan para encontrar a las abejas jóvenes. Si no las podrán encontrar, no pueden masticar el espiráculo en las abejas mayores de edad para entrar y entonces no se podrán reproducir. El mentol se usa comúnmente para matar a los ácaros traqueales. El FGMO y (en algunos casos) el ácido oxálico también los mata. La crianza por la resistencia y la celda pequeña también son de ayuda. La teoría de porque la celda pequeña es de ayuda, es que los espiráculos (las aberturas en la tráquea) por donde las abejas respiran son más pequeños en las celdas pequeñas, y los ácaros no pueden entrar. Pero como ya son más pequeños es más probable que una abertura más pequeña les sea menos atractiva a los ácaros que están buscando aberturas lo suficientemente grandes para entrar, o que la quitina se ponga más gruesa a medida que se acerca a los bordes y no lo pueden masticar lo suficiente para poder entrar. Se necesita más investigación sobre este tema. Pero básicamente, solo he usado celda pequeña y no he tenido este problema.

La resistencia a los ácaros traqueales no es difícil de reproducir en las abejas y puede explicar porqué los apicultores de celda pequeña no tienen problemas. Si nunca da tratamientos y cría tus propias reinas, acabará con abejas resistentes. El mecanismo de resistencia contra los ácaros traqueales no es conocido. Una teoría es que son más higiénicos y aumentan los ácaros traqueales antes de que puedan entrar. Otra es que ya tienen espiráculos pequeños o espiráculos más duros a los que los ácaros no pueden acceder. Otra puede ser similar al tratamiento del pastelillo de grasa, que las abejas más jóvenes puede que no emitan olor que hace que los ácaros traqueales las busquen.

Los Acarapis dorsalis y Acarapis externus son ácaros que viven en las abejas melificas y que son indistinguibles de los ácaros traqueales (acarapis woodi). Son clasificados de manera diferente solamente basándonos en la ubicación donde se encuentren. Lo que lleva a una pregunta obvia, ¿son lo mismo pero simplemente no pueden llegar a la tráquea?

Pequeños Escarabajos de Colmenas

Otra plaga reciente que no ha sido un problema donde estoy, es el Pequeño Escarabajo de Colmena (aethina tumida Murray). Muchas veces abreviado SHB (por sus siglas en inglés). La larva se come el panal y la miel, similar a la polilla de cera, pero más ambulantes y en grupos. También salen de la colmena y van al suelo a convertirse en crisálida. Los escarabajos adultos hacen que las abejas se alimenten de ellos, pero a las abejas también les gusta acorralarlos en las esquinas. Hay controversia sobre si darles un espacio donde esconderse es algo bueno, porque les da a las abejas un lugar donde acorralarlos.

El daño que hacen es similar al de las polillas de cera pero más extenso y son más difíciles de controlar. Si huele a fermentación en la colmena y encuentra masas de larva que gatea y algo puntiagudo en los panales puede ser SHB. El único químico de control aprobado para el uso, son las trampas hechas con CheckMite y empapes de suelo para matar la pupa, estando en el suelo fuera de la colmena.

Aunque se han identificado en Nebraska, todavía no he tenido problema con ellos, pero probablemente utilizaría PermaComb en los nidos de cría si se convierten en un problema demasiado grande. Las colmenas fuertes parecen tener mejor protección.

Algunas personas usan varias trampas (algunas hechas en casa y otras disponibles comercialmente) y otras personas los ignoran. Parece que prosperan en tierra arenosa y clima caliente pero pueden sobrevivir en tierra barrosa e inviernos fríos. Cuánto problema son, y cuánto esfuerzo se necesita poner para controlarlos parece estar relacionado con dos cosas, el barro en la tierra y el frio en el invierno.

¿Son los tratamientos necesarios?

Los libros estándares de la apicultura dirán que es absolutamente necesario tratarlos y que las abejas se extinguirían sin la intervención humana. Para darle una idea, aquí está mi historia completa de tratamientos:

En 1974 usé Terramicina porque los libros me decían que las abejas se iban a morir sin ello

En 1975-1999 ningún tratamiento en absoluto, pero se me murieron todas en 1998 y 1999 por Varroa.

En 2000-2001 usé Apistan contra el Varroa. En 2001 se murieron todas por Varroa también.

En 2002-2003 usé acido oxálico en algunas, FGMO en otras, aceite de Gualteria en algunas y nada en otras y volví a celdas pequeñas

Desde 2004- hasta el presente ningún tratamiento.

Así que en los únicos 3 años que todas mis abejas fueron tratadas por algo fue en el 1974, 2000, y 2001.

Los únicos 5 años en los que algunas de mis abejas fueron tratadas serían los años 2002, 2003

Los 35 años (desde esta impresión) en los que ningunas de mis abejas fueron tratadas contra cualquier cosa fueron: 1975,1976, 1977, 1978, 1979, 1980, 1981, 1982, 1983, 1984, 1985, 1986, 1987, 1988,

1989, 1990, 1991, 1992, 1993, 1994, 1995, 1996, 1997, 1998, 1999, 2004, 2005, 2006, 2007, 2008, 2009, 2010, 2011, 2012, 2013

Busco ácaros (igual que el inspector cada año) y busco a ver si hay cadáveres que hayan muerto por Varroa. Ya no veo problemas de Varroa. Ocasionalmente encuentro un ácaro de Varroa.

Nunca he tratado por Nosema, o tratado a propósito por ácaros traqueales (aunque la gualteria, el FGMO y el ácido oxálico puede haberlos afectado).

He comprado paquetes de vez en cuando, pero también estoy expandiendo de mis propias colmenas, de 4 a 200 y estaba vendiendo algunos núcleos de celda pequeña y a la misma vez guardando y criando reinas.

Encontrar a la Reina

¿De verdad necesita encontrarla?

Empezaré diciendo que no necesita encontrar a la reina cada vez que mire dentro de la colmena. De hecho he cambiado mis métodos para evitar tener que encontrar a la reina todo el tiempo, porque la verdad es que pierdo mucho tiempo. Si hay cría abierta es porque por lo menos hubo una reina hace unos días. Pero sí existen situaciones en donde necesita encontrar a la reina. El reemplazo de reina es el más común de los casos. Aquí hay varios consejos.

Use la mínima cantidad de humo

Primero no las ahúme demasiado, si acaso lo necesita, o la reina se irá y no hay quien diga dónde irá.

Busca a la mayoría de las abejas

La reina normalmente está en el marco de la cámara de cría que tiene la mayoría de las abejas. Esto no ocurre siempre, pero si empieza por ese marco y parte de él, la encontrará ahí o en el siguiente el 90% de las veces.

Abejas Calmadas

Las abejas están más calmadas alrededor de la reina.

Más larga y más grande

Por supuesto que lo obvio es que la reina sea más grande y especialmente que su abdomen sea más largo, pero eso no es necesariamente fácil de ver cuando las abejas están trepándose por encima de sí mismas. Busque los "hombros" más grandes. El ancho de su espalda, ese parche pequeño en su tórax. Todos estos son más grandes y muchas veces logrará verlos por debajo de otras abejas. También a veces se ve el abdomen largo saliendo por debajo de las demás, aun cuando no pueda ver el resto de su cuerpo.

No cuente con que esté marcada

No cuente con que su reina marcada siga ahí y siga marcada. Acuérdese que se pueden haber enjambrado y usted no se ha dado cuenta, o la pueden haber reemplazado y se puede haber ido.

Las abejas alrededor de la reina actúan diferente

Observe cómo las abejas actúan alrededor de la reina. Muchas veces hay varias, no todas, pero varias abejas frente a ella. Las abejas alrededor de la reina actúan diferente. Si las observa cada vez que encuentre a una reina empezará a notar cómo actúan, y cómo se mueven de manera diferente alrededor de ella.

La reina se mueve diferente

Otras abejas se mueven rápidamente, o se quedan en un mismo sitio y no se mueven. Las abejas obreras se mueven como si estuviesen escuchando Aerosmith. La reina se mueve como si estuviese escuchando a Schubert o Brahms. Se mueve lentamente y con elegancia y gracia. Es como si estuviese bailando un vals y las obreras bailando una bossa-nova. La próxima vez que la vea observe cómo se mueven las abejas en general, cómo se mueven las abejas alrededor de ella, y cómo se mueve la reina.

Colores diferentes

Por norma general, la reina es de un color ligeramente diferente. No he encontrado esto particularmente de ayuda porque es muy difícil de encontrar solo por el color.

Crea que hay una reina

También, la actitud mental marca la diferencia cuando tiene que encontrar algo, desde las llaves de su coche pasando por la cacería de venado, hasta encontrar a la reina. Cada vez que esté echando simples vistazos creyendo que no la va a encontrar, no la encontrará. Tiene que creer que las llaves, el venado, o la reina están ahí, que está viéndolas, y que las va a ver. Y entonces de repente, la verá. Tiene que convencerse de que está ahí y que la va a encontrar. No sé cómo explicarlo lo suficientemente bien, pero tiene que aprender a pensar así.

Práctica

Claro que la mejor solución para aprender a encontrar a la reina es con una colmena de observación. Puede encontrar una todas las mañanas cuando se despierte, todas las tardes cuando llegue a su casa, y todas las noches antes de irse a acostar, y todo esto sin molestarlas en absoluto. Esto no le proporcionará la suficiente práctica para encontrar el marco correcto en el primer o segundo intento, pero sí le ayudará a encontrarla inmediatamente. Tener la reina marcada en la colmena de observación es bueno para enseñarle la reina a visitantes, pero no tenerla marcada es mejor para practicar su búsqueda. Incluso si compra todas sus reinas marcadas, a veces encontrará una reina no marcada en los reemplazos.

¿Puede encontrarla?

Aquí está.

¿Qué tal aquí?

¿Esto ayuda?

Falacias

Estoy seguro de que muchas personas creen en esto y estarán en desacuerdo, pero aquí escribo unas ideas que considero que son mitos de la apicultura:

Mito: Los zánganos son malos.

Los zánganos son por supuesto normales. Una colmena saludable y normal tiene una población en la primavera de alrededor del 10 al 20% de zánganos. La discusión durante casi un siglo o más (realmente solo un punto de venta para las estampadas) era que los zánganos comen miel, usan energía, y no proporcionan nada a la colmena, así que controlar el panal de zánganos y limitar el número de zánganos darían lugar a una colmena más productiva. Toda esta investigación que he escuchado dice que lo opuesto es verídico. Si intenta limitar el número de zánganos la producción disminuirá. Las abejas tienen una necesidad instintiva de hacer un cierto número y luchar contra eso es una pérdida de tiempo. Otras fuentes de investigación dicen que terminaría con el mismo número de zánganos no importa lo que usted, el apicultor, haga.

Mito: El panal de zánganos es malo.

Esto por supuesto va de la mano con el primer mito. La manera en que un apicultor intenta controlar los zánganos es haciendo menos panales de zánganos. Pero controlar el panal de zánganos es exactamente la razón por la cual acaba con panales de zánganos en sus alzas y luego necesita excluidores. Las abejas quieren un nido de cría consolidado, pero la falta de zánganos es preocupante para ellas, así que si no se les permite hacer el nido de crías, ellas crearán un zona nueva de zánganos donde puedan hacer un panal de zánganos. Si quiere que las abejas suspendan la construcción de panal de zánganos, no se los quite. Si quiere que la reina no intente poner huevos en las alzas, proporciónele suficiente panal en el nido de crías.

Mito: Las celdas de reina son malas

...y el apicultor debe destruir las celdas de reina cuando las encuentre.

Parece que la mayoría de los libros que he leído convence a los apicultores principiantes de que las celdas de reina siempre deben ser destruidas. Las abejas o van a enjambrarse, y debe pararlas, o van a intentar reemplazar a la preciada reina recién comprada por una reina de linaje desconocido apareada con esos terribles zánganos ferales. La mayoría de las veces cuando destruye las celdas de las reinas, las abejas se enjambran, o si ya empezaron a enjambrarse no sólo terminarán de enjambrarse, sino que también se quedarán sin reina. Yo veo celdas de enjambre como reinas libres de la más alta calidad. Coloco cada marco que tiene celdas de reina en su propio núcleo. Normalmente intento dejarla con la colmena original y la reina vieja en un núcleo. De esa manera he hecho unas cuantas divisiones pequeñas y dejo a la colmena pensando que ya se han enjambrado. Con celdas de reemplazo de reina, las dejo porque aparentemente las abejas ya han encontrado la necesidad de reina nueva y yo confío en las abejas. Destruir una celda de reemplazo es probable que las deje sin reina. La reina probablemente está a punto de fracasar, o ya fracasó y murió y usted está a punto de quitarles su única esperanza para encontrar una nueva reina.

Mito: Las reinas criadas locales son malas

...y los apicultores solo deben comprar las reinas porque aparearlas con abejas locales es malo.

Claro que esto va con las razones anteriormente expuestas de porqué los reemplazos de reina son malos. Yo creo que el apareamiento con abejas locales es el método a preferir. Se consiguen abejas sobreviven en su área. Conozco a muchas personas que compran abejas todo el tiempo debido a esta falacia. La tasa de reemplazo ha crecido a lo largo de los años hasta el punto en que una reina típica presentada es reemplazada casi instantáneamente. Si eso es verdad (y algunos expertos dicen que lo es) entonces tendrá que conseguir reinas locales, entonces, ¿por qué gastar su dinero? Tiene que haber mucha investigación sobre cuán mejor es la calidad de la reina si la deja poner huevos desde que empieza en vez de sacarla en cuanto empieza a poner. Cuando compra una reina comercial, le dan una que fue almacenada justo al comenzar a poner. Tengo serias dudas sobre si es mejor comprar una reina o criarla uno mismo, especialmente si tenemos cera limpia; y especialmente si está reuniendo enjambres de abejas que viven en su clima.

Mito: Abejas Ferales son malas

...improductivas, dadas al enjambre y de mala disposición.

He escuchado esto repetidas veces- esto y otras cosas vergonzosas. Las abejas ferales fueron en un momento, pero no últimamente, apareadas por disposición. He quitado y capturado muchas. Algunas son agresivas. Otras son muy buenas. Algunas son nerviosas, pero no agresivas. Otras son calmadas. Estas características las he encontrado fácilmente en las abejas ferales y son fáciles de reproducir. Solo quédese con las buenas y reemplace a las malas. Desde mi experiencia normalmente son más productivas porque están más a tono con el clima y construyen en el momento apropiado para conseguir una mejor cosecha.

En cuanto a "dadas al enjambre", creo que todas las abejas son dadas al enjambre. Es como se reproducen. No he tenido problemas controlando enjambres de ningún tipo de abejas.

Mito: Los enjambres ferales están llenos de enfermedades

...y deberían ser abandonados, aniquilados o tratados inmediatamente por el apicultor por cualquier enfermedad conocida.

No entiendo el concepto. Una colmena productiva y saludable se enjambra. Así que la conclusión sería que están saludables y son productivas.

Mito: Alimentarlas no les puede hacer daño.

Escucho este mito con frecuencia. Pero creo que alimentarlas puede causar mucho daño. Alimentarlas es una de las causas principales de muchos problemas. Puede atraer plagas como hormigas, puede causar problemas de robo, ahoga a un gran número de abejas, y tiene como resultado un nido de cría lleno de néctar y enjambre. Si la colmena está liviana en el otoño, el apicultor debe alimentar. Si las abejas se están muriendo de hambre, por supuesto se deben alimentar. Si está instalando un paquete nuevo o un enjambre, aliméntelas hasta que tengan almacenamiento operculado pero una vez tengan reservas y haya flujo, déjelas hacer lo que ellas hacen- recolectar néctar. Una buena regla es que deben tener por lo menos un panal operculado y un flujo antes de suspender la alimentación.

Mito: Añadir alzas previene el enjambre.

Esto es un mito común en la apicultura. Funciona cuando la temporada de enjambre reproductiva se termina, pero la temporada de enjambre prima tiene poco que ver con alzas. Está relacionado con el plan de las abejas de reproducirse. Si quiere retrasar un enjambre, tiene que mantener un nido de cría abierto. Parte del plan es colocar las alzas antes de que llenen el nido de cría pero eso solo no prevendrá que se enjambren.

Mito: *Destruir celdas de reina previene el enjambre*

En mi experiencia esto no funciona. Ellas encontrarán la manera de enjambrarse y acabaran sin reina.

Mito: *Las celdas de enjambre siempre están al fondo.*

La otra parte de esto, supongo que es que las celdas de reemplazo siempre están en el medio. Esto puede ser en general, pero tenemos que entender el contexto entero de la situación. Asumiría que las celdas de reina del fondo son celdas de enjambre si la colmena está creciendo rápidamente y está o muy fuerte o muy abarrotada. Por otro lado, si no están lo suficientemente fuertes, abarrotadas o en construcción, entonces asumiría que no son celdas de enjambre. Si las celdas están más en el medio y las condiciones hicieran que esperara un enjambre, entonces vería estas celdas como de enjambre. Si la colmena no está construyendo y no está abarrotada, asumiría que son celdas de reemplazo de reina o celdas de emergencia. También las celdas de enjambre tienden a ser más numerosas.

Mito: *Cortarle las alas a la reina previene el enjambre.*

En mi experiencia se enjambrarán de todas formas. Puede que lleve un tiempo si está prestando atención (como las colmenas que están en su patio y las revisa todos los días por el enjambre). Intentarán enjambrar y la reina con las alas cortadas no podrá volar. Volverán y se irán con la primera reina virgen para emerger. Contar con cortarle las alas solo para que no enjambren acabará en fracaso.

Mito: 2 Pies o 2 millas

…tiene que mover las colmenas dos pies o dos millas o perderá muchas abejas.

Escucho esto frecuentemente. Cada vez que mueva a las abejas, habrá caos por lo menos durante un día, pero yo muevo a las abejas todo el tiempo por cincuenta o cien yardas o más. El truco es colocar una rama al frente de la entrada para causar reorientación. Si lo hace funcionará bien. Si no lo hace, la mayoría de las abejas del campo volverán a la localización anterior. Hay que aceptar que habrá alguna confusión por un tiempo, así que no las mueva sin razón.

Mito: Tiene que extraer

…ya que no extraer es un poco cruel para las abejas.

El apicultor principiante piensa que tiene que comprar un extractor. No es su culpa. Es lo que le dicen todos los libros, ¿verdad? No tiene que hacerlo. He tenido abejas por 26 años sin uno. Puede hacer panal cortado o machacado y colado con poca inversión y no supondría mucho más trabajo que la extracción.

Mito: 16 libras de miel = 1 libra de cera.

Esto es un mito viejo que todavía se les dice a los apicultores con diferentes variedades de números y formulas. No conozco ningún estudio que lo apoye. Y es irrelevante. Lo que es relevante es cómo de productiva es la colmena con y sin panal ya creado. No hay duda que hará más miel en un panal ya hecho. Pero llevaría muchas colmenas antes de que valga la pena comprar un extractor. Este concepto se usa para vender estampada. En mi experiencia las abejas crearán panal más rápido sin estampada que con ella, y cuanto más rápido tengan dónde poner el néctar, más rápido crearán miel.

Mito: No puede criar miel y abejas

…en otras palabras, haga divisiones y consiga producción.

Todo está en el tiempo. Si hace la división justo antes del flujo y deja a todas las abejas salir de nuevo a la colmena original podrá tener más miel y más abejas.

Mito: Dos reinas no pueden coexistir en la misma colmena.

Las personas colocan constantemente dos reinas en una misma colmena a propósito. Pero si observa cuidadosamente, a menudo encontrará dos reinas en la misma colmena. Normalmente madre e hija, donde la reina de reemplazo está poniendo y la vieja reina está poniendo al lado de ella.

Mito: Las reinas nunca pondrán huevos dobles

…en otras palabras, todos los huevos múltiples son señales de una trabajadora poniendo.

He visto huevos dobles de una reina. Raramente he visto triples. Nunca he visto más de huevos de triples. Las Obreras Ponedoras pondrán de dos a docenas de huevos en una celda. Yo busco más de dos y huevos al lado de las celdas y no en el fondo. También huevos en el polen. Esto lo considero señal de trabajadoras ponedoras.

Mito: Si no hay cría no hay reina.

Existen muchas razones por las cuales encontrará una colmena sin cría aunque haya reina. Primero, en mi clima por lo menos desde octubre hasta abril puede o no haber crías porque paran en octubre y entonces cultivan la cría con brotes de cría sin cría en medio. Segundo, algunas abejas frugales dejaran de criar en momentos de escasez. Tercero una colmena que ha perdido una reina y criado una reina de emergencia no tiene cría porque para el momento en que la reina ha emergido, endurecido, apareado y empezado a poner, han pasado 25 días y toda la cría ha emergido. Cuarto, una colmena puede enjambrar y la reina nueva no está poniendo todavía. No va a estar poniendo durante probablemente al menos tres semanas desde que la colmena enjambró. Muchos principiantes (o inclusive veteranos) apicultores han encontrado colmenas en este estado, pedido una reina, presentado, y la han matado, pedido otra, presentado, matado y finalmente ha visto que había huevos después de todo. Las reinas sin marcar vírgenes son muy difíciles de encontrar hasta por los apicultores con más experiencia. Un marco de huevos y cría sería una póliza de seguro mejor. De esa manera si la colmena no tiene reina, pueden criar una y si tienen reina no pasa nada y sabrá la contestación a su pregunta. Vea la sección de Panacea en el Capítulo BLUF.

Mito: A las abejas solo les gusta construir hacia arriba

…en otras palabras, expanden la colmena y la cría solo en dirección hacia arriba y no hacia abajo.

Si instala un paquete en una pila de cinco cajas, como yo he hecho en alguna ocasión, puede comprobarlo fácilmente. Pero entonces si piensa en un enjambre en un árbol ya sabrá que esto no es verdad. Las abejas se agrupan en la parte de arriba de cualquier espacio y entonces construyen panal hacia abajo hasta que llenan el espacio o llegan a un espacio con el que están satisfechas.

Las abejas comienzan en la parte superior de donde estén y trabajan hacia abajo. En un árbol no hay más opción ya que no se puede trabajar hacia arriba. Una vez la colmena está establecida se mueve a cualquier espacio que pueda llenar. Así que en el caso de un árbol, si han llenado la parte de abajo, el nido de cría trabajará a cualquier espacio que esté disponible cuando se expanda y entonces se contraerá cuando la temporada acabe. En el caso de la colmena, los apicultores continúan añadiendo y quitando cajas. Las añadimos hacia arriba porque es conveniente añadirlas ahí y conveniente revisarlas desde ahí. A las abejas no les importa. Ellas construyen en cualquier dirección donde haya espacio disponible.

Mito: Una colmena de obreras ponedoras tiene una sudo reina

… y está tratando de deshacerse de ella para resolver el problema.

Una colmena de obreras ponedoras tiene muchas obreras ponedoras. La única manera de resolver el problema es conseguir que estén tan perturbadas que acepten una reina o darles suficientes feromonas de una cría abierta de obreras para dominar a las obreras ponedoras lo suficiente para que acepten a una reina. En otras palabras, darles un marco de cría abierta cada semana hasta que empiecen a criar una reina. Entonces puede dejarlas terminar o presentarles una reina.

Mito: Sacudir una colmena obrera ponedora funciona

…porque la obrera ponedora se queda afuera ya que no sabe cómo llegar a su casa.

No he encontrado que esto sea verdad y la investigación que he leído dice que esto no es cierto. Existen muchas obreras ponedoras y no tienen ningún problema en encontrar su camino de vuelta. Sacudir una colmena solo funciona a veces porque las ha desalentado lo suficiente como para que en el caos a veces acepten a una reina.

Mito: Las abejas necesitan una tabla de aterrizaje.

Obviamente no tienen una en situaciones naturales, así que no es una situación natural. No solo no creo que necesiten una, creo que solo ayudan a los ratones y zorrillos y no le hacen ningún favor a las abejas.

Mito: Las abejas necesitan mucha ventilación.

Las abejas necesitan ventilación. Pero lo que necesitan es la cantidad correcta de ventilación. Claro que en el invierno, demasiada ventilación significa mucha perdida de calor. Pero incluso en verano las abejas se enfrían dentro de la colmena por evaporación, así que en un día caliente, la colmena por dentro puede estar mucho más fresca que el aire de fuera. Así que mucha ventilación puede resultar en que las abejas sean incapaces de mantener su temperatura fresca dentro. Cuando la cera se calienta más allá de la temperatura operacional normal de la colmena (>93º F o 34º C), se vuelve muy débil y el panal se puede derrumbar.

Mito: Las abejas necesitan apicultores.

Realmente las abejas necesitan apicultores como "los peces necesitan bicicletas". Dependiendo de su manera de ver el mundo, las abejas han estado sobreviviendo durante millones de años por sí solas o por lo menos desde la creación. Es verdad que los apicultores las han extendido por todo el mundo, pero las abejas habrían llegado ahí finalmente por sí mismas. ¿Cómo llegaron las abejas Africanas recientemente a Florida? Eran autoestopistas.

Mito: Tiene que reemplazara a la reina todos los años.

Sé que muchos apicultores solo reemplazan la reina si tienen un problema. Normalmente antes de ver un problema, las abejas ya han reemplazado a la reina problemática por si solas. Si lo han hecho, ha perpetuado la genética que sabe cómo hacer esto. Si tienen cera limpia (ningún químico en la colmena) sus reinas por norma general duran aproximadamente tres años. Si no tienen cera limpia, sus reinas solo durarán unos pocos meses. De cualquier forma, ¿cómo ayuda reemplazar a la reina cada año? La razón más común es que el primer año la reina no se enjambra, lo que es comprobable al alimentar un paquete incesantemente, o que en el segundo año la reina está predispuesta a enjambrar, lo que es fácilmente comprobable por el hecho de que la mayoría de mis reinas tienen tres años de edad.

Mito: *Una colonia marginal debe siempre reemplazar a la reina.*

He visto muchas colonias luchando por sobrevivir y hacer buenas cosechas. Normalmente están luchando porque la población bajó al punto en que no hay suficientes obreras para buscar comida y cuidar la cría. Muchas veces un marco de cría soluciona el problema. Por otro lado, algunas colonias languidecen cuando deberían estar en auge. Estas definitivamente merecen un reemplazo de reina.

Mito: *Necesita alimentar con sustituto de polen*

…a los paquetes y abejas en primavera y en otoño.

Nunca he tenido la suerte de conseguir que las abejas se coman el sustituto de polen cuando el polen fresco está disponible. No veo razón de alimentar un paquete con sustituto de polen cuando es significativamente inferior en nutrición al polen verdadero que está disponible en esa temporada. Alimentar con polen fresco a principios de primavera a veces parece ser una manera efectiva de estimular la acumulación. A veces parece que no marca ninguna diferencia.

Mito: *Debe alimentar con sirope en invierno*

Supongo que su clima está directamente relacionado con esto, pero aquí en el invierno de Nebraska, no hay forma de que las abejas tomen sirope, y aun si lo tomaran, no estoy seguro que fuera bueno para ellas con tanta humedad con la que luchar.

Pueden tomar azúcar seca sin importar lo fría que esté, pero el sirope solo lo pueden tomar si la temperatura está por encima de 50º F. Lo cual es raro aquí. Aun si la temperatura del día llegara a estar tan caliente, el sirope tardaría más tiempo en llegar a esa temperatura.

Mito: *No puede mezclar plástico y cera.*

Esto no es tanto un mito como una sobre-simplificación. Colocarles plástico con cera es como colocar un pastel de cerezas y un plato de brócoli a la vez delante de sus niños. Si quiere que se coman brócoli, debe dejar el plato de pastel para después.

Si mezcla estampada de cera y de plástico, las abejas saltarán a la de cera e ignorarán la de plástico. Si las coloca todas de plástico, las usarán cuando necesiten hacer panal.

No es un desastre si las mezcla. Simplemente tienen preferencias y si quiere que ellas sigan las preferencias que usted tiene, entonces debe limitar sus opciones.

Una vez han creado el panal, puede mezclarlos sin problemas.

Mito: *Las abejas muertas de cabeza en las celdas se han muerto de hambre.*

Esto es una creencia popular. Todas las colmenas muertas en invierno tendrán abejas muertas con la cabeza en las celdas. Así es como se agrupan para buscar calor. Trataría de indagar más sobre si tienen contacto con las reservas.

Expectativas Realistas

"Bendito sea el hombre que nada espera, porque nunca será decepcionado"—Alexander Pope

Creo que es importante en todo aspecto de la apicultura tener expectativas realistas. No quiero decir que a veces se excedan, pero habrá también muchos fracasos, ya que el éxito y el fracaso dependen de muchas variables.

Como ejemplos, veamos algunos resultados variables.

Cosecha de Miel

Típicamente, la gente les dice a los apicultores principiantes que no esperen cosecha de miel el primer año. Esto es para intentar que creen expectativas realistas. Sin embargo, un paquete bueno con una reina buena en un buen año (cantidades apropiadas de lluvia y buen clima) puede exceder esto o pueden no estar lo suficientemente establecidas. Pero generalmente es una expectativa realista para el apicultor que consigan establecerlas para invernar y quizás conseguir un poco de miel.

Estampada de Plástico

La gente compra estampada de plástico (u otro equipo de apicultura de plástico como el panal ya creado de Honey Super Cell) y a veces se decepcionan. A las abejas, por normal general, no les gusta crear en el plástico y esto las atrasa un poco. A veces las abejas crearán el panal entre dos estampadas de plástico para no tener que usarlos. A veces crearán "aletas" por fuera de la estampada. No es raro encontrarlo, pero también crean muy bien en plástico. Cómo de bien lo hagan depende de una combinación de genética y el flujo de néctar. Mucha gente ve esta vacilación y deciden no volver a comprar plástico. Pero una vez que las abejas lo usan, el panal en estampada de plástico es como cualquier otro panal. El retrase al principio parece ser grande, y para un paquete quizá lo es, pero una vez lo superan no hay problemas.

Cera estampada

La gente usa cera estampada y muchas veces se calienta y se desmorona, o las abejas la mastican o no quieren crear en ella y crean aletas o panales en medio. Esto es más frecuente con la de plástico que con cera, pero a veces lo hacen. A veces utilizan la cera desmoronada para crear un panal en ella, y el panal es un desastre. Mucha gente después de una experiencia así dice que nunca usarán cera estampada, pero eso son solo circunstancias. Si lo hubiera colocado en un flujo bueno las abejas no se lo habrían comido y habrían creado el panal antes de desmoronarse. Mi idea es que la gente suele tener expectativas no realistas y cuando no se cumplen, se desaniman con el método cuando fueron solo circunstancias las que causaron los problemas.

Sin estampada

Algunas personas usan marcos sin estampadas. Muchas tienen suerte pero otras tienen abejas que no entienden el concepto y crean un panal diagonal. Como esto pasa igual con estampada de plástico, y la estampada de cera que se ha derrumbado, o caído, no es importante para mí, pero si la única experiencia que tiene es sin estampada podría asumir que los otros métodos no tienen este problema. Pero lo tienen. De nuevo la genética y el tiempo del flujo tienen mucho que ver con el éxito o el fracaso.

El concepto más importante que hay que entender con una colmena de panal natural es que como las abejas construyen en paralelo, un buen panal lleva a otro de la misma manera que un mal panal lleva a otro. No se puede dar el lujo de no prestar atención a cómo empiezan. La causa más común de un reguero de panal es dejar a la reina en la jaula, ya que siempre son ellas las que empiezan el primer panal y ahí es donde empieza el desastre. No puedo creer cuantas personas quieren ser conservadoras y colocar la jaula de la reina. Obviamente no entienden que es casi una garantía de fracaso del primer panal, y el cual, sin intervención es una garantía de que todos los panales de la colmena serán un desastre. Una vez tenga este desastre, lo más importante es asegurarse que el último panal está derecho, ya que este será guía para el siguiente panal. No puede esperar que las abejas vayan a arreglar el siguiente panal. No lo harán. Tiene que enderezarlas.

Esto no tiene nada que ver con alambres o no alambres. Nada que ver con marcos o no marcos. Tiene que ver con el último panal derecho.

Pérdidas

Los apicultores principiantes tienden a asumir que cada colmena vivirá para siempre y sobrevivirá al invierno. Algunos inviernos lo hacen. Pero la mayoría de los inviernos matan al menos unas cuantas colmenas. Obviamente cuentas más colmenas tenga, más le pasará. Pasé años sin perder una colmena, pero solo tenía unas pocas y siempre combinaba según sus fuerzas; aquellos eran los tiempos de los ácaros traqueales, ácaros de Varroa, Nosema ceranae, pequeños escarabajos de colmena, y los virus que tenemos ahora. Ahora tengo alrededor de doscientas colmenas e intento invernar muchos núcleos de fuerzas marginales y existen muchas nuevas enfermedades y plagas para darles tensión. No tener pérdidas en invierno es una expectación no realista. Pero las pérdidas altas en invierno son señal de que está haciendo algo mal o el clima hizo algo raro.

Siempre intento descubrir la causa de las pérdidas del invierno. Muchas veces se mueren de hambre al quedarse estancadas en cría. A veces con núcleos o agrupaciones pequeñas es el frio (-10 a -30F) y las agrupaciones no eran lo suficientemente grandes para permanecer calientes. Siempre busco Varroa muertos. Encontrar miles de Varroas muertos entre las abejas muertas es una buena indicación de que Varroa fue la causa principal de la muerte. La falta de esa evidencia es probablemente evidencia de que fue otra cosa.

De nuevo, la idea es que a veces sobrevivir el invierno excede o supera las expectativas realistas. Pero es bueno empezar con expectativas realistas y trabajar desde ahí. Las expectativas realistas de colmenas saludables en cuanto a pérdidas están probablemente en el 10% con algunos años mejores que otros.

Divisiones

Una de las preguntas comunes que escucho de los apicultores principiantes es "¿cuántas divisiones debo hacer?" Claro que la contestación a esto es probablemente la más variable de todas, excepto quizás "¿cuánta miel hará mi colmena?". La diferencia entre un buen año y un mal año varía. He tenido años donde he conseguido 200 libras de miel de todas las colmenas en las que no invertí nada, y di 60 libras de azúcar (entre primavera y otoño) a cada colmena. Las divisiones son similares. Algunas se pueden dividir cinco veces al año. La mayoría solo pueden dividirse una vez y hacer una cosecha decente de miel y tener reservas para el invierno.

La idea de todo esto es que los resultados en la apicultura varían drásticamente basándose en lo que les ocurre a las abejas al igual de lo que está pasando en la temporada del año, como están siendo cuidadas, y etc. Es muy difícil predecir los resultados, así que no serviría de nada tener expectaciones altas o bajas. Tome las cosas como vengan y ajústese. Esté preparado para el éxito y el fracaso excepcional y ajústese mientas continúa.

Cosecha

Normalmente los principiantes están convencidos de que deben tener un extractor. Existen muchas otras opciones que tiene más sentido. Una opción sería el panal de miel.

Panal de Miel

No soy tímido a la hora de decir las cosas a mi manera, pero Richard Taylor dijo esto también, y no voy a intentar decirlo mejor. Para más de su sabiduría busque sus libros incluyendo *The How to do it book of beekeeping*, *The Joy of Beekeeping* and *The Comb Honey Book*.

Richard Taylor sobre panales de miel y extractores:

> *"...vez tras vez veo apicultores novatos que tan pronto como construyen su colmenar con doce o más colmenas, empiezan a buscar un extractor. Es como si uno preparara un jardín pequeño al lado de la puerta de la cocina y buscara un tractor para trabajarlo. A no ser que tenga o piense finalmente tener quizá cincuenta o más colonias de abejas, debe intentar resistir la búsqueda en catálogos de abejas de extractores y otras herramientas tentadoras y en su lugar, mirar con cariño a su pequeño cuchillo de bolsillo, tan simbólico en su simplicidad que es la marca de una vida verdaderamente buena."*

Gastos de hacer cera

Richard Taylor sobre los gastos de hacer cera:

"La opinión de los expertos una vez fue que la producción de cera en la colonia requería grandes cantidades de néctar, el cual, una vez convertido en cera, nunca sería transformado en miel. Hasta hace poco se pensaba que las abejas podían almacenar hasta siete libras de miel por cada libra de cera que necesitarán la construcción de sus panales- una figura a la que parece que nunca se le dio ninguna base científica, y que en todo caso es errónea."

De *Beeswax Production, Harvesting, Processing and Products*, Coggshall y Morse pág. 35

"Su grado de eficiencia en la producción de cera, es decir, cuántas libras de miel o sirope de azúcar se necesitan para producir una libra de cera, no está claro. Es difícil demonstrar esto en un experimento porque existen demasiadas variables. El experimento más frecuentemente citado es el de Whitcom (1946). Alimentó cuatro colonias con una miel oscura y fuerte que él llamaba no apta para el mercado. La única falta que se puede encontrar al experimento es que las abejas podían volar donde quisieran, lo cual era probablemente necesario para que evitaran materia fecal; fue declarado que no había flujo de miel en progreso. La producción de

una libra de cera requirió 8.4 libras de miel (rango 6.66 a 8.80). Whitcomb se dio cuenta de que la tendencia de producción de cera era más eficiente a medida que el tiempo progresó. Eso recalca que un proyecto hecho para determinar el ratio de azúcar a cera, o uno diseñado para producir cera de una fuente barata de azúcar, requiere tiempo para que las se desarrollen y quizá que las abejas entren en la rutina de secreción de cera y producción de panal."

El problema es que la mayoría de las estimaciones sobre lo que cuesta hacer una libra de cera es que no tienen en consideración cuánta miel va a aguantar esa libra de cera.

De *Beeswax Production, Harvesting, Processing and Products*, Coggshall y Morse pág. 41

"Una libra de cera, hecha en un panal, aguantará 22 libras de miel. En un panal sin apoyo, la tensión en las celdas de la parte superior es mayor; un panal de un pie (30cm) profundo soporta 1,320 veces su peso en miel."

Machacar y Colar

Mantuve abejas durante 26 años sin extractor. Hice miel de panal cortado y machaqué y colé para obtener miel líquida. Cuando por fin me compré un extractor conseguí uno motorizado radial de 9/18 (aguanta 9 profundos o 18 medianos).

El método que utilicé para machacar y colar es un cubo colador doble. Usé estos aun cuando estaba extrayendo porque aguantan mucha miel y es la única manera en que puedo seguir colando mientras continúo.

Haciendo el cubo de arriba para el cubo colador doble. Taladre los agujeros. Si hace los agujeros lo suficientemente pequeños puede usar el fondo del cubo para el colador sin ningún otro colador o filtro. Puede sacar la cera de la parte de arriba y dejar que se asiente en la parte de abajo. Corte la parte del medio de la tapa (dejando una pulgada del borde sobre la que el cubo superior pueda descansar).

Usando el cubo colador doble para colar la miel.

Extracción

La extracción es un proceso donde las tapas son cortadas de los panales y echadas en un centrífugo llamado extractor.

Cortando el exceso.

Cortando los puntos bajos.

Cargando el extractor

Extracción.

Saque a las abejas para la cosecha

Esto es un tema lleno de desacuerdos. Gran parte es el resultado de experiencias personales. El tiempo y la sincronización de estos métodos alteran los resultados tremendamente.

Abandono

El método favorito de C.C. Miller se llama "abandono". Es cuando saca cada caja de la colmena y las coloca al final de manera que la parte superior y posterior están expuestas. Esto es mejor hacerlo al final del flujo pero no después de una escasez y justo después de la puesta del sol pero antes de que oscurezca. Las abejas tienden a regresar a la colmena y puede llevarse las alzas. Si tienen crías en ellas, no se irán. Si hay una escasez empezará un frenesí de robo. Si lo hace a media tarde será más difícil lidiar con esto. Requiere que maneje las cajas dos veces. Una vez para sacarlas y otra vez para volverlas a cargar (no estoy contando el resto del proceso).

Cepillando y/o sacudiendo

Algunas personas sacan cada un marco, lo sacuden o cepillan y ponen los marcos en una caja diferente con una cobertura. Esto pone a muchas abejas en el aire y es un poco intimidante y tedioso. Mueva cada caja un marco cada vez y después cargue las cajas una caja cada vez.

Escapadas de Abejas

Existen varios tipos y los resultados varían según el tipo. Nunca he tenido suerte con las escapadas de Porter que se van por un agujero en la cobertura interior. Pero me gustan las triangulares de Brushy Mt. Normalmente se quitan las alzas, y empieza la escapada (es una manera de saber que es la manera correcta, dejar que salgan las abejas pero no que entren) y entonces esperar un día o dos para que salgan las abejas. De nuevo, no se van a ir si hay crías en las alzas. Prefiero poner una de estas en una tabla posterior (con la escapada para abajo) y apilar las alzas lo más alto que alcanzo y entonces poner una arriba (con la escapada hacia arriba) y dejarlas por la noche. Si vive en territorio SHB, no las dejaría durante más tiempo. La desventaja más grande es que tiene que mover cada caja tres veces si las coloca en la colmena (una vez para sacarlas, luego colocarlas en la escapada, más tarde apilarlas en la colmena, y después cargarlas arriba) y dos veces si las coloca en la tabla posterior (una vez para apilarlas en la tabla posterior y una vez para cargarlas arriba).

Soplar

El concepto es soplar a las abejas fuera de los panales. Algunas personas usan un soplador de hojas y algunos compran un soplador de abejas. Un argumento en contra es que cualquier cosa lo suficientemente fuerte como para soplar abejas rajaría a muchas por la mitad. Nunca he usado ninguno, así que no puedo decir.

Butíricos

He listado esto separado del Bee Quick, y aunque tienen cosas en común, no considero que estén en la misma clasificación. Ambos son repelentes usados para espantar las abejas de las alzas. Bee Go y Honey Robber son Butíricos que no son químicos seguros la comida, y que huelen a vómito. Honey Robbers huele a vómito con sabor a cereza. El químico es puesto en una tabla de fumigación, en la parte superior de la colmena. Las abejas van hacia abajo, y se sacan y se ponen las alzas. Solamente se manejan una vez. Lo he olido. Nunca lo he usado.

Fischer Bee Quick

Jim Fischer no quiere compartir sus secretos, así que no quiere decir qué ingredientes tiene. Pero a mí me huele a benzaldehído. Benzaldehído es el olor de cerezas Maraschino o de extracto de almendras. Después de hacer benzaldehído en mi clase de química orgánica, nunca he podido comer una cereza Maraschino de nuevo. También es el ingrediente principal en el sabor de almendra artificial. Pero Jim Fischer asegura que no son más que aceites esenciales aptos para consumo. Definitivamente huele mejor y es mucho más seguro que el Butírico. Funciona de la misma manera. Lo coloca en la tabla de fumigación en la parte superior y lo usa para que las abejas bajen. Las alzas hay que manejarlas solo una vez. Lo he olido y huele bien, pero nunca lo he usado.

Preguntas Más Frecuentes

Como moderador y participante en varios foros de abejas, escucho estas preguntas a menudo, así que pensé en contestar a algunas aquí.

¿Las reinas pueden picar?

He manejado reinas desde 1974. Desde que empecé a criar reinas en el 2004 he manejado cientos de ellas al año. Nunca me ha picado una reina. Sin embargo, las he visto hacer el movimiento

Jay Smith, un apicultor que ha manejado miles de reinas al año durante décadas, dice que solamente le picó una y dijo que le picó en el mismo sitio donde había matado una reina antes y que él creyó que ella pensó que era una reina.

¿Pueden? Sí. ¿Lo harán? Extremadamente dudoso. Las pocas personas que he conocido que han dicho que les ha picado una reina han dicho que no duele igual que cuando es una obrera.

¿Qué pasa si mi reina se va volando?

Esto normalmente viene con otras preguntas como, se fue volando, cuál es la probabilidad de que vuelva. Primero veremos qué hacer. Si la reina vuela, lo primero que tiene que hacer es quedarse inmóvil. Ella se orientará hacia usted y probablemente regresará. Lo segundo es alentar a las abejas a guiarla con feromona Nasonov. Para hacer esto, coja un marco que esté cubierto de abejas y sacúdalo dentro de la colmena. Esto las hará empezar a abanicar Nasonov. Tercero, si no ve a la reina volar de vuelta (observe y lo verá) entonces espere diez minutos con la cubierta de la colmena sacada para que pueda oler el Nasonov. Si puede hacer estas tres cosas las probabilidades de que encuentre su camino de vuelta son buenas.

Si no hizo estas cosas, todavía hay una probabilidad algo mayor del 50/50 de que encontrará su camino de vuelta.

¿Cómo evitar que vuele? Esté pendiente cuando saque el corcho. Las reinas vuelan rápido. Si le coloca la jaula encima de la pila de abejas que acaba de echar en la colmena, ella estará ahí abajo y usted estará encima de la colmena, entonces será menos probable que se vaya volando.

¿Abejas muertas delante de la colmena?

Con la reina poniendo de 1.000 a 3.000 huevos al día y las abejas viviendo cerca de seis semanas, siempre habrá abejas muertas delante de la colmena. Muchas veces no las verá porque están en el césped. Muchas abejas muertas (pilas de ellas) pueden ser un motivo de preocupación porque puede ser señal de envenenamiento por pesticida u otro problema. Pero que haya algunas muertas es normal.

¿Espacio de marcos en alzas y nidos de crías?

Esta pregunta parece surgir mucho. La pregunta es normalmente algo como "¿debo poner 9 o 10 marcos en mis alzas?" o "¿debo poner 9 o 10 marcos en mis cajas de crías?"

Mi respuesta para las cajas de crías es que yo coloco 11. Al menos en una caja de 10 marcos. Rasuro los bordes para poder hacerlo y lo hago porque es el espacio que las abejas usan si se les permite. Pero 10 es suficiente. Deben estar juntos en el centro y no espaciados igualmente. Ya están más separados de lo que las abejas prefieren y poner más espacio a menudo resulta en panales extras entre los marcos. La teoría de hacer 9 en la caja de cría es que habrá más espacio para las agrupaciones, menos enjambres y menos abejas yéndose. La realidad, en mi experiencia, es que requiere más abejas que controlar para mantener la cría caliente, la superficie de los panales es más irregular y esto causa que las abejas se vayan al quitar los marcos. Esta irregularidad se debe a que los almacenamientos de panal de miel pueden variar en grosor pero los panales de crías siempre son del mismo grosor. Los resultados son que si tienen miel en 9 marcos, tienen más espacio para llenar, y los llenarán con miel. Si tienen cría entonces no son tan espesos como cuando están llenos de miel. Probé con los 9 marcos en el nido de cría y no me impresionaron. Ahora tengo cajas de ocho marcos y tengo 9 marcos en ellas (lo que requiere rasurar el borde de las barras). Con 11 en una caja de 10 marcos consigue panales consistentes planos y mantiene celdas pequeñas más fácilmente.

Mi respuesta para las alzas es que una vez están creados puede poner 9 u 8 en alzas de diez marcos con buenos resultados ya que los panales serán más gruesos. Pero cuando es mera estampada, las abejas dañarán el panal si hay espacio para más de diez. Diez marcos de estampada, siempre deben estar apretados juntos en el medio de un alza o de una caja de cría entre las estampadas en vez de sobre ellas. Con cajas de ocho marcos puede tener siete panales creados o incluso seis.

Un problema relacionado son los panales dañados.

¿Por qué las abejas dañan los panales?

Parte de esto es genética. Algunas abejas construyen panales derechos y paralelos sin importar lo que usted haga. Otras se confunden. Pero hay cosas que se pueden hacer para nivelar las condiciones.

Parte es darles el espacio para que lo dañen. Empuje todos los marcos juntos de forma apretada. Esos espacios en los marcos están ahí por una razón.

Úselos. No mantenga los marcos espaciados uniformemente en la caja. Cuando tenga estampada sin crear, no espacie menos marcos en una caja. Si a las abejas no les gusta su estampada (y casi nunca les gusta) y si les da el espacio (al espaciar los panales más de $1^3/_8$") las abejas intentarán crear un panal entre dos marcos en vez de crearlo en su estampada. Así que empujarlos juntos hace que el espacio entre estampadas sea lo suficientemente pequeño para desalentarlas a hacer esto esto, ya que no es suficiente espacio para un panal de cría.

Parte de esto es que no les gusta que usted decida el tamaño de celdas. Construirán su panal con mucho más entusiasmo que con el que construirán su estampada. Así que intentarán no utilizar su estampada. Una solución es dejar de usar estampada. Otra es conseguir que la estampada sea lo más semejante posible a lo que quieren construir. La estampada estándar de 5.4mm es mucho más grande que el panal de cría de una obrera natural. 4.9mm es más parecido.

Por norma general no les gusta el plástico. La solución para conseguir que creen en él es dárselo cuando necesiten construir panal. No les dé estampada de cera mezclada con estampada de plástico, o ignorarán el plástico y construirán en la cera. Compre el plástico chapado en cera para que lo acepten mejor. Rocíelo con sirope o sirope con aceites esenciales como Honey Bee Healthy para cubrir el olor a plástico. Una vez lo han lamido para limpiarlo, tienden a aceptarlo mejor.

Otras veces lo dañarán de todas formas.

¿Cómo limpio el equipo usado?

El equipo usado ha sido un tema controversial durante más de un centenario. El loque americano

(AFB) todavía es un problema, pero antes era un problema mucho mayor. La única preocupación real con el equipo usado es el AFB. Las esporas de AFB viven prácticamente para siempre (mucho más que nosotros, por lo menos). Y el equipo infectado es probablemente uno de los factores contribuyentes a la contaminación de AFB. Muchas personas con AFB simplemente queman su equipo. Algunos lo fríen. Otros lo hierven en lima. Y otros lo fríen en parafina y goma de rocín.

Por lo tanto, el problema es que tiene equipo usado (o de gratis o barato) a su disposición. Limpiarlos de ratones no es muy complicado. Solo déjelo en la lluvia hasta que huelan bien. Limpiarlos de la polilla de cera es simplemente romper las telarañas (que son difíciles de quitar) y sacarle los capullos. Si los panales están secos y débiles, deje a las abejas limpiarlos. El riesgo real es el AFB. Si tiene un panal de cría, buscaría escamas en la parte de debajo de las celdas, lo que indicaría AFB. Si hay escamas, tiene que tomarse la amenaza de AFB en serio. Algunos lo quemarían en este momento. Así que asumiendo que no encuentra escamas, ¿qué puede hacer? No le puedo decir qué hacer, ya que siempre hay un riesgo y si tiene AFB no quiero que me culpe. Pero le diré lo que yo hago. Siempre he obtenido el mío de fuentes honestas, normlamente bastante barato o gratis y solo uso el equipo sin hacerle nada. Nunca he tenido AFB en mis colmenas.

Ahora que estoy sumergiendo mi equipo, sumergiría cualquier equipo usado, ya que tengo los medios.

¿Cómo preparo la colmena para el invierno?
Más detalles sobre esto en el Capítulo de Invernar a las Abejas del Volumen 2.

El problema de contestar esta pregunta es que depende de su ubicación. Existe una gran diferencia sobre los problemas a los que se enfrente un apicultor de en Georgia del sur o de California del sur, comparado con uno de Minnesota del Norte o de Anchorage Alaska.

Así que solo puedo dar una generalización y citar mi propia experiencia del centro del país. Yo estoy ubicado en el sureste de Nebraska y vivía antes en el oeste de Nebraska y en la cordillera delantera de las Montañas Rocosas. Así que estos consejos son útiles en ese rango de clima.

Reduzca el espacio. No existe razón por la que tener espacio vacío adicional en la colmena durante el invierno en el norte. Cualquier caja que esté vacía de panales o estampadas la sacaría para el invierno.

Bloquee a los ratones. Los ratones pueden devastar una colmena. Asegúrese que si tiene entradas en el fondo, tenga trampas para ratones. Un pedazo de tela #4 funciona bien para esto.

Quite los excluidores. Si usa excluidores necesitan estar fuera antes de que empiece el invierno. Una reina se puede quedar atrapada al otro lado del excluidor y morir en el clima frio.

Asegúrese de que tiene una entrada superior. Me gustan todas las entradas superiores pero no las entradas inferiores, pero por lo menos necesita una pequeña para dejar salir el aire húmedo, y así no tener condensación en la tapa y para que las abejas puedan salir cuando la nieve sea profunda o cuando haya muchas abejas muertas en la parte de abajo. La gente pregunta si el calor no se escapará. El calor casi nunca es un problema, es la condensación que gotea sobre las abejas lo que normalmente mata a las abejas en invierno.

Asegúrese de que tienen suficiente almacenamiento. En mi parte del país con abejas italianas necesita que la colmena pese alrededor de 150 libras para tener buenos abastecimientos para el invierno. Probablemente puedan sobrevivir con 100 libras, pero también puede que lo usen en primavera para cuidar a las crías y no tengan suficiente. Cualquier cosa inferior a 100 libras me preocuparía mucho. El tiempo para alimentar es cuando el clima todavía está caliente ya que no cogerán el sirope una vez que haga frio. Cuando ha llegado al peso meta no hay necesidad de seguir alimentándolas. Comúnmente, una colmena de 150 libras tiene de dos a diez marcos profundos, o de tres cajas medianas de diez marcos o cuatro cajas medianas de ocho marcos, la mayoría llenos de miel.

Solamente he envuelto una vez y no me pareció impresionante, pero si es la norma entre los apicultores donde vive, puede considerarlo. La envoltura normal es de 15# de cubierta de techo ya que proporciona calor en días calientes de sol. Observé que esto atrapaba demasiada humedad. Otras envolturas son de cartón con cera y una cámara de aire alrededor de la colmena. Esto parece ser una opción para el problema de la humedad. Si lo intentase de nuevo usaría o la de cartón con cámara de aire o pondría unas en las esquinas y entonces usaría la cubierta con cámara de aire.

Evite la tentación de pensar que calentar una colmena fuerte es de ayuda. No lo es. El aislamiento grueso tampoco lo es. Con el aislamiento no se calentarán en los días calientes y pelearan en la limpieza. No las traslade al interior, necesitan volar. No las rodee con pilas de heno ya que esto atraerá a los ratones. Un cortavientos vendrá bien si lo tiene. Si usa heno para esto construya una pared separada de las colmenas.

¿Cuán lejos vuelan las recolectoras?

De acuerdo con el Hermano Adam, él tuvo abejas que conoció que volaron cinco millas o más para buscar néctar. De acuerdo con Huber, el marcaba a las obreras, las llevaba a varias distancias y las soltaba y las buscaba para devolverlas a la colmena. Él dijo que siempre encontraban su camino a la colmena cuando estaban a 1 milla y ½ de la colmena, pero más allá de eso no. También dice que depende de la recolección disponible, y del tamaño de la abeja. El Hermano Adam dice que la nativa Apis Mellifera mellifera, la cual es más pequeña, volaba cinco millas para llegar al Heather, pero las italianas con las que las reemplazó, que eran más grandes, no podían. Dee Lusby dice que las abejas de celdas pequeñas, después de la regresión, volvían con pólenes diferentes y que basado en el riegue de flora del que depende la polinización está segura de que las abejas de tamaño de celda pequeña llegan más lejos que las abejas de celdas grandes. Esto sería consistente con las observaciones del Hermano Adam.

¿Cuán lejos vuelan los zánganos para aparearse?

Creo que nadie lo sabe. Vuelan a las Áreas de Congregación de Zánganos y hay ciertas claves topográficas a través de las cuales buscar ya que dejan caminos de feromonas tras ellos. Los ACZ, normalmente, son un sitio donde se cruzan hileras de árboles. La investigación parece indicar que los zánganos vuelan al ACZ más cercano. Ese lugar, depende del terreno y de las cantidades de colmenas cercanas, la distancia es difícil de predecir. La mayoría de los científicos dicen que vuelan en promedio, una distancia más corta que las reinas.

¿Cuán lejos vuelan las reinas para aparearse?

Al igual que con todas las preguntas de las abejas, es algo que depende de tantas cosas que es difícil de decir. De acuerdo con Jay Smith, que probó una isla para su patio de apareamiento y que dice que las reinas volaron por lo menos tan lejos como dos millas. Algunas estimaciones que he visto hablan de cuatro o cinco millas. Pero también he escuchado a apicultores que dicen que han visto apareamientos (evidenciado por los cometas de zánganos y de las reinas volviendo al núcleo de apareamiento) que ocurren en el mismo colmenar.

¿Cuántas colmenas puedo tener en un acre?

El problema con esta pregunta es que asume que las abejas se quedarán dentro del acre. Ellas recolectarán en los 8.000 acres de los alrededores.

¿Cuántas colmenas puedo tener en un lugar?

Otra pregunta común sobre la apicultura es "¿cuántas colmenas puedo tener un lugar?" Con una buena zona de recolección (como en medio de 8,000 acres de trébol dulce) y buen clima, es casi imposible poner demasiadas en un lugar. Con poca opción de recolección y sequía, unas pocas colmenas serian demasiadas. Un número típico que se dice es 20. Este número redondo es una generalización, pero para ser realista depende de muchas cosas que varían de año en año.

¿Cuántas colmenas debo tener para empezar?

La contestación estándar para un principiante es dos. Yo digo de dos a cuatro. Menos de dos y no tendrá los recursos suficientes para resolver los problemas típicos de apicultura como la falta de reina, obreras ponedoras, etc. Más de cuatro es demasiado para un principiante.

Sembrando para las abejas

Los apicultores parecen querer entender qué sembrar para sus abejas. Asegúrese de entender que las abejas no solo recolectarán las flores de su terreno. Recolectarán en un radio de 2 millas, que son 8,000 acres. Es difícil, a no ser que sea dueño de 8,000 acres, sembrar lo suficiente para hacer una cosecha. Pero no es difícil sembrar cosas que llenen a las abejas todo el año. Los momentos de necesidad en las colmenas son de febrero a abril y de septiembre hasta la helada, y durante sequias (que normalmente ocurren a mediados de verano por aquí y requiere que las plantas florezcan cuando hay poca lluvia). Así que me centraría en plantar para rellenar esas faltas. Una gran variedad de plantas de miel en general serían más aptas a rellenar esa falta que una o dos plantas. No es malo sembrar un trébol dulce (tanto amarillo como blanco, ya que florecen en diferentes momentos) y algún trébol holandés blanco y loto de los prados, borraja, y algún hisopo de anís, algunos tulipanes poplares y alguna acacia. Pero estos no tienden a llenar los momentos de falta, pero hacen miel y puede ser que llenen algún momento de necesidad. Las Plantas tempranas que proporcionan polen son los arces rojos, sauces, olmos, azafrán, cerezas y ciruelas salvajes, y otros árboles frutales. Los dientes de león siempre son buenos. Puede sacar las cabezas secas de los patios de otras personas, y ponerlos en un saco, llevarlos a su casa y regarlos. La achicoria y las varas de oro florecen en sequía, desde julio hasta las heladas. El áster de invierno florece tarde. Lo principal a tener en mente es que está tratando de rellenar lo que falta, no solamente crear una cosecha.

¿Excluidores de Reina?

El uso de excluidores de reina ha sido discutido entre los apicultores desde sus primeros días de existencia. Dejé de usarlos temprano en mi apicultura. Las abejas no querían pasar por ellos y no querían trabajar en las alzas al otro lado de ellos. Parecían muy artificiales y constreñidos. Pienso que es bueno tenerlos para cosas como criar reinas o un atentado desesperado para encontrar una reina, pero no los uso comúnmente.

Razones por las que usarlos:

La reina será más fácil de encontrar si puedo estrechar el área en donde buscarla. Pero creo que el área donde tengo que buscarla está ya suficientemente cerrado. Rara vez la encuentro en algún lugar que no sea donde está la mayor concentración de abejas y eso lo reduce a unos cuantos marcos. Pero esto es una buena razón si necesita encontrar la reina a menudo. Al criar la reina esto puede ser una vez a la semana y el excluidor de reina puede ahorrarle tiempo.

Previene crías en las alzas. Las únicas razones por las que he visto a las reina poner en las alzas es porque se quedó sin espacio en el nido de cría, y entonces se hubiese enjambrado si no hubiera podido, o si quería espacio para poner zánganos y no había panal de zánganos en el nido de cría. Como el panal de cría es difícil de sacar por los capullos y las alzas normalmente tienen cera suave sin capullos, lo cual es fácil de ser re-trabajado, las abejas crearán un panal de zánganos si no tienen suficiente espacio en el nido de cría. Si no quiere crías en las alzas, dele un panal de zánganos en el nido de cría y problema resuelto. También si usa el mismo tamaño de cajas, no tendrá problemas. Si pone huevos en los alzas, poniendo los marcos en el nido de crías y si no usa químicos puede "robarle" un marco de miel de ahí para rellenar su alza.

Si los quiere usar

Si quiere usar un excluidor, recuerde que tiene que conseguir que las abejas pasen por ahí. Use cajas del mismo tamaño y esto le ayudará, ya que podrá colocar varios marcos de cría abierta encima del excluidor (con cuidado de no atrapar a la reina, claro) y hacer que pasen por el excluidor. Cuando esté trabajando en el alza puede colocar esos panales de nuevo en el nido de cría. Otra opción (especialmente si no tiene las cajas del mismo tamaño) es dejar el excluidor hasta que esté trabajando en el primer alza y entonces ponerlo de nuevo (asegurándose de que la reina esté debajo y que los zánganos tengan salida por arriba).

> *"Los apicultores principiantes no deberían usar excluidores de reina para prevenir cría en las alzas. Sin embargo probablemente deben tener un excluidor para usarlo como ayuda a la hora de encontrar a la reina o restringir su acceso a los marcos que el apicultor quiere mover a otro lado" -The How-To-Do-It book of Beekeeping, Richard Taylor*

¿Abejas sin reina?

BLUF: Coloque un marco de cría abierta y huevos en la colmena y no se tendrá que preocupar por esto.

La pregunta surge todo el tiempo en foros de apicultores: "¿Están mis abejas sin reina?" Los síntomas que llevan a esta pregunta varían drásticamente y el tiempo del año para la pregunta varía también, pero es una pregunta muy importante de contestar, o por lo menos de tener una solución para ella, y es a veces mucho más compleja de lo que parece.

La razón más probable para la pregunta es la falta de huevos y cría. Muchos apicultores principiantes no podrían encontrar a la reina si la marca, le cortara las alas, y la pusiera en un marco para que la encontrasen.

Y hasta un apicultor veterano en una colmena muy poblada en algún día en particular puede tener problemas para encontrarla. Así que no verla no prueba nada. No ver huevos o cría es una pista importante, pero no necesariamente quiere decir que no hay una reina. Quiere decir que no hay una reina ponedora y no ha habido una por algún tiempo, o no puede ver los huevos. Pero puede haber una reina virgen que todavía no ha puesto huevos.

Hagamos un poco de matemáticas de abejas. Si accidentalmente mata una reina hoy, ¿con cuánta antelación verá huevos de un reemplazo criado por las abejas? Aproximadamente 26 días. ¿Cuánta cría abierta y tapada habrá en el momento en que vea huevos de la nueva reina de emergencia? La contestación es ninguna. Si las abejas pierden la reina hoy y empiezan con una larva de cuatro días (cuatro días desde el huevo) para criar una reina, serian necesarios otros 12 días antes de que emergiera. Otra semana para que se endurezca y se oriente. Y otra semana para aparearse y empezar a poner. Eso son aproximadamente 26 días (quite o ponga una semana). En 26 días todos los huevos se habrán abierto, tapado y emergido. Ahora no queda cría en la colmena, pero en este caso hay una reina.

El problema es que si la reina nueva voló a aparearse y no volvió, la colmena está verdaderamente sin reina, y la colmena se ve igual. Sin huevos, sin cría, sin cría tapada. Así que, cómo contestar a la pregunta? Deles un marco de cría con huevos y observe lo que hacen. Si tiene una celda de reina en unos cuantos días, entonces estarán sin reina. Les puede buscar una reina o dejarlos que críen una.

Otro problema es cuando encuentra unos cuantos huevos y una poca larva y están muy desorganizados. Esto se debe, a veces, a obreras ponedoras pero las abejas han seguido quitando los huevos de zánganos de las celdas obreras, excepto unos cuantos. Pero, ¿qué pasa si una reina nueva empieza a poner? Normalmente pondrá en una zona, sin desorganización. Las obreras ponedoras requieren mucho más esfuerzo para lidiar con ellas.

Una manera de conseguir una pista de si la colmena no tiene reina, es escucharla. Si no sabe cómo suena una colmena sin reina intente atrapar la reina y quitarla de la colmena. Espere unos minutos y escuche. La colmena empezará a rugir. Esto es a veces conocido como "rugido de orfandad".

Otra pista es que probablemente haya una reina que esté a punto de poner, esté buscando una zona de celdas vacías rodeada de néctar en el racimo, donde han creado un espacio para que ella ponga.

Una colmena irritada es señal de que están huérfanas o letárgicas. Pero de todas formas tendrá que buscar huevos y larva.

El caso es que una colmena huérfana es difícil de diagnosticar definitivamente. Una combinación de estos síntomas (falta de huevos y cría, rugido de orfandad, letargo o coraje) tiende a convencerme. Pero si solo son una o dos síntomas, les doy un marco de cría abierta con huevos y veo qué pasa.

Claro que esto demuestra por qué debe tener más de una colmena.

Para más información vea la sección Panacea en el Capítulo *BLUF*.

Reemplazo de reina

Hay varias preguntas que tienen que ver con esta. Una es "¿cuántas veces debo reemplazar a la reina?" Los apicultores tienen varias opiniones, desde dos veces al año hasta nunca. Yo tiendo a que la colmena reemplace sus abejas por ellas mismas, pero entonces tengo que lidiar con enjambres; y sí las reemplazo si están demasiado defensivas o si no están bien.

La segunda pregunta es "¿cómo la reemplazo?" Esto lleva a más preguntas como "¿qué hago si no encuentro a la reina vieja?" o "¿cómo sé si van a aceptar a la reina nueva?"

No he tenido suerte soltando una reina si ya tienen una reina. La única manera de hacer esto es si cría sus propias reinas y las presentas en una celda o una reina virgen con mucho humo para cubrir su apariencia en la colmena. De esta manera es más probable que la perciban como una sustitución natural de la reina por las abejas. De otra manera necesita quitar a la reina vieja y si absolutamente piensa que debe presentar una nueva, la pondría en una jaula. Es el método más fiable.

Un lanzamiento de dulce estándar a menudo funciona si no hay complicaciones (como obreras ponedoras, colmena enojada, reina ya rechazada, haber estado huérfanas durante mucho tiempo, no puede encontrar a la reina, etc.). Aquí es donde usted coloca el dulce a un lado de la jaula (o en el caso de las jaulas de California, añada el tubo plástico que contiene el dulce, o coloque un malvavisco en miniatura en el agujero) y coloque la jaula en la colmena y espere a que las abejas se coman el dulce y suelte a la reina. Es de ventaja para la aceptación el soltar las asistentes en la jaula de la reina, pero si usted es un principiante puede encontrar que esto es intimidatorio. Un mango de reina (de Brushy Mt.) le ayudará, ya que podría hacer las manipulaciones en la situación donde la reina no vuele. Si puede atrapar a la reina y poner su cabeza en la jaula generalmente, ella volverá dentro.

Colocar una celda de reina en cualquier sitio en el que las abejas estén agrupadas para mantenerlas calientes funciona bien.

Colocar la Jaula

Este es el método más fiable para soltar una reina ponedora. El concepto es darle a una reina unas asistentes recién emergentes que la acepten ya que nunca han tenido otra reina, alimentarlas y darles un lugar donde poner. Una vez sea una reina ponedora con asistentes la colmena la aceptará sin problemas.

Hacer una Jaula de Colocación

La mayoría de las personas las hacen de 4 pulgadas cuadradas (10 cm). Prefiero hacerlas más grandes. Cuanto más grandes son, más fácil es sacarles

miel (para que no mueran de hambre), algunas celdas abiertas (para que tenga donde poner) y una cría emergente (para que tenga asistentes). Me gusta que las mías sean de 5 por 10 pulgadas (12.5cm por 25cm). Corto tela de ferretería #8 (8 alambres a una pulgada o $^1/_8$"de tela de alambre) 6 y $^1/_2$" por 11 y $^1/_2$" (unos 16cm por 29cm). Le saco los primeros tres alambres dejando solo alambres de $^3/_8$" saliendo sin alambres cruzados. Esto es para empujarlo en la colmena para que las abejas no se metan por debajo fácilmente. Ahora vienen las esquinas de $^3/_4$" (tres alambres más) y hacer un corte de $^3/_4$" (3 alambres) en las cuatro esquinas. No importa en qué dirección, pero las va a doblar alrededor de la esquina. Doble el borde por $^3/_4$". Una tabla o un borde agudo de una mesa ayudarán a la hora de hacer esto. Doble las esquinas por $^3/_4$". Ahora tiene una caja sin fondo que es $^3/_4$" de alto y 5" por 10".

Usando una Jaula de Colocación

Encuentre una colmena con cría emergente. Esta colmena es de abejas confusas y están luchando por salir de la celda que acaban de morder abierta. Una abeja con la cabeza saliendo de la celda es una cría emergente. Una abeja con el trasero saliendo de una celda es una abeja nodriza alimentando una larva o una abeja de casa limpiando una celda. Sacúdala (si el panal es lo suficientemente fuerte) o sacuda todas las abejas del panal. Suelte la reina a un lado del panal donde haya cría emergente y miel abierta. Coloque la jaula por encima de ella para que tenga tanto miel como cría emergente. Algunas celdas abiertas dentro de ella serían de provecho también. Empuje la jaula adentro del panal. Debe salir aproximadamente $^3/_8$" por encima del panal para darle espacio a la reina a que se mueva. Haga espacio en la colmena para este marco más $^3/_8$". Algunas tendrán suficiente espacio y para otras tendrá que quitar un marco, pero necesita tener el marco con la jaula y un espacio de $^3/_8$" entre la jaula y el panal en el próximo marco ($^3/_4$" total) para que las abejas tengan acceso a la jaula para conocer la reina, y alimentarla si quieren. Regrese en cuatro días y libere a la reina al quitarle la jaula.

¿Cómo mantener a las reinas por unos cuantos días?

Si necesita mantener las reinas que vienen en jaulas con asistentes y dulces, puede minimizar la tensión manteniéndolas en un lugar fresco (como 60° a 70° F o 16° a 21° C) oscuro (como un armario) callado (como un armario o sótano) y darles unas gotas de agua todos los días para que puedan digerir el dulce y se mantendrán durante unas cuantas semanas si no tenían demasiada tensión para empezar y si las asistentes estaban sanas. Deles unas gotas en cuanto las reciba y una el día siguiente. Si para que el dulce se va a terminar, tendrá que darle una gota de miel y una gota de agua todos los días. Si las asistentes están muertas necesitará asistentes nuevas.

¿Para qué es una cubierta interna?

La cubierta interna fue inventada para crear un espacio de aire para cortar la condensación sobre la cubierta. Las originales fueron hechas de tela pero al pasar el tiempo las de madera entraron en vigor. En el norte el problema con el invierno es la condensación y la mayor parte se concentra en la tapa. El aire caliente y húmedo del racimo toca la tapa fría, se condensa y gotea en el racimo. La cubierta interna fue diseñada para prevenir esto. Al pasar los años, muchos otros usos se han encontrado para ellas. Puede colocar un bote encima del hueco para alimentarlas. Puede poner alzas mojadas (recién cosechados y extraídos) para que las abejas los limpien. Puede poner un escape de abeja en el agujero para sacar las abejas de un alza (nunca he tenido mucha suerte con esto). Puede poner una doble rejilla en el agujero y usarlo entre el núcleo arriba y la colmena abajo en primavera u otoño para ayudar al núcleo a permanecer caliente. (Esto no me ha funcionado bien en el invierno por la condensación).

¿Puedo no usar una cubierta interna?

Si usa cubiertas migratorias, no necesitará ninguna y probablemente no la quiera. Si usa una cubierta telescópica, le ayudará a que la cubierta no se quede pegada con propóleos. Es difícil quitar una cubierta telescópica que se ha pegado con propóleo sin cubierta interna ya que no hay donde usar una herramienta de colmena para abrirla con presión. Si tiene una cubierta telescópica, recomiendo que use la cubierta interna. Si vive en el norte y quiere usar cubierta migratoria, asegúrese que hay una entrada superior (puede cortar un pedazo de la cubierta para hacer una. Mire las cubiertas migratorias de Brushy Mt. como ejemplos) y coloque poliestireno encima de la cubierta con un ladrillo encima del poliestireno. El poliestireno hará que la cubierta no se enfríe y la ventilación en la parte superior permitirá que el aire húmedo salga.

¿Qué es ese olor?

Los olores siempre deben ser investigados. Son muy subjetivos y por ende es mejor si aprende a asociarlos con el olor de esa ocurrencia. El olor más común que le preocupa a la gente es el olor de la miel madurando. Eso pasa en algún momento entre el verano y el otoño. A mí me huele como a calcetines viejos de gimnasio. Algunas personas dicen que huele a dulce de manteca y azúcar. Pero la mayoría dice que huele agrio.

Si huele un olor a carne pudriéndose, investigaría. A veces tendrá pilas de abejas muertas de una matanza por pesticida o por robo. Otras, tendrá una enfermedad de cría. Vale la pena investigar cuál es la causa.

¿Cuál es el mejor libro de apicultura?

Todos. Lea cada libro de apicultura que pueda. Mis favoritos son los viejos ABC XYZ of Bee Culture, Langstroth's Hive and the Honey Bee, todo escrito por Richard Taylor y Hermano Adam y los que he posteado en mi página de libros clásicos de abejas. (http://www.bushfarms.com/beesoldbooks.htm)   Si quiere saber más, todos los libros de Eva Crane son fascinantes. Para un libro de principiantes de apicultura natural, *The Complete Idiots Guide to Beekeeping* es tremendo. Para principiantes y en general, *Backyard Beekeeping* por Kim Flottum es muy bueno y simple.

¿Cuál es la mejor raza de abejas?

Ha habido mucha especulación por los apicultores durante muchos siglos sobre esto. Supongo que en la transición del siglo 19 al siglo 20 la mayoría estaban de acuerdo. Todo el mundo quería las italianas. Ahora hay muchas personas que quieren las Carniolas o las caucásicas o las rusas. Veo más variación de colmena a colmena que de raza a raza. Diría que las mejores razas de abejas son las que están sobreviviendo a su alrededor. Eso es lo que yo creo.

Pero si quiere comprar algunas abejas, los problemas son cómo de bien funcionan en su clima (las italianas se adaptan mejor al sur y las carniolas mejor al norte) y la salud (higiénicas, resistentes a ácaros traqueales, resistentes a ácaros de Varroa, etc.)

¿Por qué hay tantas abejas en el aire?

Otra pregunta de pánico en los foros de abejas varias veces al año rodea los vuelos de abejas. Esto se interpreta por un apicultor principiante   como un enjambre o un robo. Un enjambre suelta muchas abejas al aire, pero van a algún lugar, están en movimiento. En este caso, simplemente están sobrevolando por encima de la colmena. Si las abejas se ven contentas y organizadas y no peleando en la tabla de aterrizaje, y especialmente si es por poco tiempo y en una tarde soleada, entonces probablemente sean simplemente abejas jóvenes orientándose por primera vez. Busque señales de pelea en la tabla de aterrizaje para eliminar la posibilidad de robo. Si no hay señales de robo, entonces es señal de una colmena saludable. Si las abejas merodeadoras parecen estar dejando unas cuantas abejas atrás, es probablemente un enjambre en uno de sus árboles.

¿Por qué hay abejas en el exterior de mi colmena?

Típicamente los apicultores llaman a esto *barbear* (bearding en inglés) porque parece como si la colmena tuviese una barba. Las causas son el calor, la congestión, y falta de ventilación. Asegúrese de que tienen espacio y ventilación y no se preocupe por ello.

Las abejas barbean como las personas sudan. Es lo que hacen las abejas cuando tienen calor.

Es bueno cubrir las bases y aceptarlo. Si usted estuviese sudando, haría algo para evitarlo, (cogería el abanico, abriría una ventana, se quitaría la chaqueta, bebería mucha agua) y entonces aceptaría que simplemente hace calor.

Con las abejas, asegúrese de que tienen ventilación superior e inferior, (abra la entrada de abajo, quite la bandeja si tiene SSB, abra la caja de arriba, deslice un alza para hacer un espacio) asegúrese de que tienen suficiente espacio (coloque los alzas según es necesario) y entonces no se preocupe. Barbear no es prueba de que vayan a enjambrarse. Es prueba de que tienen calor. Creo que la falta de ventilación contribuye a un enjambre por falta de espacio, pero no es la única causa y no es algo por lo cual preocuparse si ha tenido el cuidado de darles suficiente ventilación y espacio.

¿Por qué están bailando en la entrada en unísono?

Varias veces al año los apicultores principiantes quieren saber qué hacen sus abejas bailando (ondeando rítmicamente) en la tabla de aterrizaje. Esto se conoce como "washboarding" en inglés y nadie sabe por qué lo hacen. Personalmente creo que es un baile social. Quizás hasta un baile de acción de gracias.

¿Por qué no usar un ventilador eléctrico para la ventilación?

El tema surge mucho. Nunca lo he entendido, pero supongo que viene de un deseo de "ayudar" las abejas. Las abejas, sin embargo tienen un sistema muy eficiente y preciso de ventilación y cualquier cosa que haga probablemente interferirá en vez de ayudarlas. El problema de un ventilador eléctrico es que las abejas pelearán con él. Creo que es mejor solamente darles un poco de ventilación arriba y abajo y permitirlas controlarlo.

¿Por qué se murieron mis abejas?

Con una muerte en el invierno, un post mortem debe verificar:

- ¿No están en contacto con el almacenamiento? No importa si tienen miel si no pueden llegar a ella porque están atrapadas. Si no tienen contacto con el almacenamiento, mueren de hambre.
- Si tienen contacto con el almacenamiento, ¿hay miles de Varroa en la tabla de abajo o en la bandeja debajo del SSB (lo tendría dentro por supuesto)? Si es así, creo que se puede decir con seguridad que la principal causa de muerte fue la Varroa.

- ¿Hay muchos agrupamientos pequeños de abejas en la colmena en vez de un agrupamiento grande? Si es así sospecharía de ácaros traqueales.
- ¿Están las abejas mojadas y mohosas? Si es así sospecho que la condensación las mojó, y las abejas mojadas casi nunca sobreviven.
- Es una creencia común que las abejas que están de cabeza en las celdas hayan muerto de hambre. Todas las colmenas muertas en invierno tendrán muchas abejas de cabeza en las celdas. Así es como se agrupan para buscar calor. Vería más si estuvieran en contacto con el almacenamiento.
- Con la muerte durante la temporada activa, buscaría una pila de abejas muertas y si hay señales de robo. El robo puede dar lugar a pilas de abejas muertas, pero hay otros síntomas como un panal rasgado y abejas frenéticas. Los pesticidas a menudo hacen que las abejas gateen y se apilen para morir. Una colmena en decadencia, debe revisar la cría para asegurarse de que no tenga alguna enfermedad de cría.

¿Por qué las abejas hacen cera de diferentes colores?

Las abejas solo producen un color de cera: blanco. Si cogen mucho polen la cera se vuelve amarilla. Si tienen cría en ellos, la cera se volverá marrón desde los capullos. Si dejan suficientes capullos, se vuelve negra.

En cuanto a los opérculos, producen dos tipos. En la miel, la cera está sellada con aire a presión para evitar que la miel absorva la humedad, así que empieza blanca hasta que entra el polen lo cual la puede poner amarilla. En la cría es una mezcla de cera y capullo que puede respirar para que la pupa pueda recibir oxígeno. Dependiendo de cuán viejos y oscuros sean los capullos y cuántos estén disponibles varían de amarillo claro a marrón oscuro.

¿Con qué frecuencia debo inspeccionar?

Si es un apicultor principiante debe inspeccionar a menudo. No porque las abejas le necesiten sino porque no puede aprender nada si no observa. En cuanto a las abejas, solo las tiene que revisar para saber que tienen suficiente espacio. ¿Con qué frecuencia? Trataría de no molestarlas todos los días. Si tiene una colmena de investigación puede aprender mucho ahí. Si tiene una ventana en la colmena o una cobertura de plexiglás puede observarlas más. Pero una colmena típica la abriría una vez a la semana o algo así hasta que esté cómodo adivinando lo que está pasando dentro al ver la parte de fuera. Finalmente, si piensa en lo que espera ver y lo ve, ya está preparado para evaluar sin abrir.

¿Debo taladrar un agujero?

Usualmente la idea es optar por una entrada superior o por ventilación. No me gustan los agujeros en mi equipo. Aquí están las veces que me he arrepentido de taladrar agujeros:

- Las veces que he querido cerrar una colmena y olvidé el agujero (moverlas y usar un escape de abeja me viene a la mente)
- Las veces que, accidentalmente, puse mi mano sobre, debajo o en el agujero mientras levantaba el alza.
- Las veces en invierno cuando quería cerrarlo más.
- Las veces en que la colmena se pone débil y se olvida de servir de guardia en ambas entradas y entonces son robadas y tengo que encontrar una manera de cerrarla.
- Las veces cuando necesito una caja sin agujero y la única que tengo tiene agujeros.

No hay nada que consiga hacer un agujero en la caja que no pueda lograr al deslizar la caja $^3/_4''$ o ponerla en varias tejas de calzas o usando una cuña de Imirie.

Si tiene agujeros en su equipo puede sellarlos con una tapa de lata de aluminio clavada sobre el agujero. En el colmenar en un momento de necesidad puede taparlos temporalmente con un poco de cera.

¿Cómo cepillar a las abejas?

Existen dos formas principales de sacar a las abejas de los panales. Cepillarlas o sacudirlas. Practique varias técnicas diferentes para ver qué le funciona. Depende de muchas cosas. Un panal débil (con estampada o sin estampada, con alambre o sin alambre) que pese mucho con miel se romperá si lo sacude con demasiada fuerza. Cuando está caliente es hasta más débil. Sin estampada adjunta alrededor será hasta más frágil. Estas deben ser cepilladas. El panal de cría vieja negra no se romperá a pesar de lo fuerte que lo sacuda. Un panal viejo que no esté tan suave lo puede sacudir sin romper, pero tiene un límite y tiene que conocer ese límite basado en todas las variables (nuevo, suave, lleno de capullos, pesado con miel, liviano con cría, etc.) Tampoco sacuda un marco con celdas de reinas o dañará a la reina. Use un cepillo. Sacuda dos veces (una sacudida inmediatamente seguida de otra sacudida lo más rápido que pueda) funciona si lo hace bien. Practique hasta que lo logre. Puede "golpear" a las abejas como le decía C.C. Miller. Coja un extremo de la barra superior firmemente y golpee a su puño con ese puño. El golpe hará que se caigan.

Es una de esas cosas que es más arte que ciencia pero tiene sus principios, y el más importante es la sorpresa. El secundario es que es duro, no suave.

Parece contrario, porque normalmente en la apicultura se intenta hacer las cosas con suavidad y lentamente y no hacer nada rápido. Y para sacar a las abejas tiene que ser rápido y duro. No hay manera de hacerlo con gracia y lentitud.

¿Cuántas celdas en un marco?

Marco profundo de 5.4mm estampada 7000
Marco profundo de 4.9mm estampada 8400
Marco Mediano de 5.4mm estampada 4620
Marco mediano de 4.9mm estampada 5544

¿Panal Zumbidos?

La causa principal de zumbidos entre cajas es una barra superior estrecha. Todos los marcos de plástico los tienen. Acéptelo.

"...ese apicultor canadiense práctico, J.B. Hall, me enseñó sus barras superiores extra-gruesas y me dijo que evitaban la acumulación de tantos panales zumbidos entre las secciones y la barra superior... y estoy agradecido de que hasta el día de hoy se pueda resolver teniendo barras superiores de $1\text{-}^1/_8$ pulgadas de ancho y $^7/_8$ pulgadas de grueso, con un espacio de $^1/_4$ pulgadas entre la barra superior y la sección. No solo existe la completa ausencia de panales zumbidos, sino que hay suficiente para que uno se sienta más cómodo que con el pedazo de tabla de miel. A cualquier nivel, ya no ocurre la matanza de abejas que tenía lugar cada día que se reemplazaba la tabla de miel." C.C. Miller, Fifty Years Among the Bees.

"Pregunta: ¿Cree que un grosor de media pulgada en la barra superior en el marco de cría va a evitar que las abejas construyan panales zumbidos en esos marcos, igual que en la barra superior de tres cuartos de pulgada? ¿Qué tipo usa usted?
Contestación: No creo que el de una pulgada y medio eviten que se creen los panales zumbidos igual que el de tres cuartos. Los míos son de siete octavos." --C.C. Miller, A Thousand Answers to Beekeeping Questions

Apéndice del Volumen I: Glosario

Nota: muchos de estos términos están en latín, y el plural de los que terminan en "a", será "ae". El plural de los que terminan en "us" es "i". Los significados se entiende que son en el contexto de la apicultura.

7/11 o Siete/Once = Estampadas con un tamaño de celda de 700 celdas por decímetro cuadrado con 11 celdas de más. Por ende, 7/11. Las celdas son de tamaño 5.6mm. Se usan porque a la reina no le gusta poner en ellas, porque son demasiado grandes para la cría de obrera y muy pequeñas para la cría de zánganos. Si la reina pone en ellos, normalmente serán zánganos. Solamente disponible de Walter T. Kelley.

A

Abandono = Cuando la colonia entera de abejas abandona la colmena por plagas, enfermedades, u otras condiciones adversas.

Abdomen = La parte posterior o la región tercera del cuerpo de la abeja que es parte del estómago de miel, estómago, intestinos, aguijón, y los órganos reproductivos.

Abeja Melifica = El nombre común para la Apis melífera.

Abeja Melifica Saludable = Una mezcla de aceites esenciales (hierba limón y menta) vendido para fortalecer el sistema inmunológico de las abejas.

Abejas Carniolas = Apis mellifera cárnica. Estas son marrón oscuras a negras. Vuelan en climas fríos y en teoría son mejor en climas del norte. Tienen reputación de ser menos productivas que las italianas, pero yo no he tenido esa experiencia. Las que he tenido son muy productivas y muy frugales para el invierno. En invierno se agrupan en grupos pequeños y paralizan la cría cuando hay escasez.

Abejas Caucasicas = Apis mellifera caucasica. Son de color gris plata a marrón oscuro. Crean propóleo en exceso. Son propóleos pegajosos en vez de duros. Embarran todo con este propóleo pegajoso, como papel de mosca. Tardan un poco más de tiempo en salir adelante que las italianas. Tienen reputación de ser más gentiles que las italianas. Menos aptas para robo. En teoría son menos productivas que las italianas. En promedio creo que son igual de productivas que las italianas, pero como roban menos tienen colmenas menos vibrantes que las que han robado a todo el vecindario.

Abejas Cordovan = Un subgrupo de las italianas. En teoría podría tener una Cordovan de cualquier raza, ya que es técnicamente de un solo color, pero las que venden en América del Norte que he visto son todas Italianas. Son un poco más gentiles, tienen a robar un poco más, y más guapas. No tienen negro y son muy amarillas. Al mirarlas más de cerca se nota que donde las italianas normalmente tienen patas y cabeza negra, ellas las tiñen de un color marrón morado.

Abejas de Campo = Abejas obreras que tienen 21 o más días de vida y trabajan fuera recolectando néctar, polen, agua y propóleo; también llamadas recolectoras.

Abejas de paquete = Una cantidad de abejas adultas (2 a 5 libras) con o sin reina, contenidas en una jaula de envío con malla.

Abejas Exploradoras = Abejas obreras que buscan nuevas fuentes de polen, néctar, propóleo, agua o un nuevo hogar para el enjambre de abejas.

Abejas Guardianas = Abejas obreras de tres semanas de vida, las cuales tienen su máxima cantidad de feromonas de alarma y veneno; retan a todas las abejas que entran y otras intrusas.

Abejas Italianas = Una raza común de abejas, Apis mellifera ligustica, con bandas amarillas y marrones, de Italia; normalmente gentil y productiva, pero tienden a robar y a aparearse incesantemente.

Abejas Melificas Africanizadas = He escuchado que existen estas llamadas Apis mellifera scutelata pero las Scutelata son abejas africanas del Cabo. Se llamaban Adansonii, por lo menos eso es lo que el Dr. Kerr, quien las crió, decía que se llamaban. Las AMA (AHB en inglés) son una mezcla de africanas (scutelata) e italianas. Fueron creadas en un intento de aumentar la producción de abejas. El USDA las crió en Baton Rouge de abastecimientos del Dr. Kerr en Brasil. El USDA envío estas abejas a Estados Unidos continentales durante muchos años. Los brasileños también estaban experimentando con ellas y la migración de estas abejas fue seguida por los medios de comunicación y las noticias durante un tiempo. Son extremadamente productivas ya que también son extremadamente defensivas. Si tiene una colmena lo suficientemente agresiva como para creer que son AMA, necesita reemplazar a la reina. Tener abejas agresivas cerca de personas a las que le puedan hacer daño, es irresponsable. Debe intentar reemplazar a la reina (ver capitulo: Reemplazo de reina en una colmena agresiva en Volumen 3) para que nadie (incluyendo usted) salga lastimado.

Abejas Melificas Europeas = Abejas de Europa, contrarias a las abejas originadas en África u otras partes del mundo o abejas copuladas con aquellas del África.

Abejas Nodrizas = Abejas jóvenes, normalmente tres a diez días, que alimentan y cuidan a la cría en desarrollo.

Abejas Obreras = Abejas hembras estériles que no tienen los órganos reproductores desarrollados completamente, y son anatómicamente diferentes de una reina y está equipada y es responsable de todas las tareas de la colonia.

Abejas Rusas = Apis mellifera acervorum o carpatica o caucásica o cárnica. Algunos dicen que son cruzadas con Apis ceranae (dudoso). Vinieron de la región de Primorsky de Rusia. Se usaban para reproducir resistencia a los loques porque ya los estaban sobreviviendo. Son un poco defensivas pero de forma extraña. Tienden a darse golpes de cabeza pero no a picarse. Cualquier cruce primero de cualquier raza tiende a ser vicioso, y éstas no son una excepción. Son guardianas vigías, pero no muy 'corredoras' (tienden a volar alrededor del panal donde no se puede encontrar a la reina o trabajar bien con ellas). El enjambramiento y la productividad son menos predecibles. Sus características no están muy definidas. Frugales, similar a las Carniolas. Se trajeron a Estados Unidos en Junio de 1997, estudiadas en una isla en Luisiana y en los campos en otros estados en 1999. Disponibles a la venta al público general en 2000.

Abejero = Alguien que cría abejas. Un apicultor.

Acabador de Celda= Una colmena usada para terminar las celdas de reina p.e. llevarlas de tapadas a justo antes de emerger. A veces con reina, a veces huérfanas.

Acarapis Dorsalis = Ácaro que vive en las abejas melificas que es indistinguible de los ácaros traqueales (Acarapis woodi). Se clasifica de manera diferente solamente basado en el lugar donde fue encontrado, en la espalda.

Acarapis Externus = Ácaro que vive en las abejas melificas que es indistinguible de los ácaros traqueales (Acarapis woodi). Es clasificado diferente solo basado en la el lugar donde es encontrado, en el cuello.

Acarapis Vagans = Ácaro que vive en las abejas melificas que es indistinguible de los ácaros traqueales. Se clasifica de manera diferente solamente basado en el lugar donde es encontrado, en cualquier parte externa.

Acarapis Woodi = Ácaro traqueal que infecta la tráquea de la abeja; a veces llamado Enfermedad Acarina o enfermedad de la Isla de Wight.

Ácaros Parasíticos = Ácaros de Varroa y ácaros traqueales son los ácaros con problemas económicos para las abejas. Existen otros que no son conocidos por causar problemas.

Ácaros Traqueales = Un acaro que infecta la tráquea de una abeja melifica. La resistencia a ácaros de tráquea es fácil de reproducir.

Aceites Esenciales de Limoncillo = Aceites esenciales usados para incitar a los enjambres, contienen constituyentes de la feromona Nasonov.

Agresivas (temperamento) = Abejas que son extremadamente defensivas o agresivas.

Agrupamiento = La parte más gruesa de las abejas en un día caliente, usualmente en el centro de un nido de cría. En un día con 50º F el único lugar donde están las abejas. Es usado para referirse tanto al lugar y a las abejas de ese lugar

Agrupamiento de Invierno = Una bola de abejas dentro de la colmena que generan calor; se forman cuando las temperaturas exteriores caen por debajo de los 50º F.

Aguijón = Un órgano perteneciente exclusivamente a los insectos femeninos desarrollado por el mecanismo de poner huevos, usado para defender a la colonia; modificado en un astil punzante por el cual se inyecta el veneno. En las obreras tiene un pincho que hace que se injerte y salga.

Ahumadero = Un recipiente de metal con fuelles adjuntos que queman varios gases para generar humo; usado para interferir con la habilidad de oler la feromona de alarma y controlar el comportamiento agresivo de las abejas durante las inspecciones a la colonia.

Alambre de marco = Delgado alambre de 28# usado para reforzar la estampada destinada para el nido de cría o el extractor de miel.

Alarma de feromona = Una substancia química (iso-pentyl acetate) que huele similar al sabor artificial del plátano, sueltos cerca del aguijón de la abeja obrera, la cual alerta a la colmena de un ataque.

Alza Superior = El acto de colocar alzas de miel *en la parte superior* del alza superior de una colmena, en vez de ponerlas todas debajo de las alzas, y directamente en lo más alto de la caja de cría, lo que sería un alza de *fondo* o añadir cajas debajo de la caja de cría lo que sería nadiring.

Alza= Una caja con marcos en donde las abejas almacenan miel; puesta encima del nido de cría. Del latín *super* que significa "encima".

Alzando = El acto de colocar alzas de miel en una colonia en espera del flujo de miel.

Alzas de Fondo = El acto de poner alzas de miel debajo de todos los alzas ya existentes, directamente encima de la caja de cría. La teoría es que las abejas trabajarán mejor cuando esté directamente encima de la cámara de cría, en vez de alzas de arriba que sería poner las alzas encima de las alzas ya existentes.

Alzas de Miel = Se refiere a cajas de marcos usados para la producción de miel. Del Latín "súper" para designar cualquier caja encima del nido de cría.

Amarillas (abejas o reinas) = Cuando se usa para referirse a abejas melíficas se refiere al color marrón claro. Las abejas melíficas no son amarillas. Una reina amarilla es normalmente de un marrón claro sólido.

Ancho Doble = Una caja que es el doble de ancha que una caja de diez marcos. 32 y $^1/_2$" de ancho.

Antena = Uno de los dos órganos sensoriales localizados en la cabeza de la abeja, que permite a las abejas oler y probar.

Añadidura = añadir al número de colonias, normalmente dividiendo las que hay disponibles. Ver división.

Apiario = Colmenar, patio de abejas.

Apicultor = Cuidador de abejas.

Apicultura = El arte y la ciencia de criar abejas melíficas.

Apicultura Migratoria = El mover las colonias de abejas de un lugar a otro durante una misma temporada para aprovechar dos o más flujos de miel para la polinización.

Apis mellifera = Incluye a las abejas de miel originadas en África y Europa.

Apis mellifera mellifera = Estas son abejas nativas de Inglaterra y Alemania. Tienen algunas de las características de las otras abejas oscuras. Tienden a ser rápidas (excitadas en los panales) y un poco enjambrosas, pero también parece que se adaptan bien al clima húmedo del Norte.

Aprovechamiento de cera = El proceso de derretir panales y tapas y eliminar el desperdicio de cera.

Árbol de abeja = Un tronco de árbol vacío ocupado por una colonia de abejas.

Asistentes = Abejas obreras que asisten a la reina. Cuando se usan en el contexto de reinas en jaulas, las obreras se añaden a la jaula para atender a la reina.

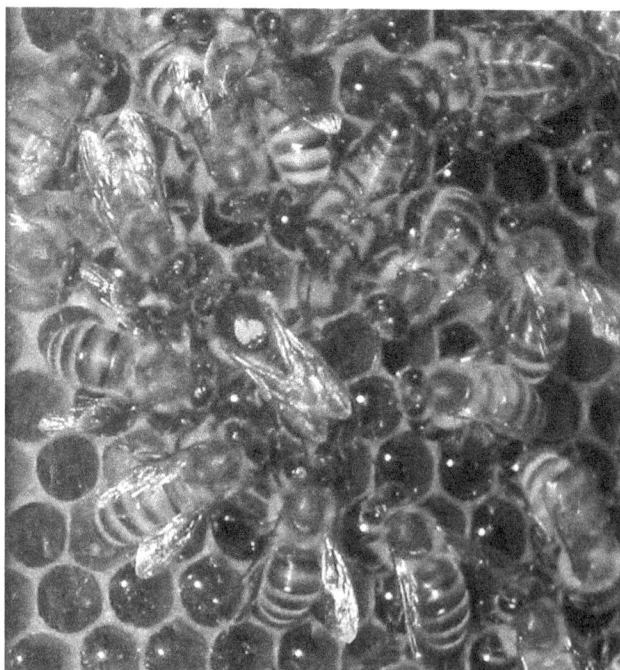

Aspirador de Abejas = Un aspirador usado para aspirar las abejas cuando se hace una división o eliminación. Normalmente convertido de un aspirador comercial. Hay que ajustarlo cuidadosamente para no matar a las abejas.

Avispón y Chaquetas Amarillas = Insectos sociales pertenecientes a la familia Vespidae. El nido en papel o materiales de follaje, con solo una reina en el invierno. Son agresivos y carnívoros pero generalmente beneficiosos, pueden ser una molestia para el hombre. Los avispones y Chaquetas Amarillas son confundidos con avispas que tienen nidos en panales de papel, suspendidos por un solo soporte. Los Avispones, Chaquetas Amarillas, y Avispas son fáciles de distinguir por su brillante cuerpo sin pelo, desafortunadamente, parecen como las abejas de los anuncios y los muñequitos, brillantes amarillas y negras. Las abejas melificas generalmente son peludas, negras marrones o cremas, nunca amarillas, y básicamente dóciles de temperamento.

B

Bacillus larvae = El nombre anticuado de Paenibacillus Larvae, la bacteria que causa el Loque Americano.

Bacillus thuringiensis = Una bacteria naturalmente ocurrente que se rocía en los panales vacíos para matar a los ácaros de cera. También se vende para controlar la larva de otros insectos específicos.

Backfilling = Un término creado por Walt Wright para describir el proceso de las abejas al crear miel para el nido de cría. El proceso en donde las abejas ponen la miel en el nido de cría para evitar que la reina ponga huevos y se prepare para el enjambre.

Baile de Vibraciones Abdominales Dorsa-Ventral = Un baile usado para reclutar recolectoras. También usados en las celdas de reinas a punto de emerger y posiblemente en otros momentos.

Bancar reinas = Poner múltiples reinas en jaulas en un núcleo o colmena.

Banco de Reina = Poner múltiples reinas en jaulas en un núcleo o colmena.

Barbeando = Cuando las abejas se congregan delante de la colmena.

Barra de celda = Una tira de madera en donde las tazas de reina están suspendidas para criar abejas reinas.

Barra de Fin = La parte del marco que está en las partes del final de los marcos p.e. las piezas verticales del marco.

Barra Inferior = Una pieza horizontal del marco que va en la parte inferior del marco.

Barra Superior = La parte superior de un marco, o en una colmena de barra superior la pieza de madera de la que cuelga el panal.

Bee Go = Butírico usado para sacar a las abejas de las alzas. Huele a vomito.

Bee Gum = Un tronco de árbol vacío usado como colmena.

Bee Quick = Un químico que huele a benzaldehído usado para quitar a las abejas de los alzas.

Beek = Apicultor

Beelining = Encontrar abejas ferales al establecer un patrón en la línea de vuelo de las abejas regresando a su casa. Esto puede incluir marcar y contar el tiempo para obtener la distancia y triangular el lugar de localización al soltar las abejas desde varios lugares.

Benzaldehído = Un líquido no tóxico, incoloro, aldehído C6H5CHO que huele a aceite de almendras amargas, que está en muchos aceites esenciales y a veces se usa para sacar a las abejas de los panales de miel. También el sabor añadido a las cerezas Maraschio. A lo que huele el Bee Quick.

Betterbee = Una empresa de proveedores de apicultura establecida en Nueva York. Tienen muchas cosas que otros proveedores no tienen. También tienen equipo de ocho marcos.

Bolígrafo Marcador = Un bolígrafo de esmalte usado para marcar a las reinas. Disponible en ferreterías locales como bolígrafos de esmaltes. También en proveedores de productos de apicultores como marcadores de reinas.

Braula Coeca = Una mosca sin alas comúnmente conocida como el piojo de abeja.

Brushy Mountain = Una empresa de proveedores de apicultura establecida en Carolina del Norte. Un gran partidario de las cajas medianas y de ocho marcos. Tienen muchos artículos que nadie más tiene.

Bt = Bacillus thuringiensis. Una bacteria ocurrente natural que se rocía en panales vacíos para matar a los ácaros de cera. También se vende para controlar la larva de otros insectos.

Buckfast = Una raza de abejas desarrollada por Hermano Adam en Buckfast Abbey en Inglaterra, cruzadas para resistir enfermedades, para que no se enjambren, para que se adapten a climas, construyan panales, y tengan buena disposición.

C

Caja de Enjambre, o Empieza-Colmenas = Una caja de abejas sacudidas usada para empezar celdas de reina.

Caja de Polen = Una caja de cría movida al fondo de la colmena durante el flujo de miel para incitar a las abejas a almacenar el polen ahí, o una caja de marcos de polen puesta al fondo a propósito. Esto proporciona almacenamiento de polen durante el otoño y el invierno. El término fue creado por Walt Wright.

Calentador Rápido = Un aparato para calentar la miel rápidamente para evitar que sea dañada durante periodos sostenidos de alta temperatura.

Calza de Hopkins = Una calza usada para volver un marco de lado para criar la reina sin injerto.

Calzo de Imirie = Un aparato creado por George Imirie que es un calzo de $^3/_4''$ con una entrada. Permite añadir una entrada entre dos piezas de equipo en la colmena.

Cámara de Alimento = Un cuerpo de colmena lleno de miel para el abastecimiento del invierno. Típicamente un tercero profundo usado en el manejo ilimitado del nido de cría.

Cámara de Cría = La parte de la colmena en donde la cría es criada; puede incluir uno o dos cuerpos de colmena y los panales dentro de ellos. A veces se usa para referirse a una caja profunda ya que son comúnmente usadas para crías.

Canasta de Polen = Una estructura anatómica en las patas de las abejas donde llevan el polen y el propóleo.

Canasta de Patas = También llamada canasta de polen, depresión plana rodeada de espinas curvadas localizadas en la parte exterior de la tibia de las patas trasera de las abejas y adaptadas para cargar polen de flores y propóleo.

Capullo = Una cubierta de seda fina secretada por las abejas melificas en larva en sus celdas en preparación para la pupa.

Carniolas del Nuevo Mundo = Un programa de copulación originado por Sue Cobey para encontrar y copular abejas de los Estados Unidos con características Carniolas y otras características comercialmente útiles.

Carritos = Usados para llevar cajas o colmenas.

Casa de Miel = Un edificio usado para actividades como la extracción de miel, empaquetamiento y almacenamiento.

Casco de Cera o Escama de Cera = Una gota de cera de abejas liquida que se endurece en una escama al tener contacto con el aire; tiene esta forma en el panal.

Castas = Las tres clases de abejas que componen la población de una colonia de abejas melificas: obreras, zánganos y la reina.

Celda = El compartimiento hexagonal de un panal de miel.

Celda de Alza de Miel = Un panal de plástico profundo y con tamaño de celda de 4.9mm.

Celda de Enjambre = Celdas de reinas normalmente situadas en el fondo de los panales antes del enjambre.

Celda de Reina = Una celda especial alongada parecida a una cascara de cacahuete en la que la reina es criada; generalmente de más de una pulgada de largo, cuelga verticalmente del panal.

Celda Grande = Tamaño de Estampada estándar = 5.4mm tamaño de celda

Celda Natural = Tamaño de celda que las abejas han construido por cuenta propia sin estampada.

Celda Pequeña = Celda de tamaño 4.9mm. Usada por algunos apicultores para controlar el acaro de Varroa.

Células de esperma = Las células reproductivas de machos (gametos) que fertilizan huevos, también llamadas espermatozoide.

Cepillo de abeja = Cepillo suave con plumas grandes o puñado de hierba usado para quitar a las abejas de los panales.

Cera de abejas = Una sustancia que es secretada por las abejas por glándulas especiales en la parte inferior del abdomen, depositadas como escalas pequeñas, y usadas después de la masticación y mezcla con la secreción de las glándulas de saliva para la construcción del panal de miel. El punto de derretimiento de la cera es 144 a 147°F.

Chaqueta de Abejas = Una chaqueta blanca, normalmente con un velo y elástico en las mangas y cintura, usado como protección cuando se trabaja con abejas.

Chimenea = Cuando las abejas llenan solo los marcos del centro de los alzas de miel.

Chitin = Material del que está hecho el exoesqueleto de un insecto.

Choque anafiláctico = Constricción del músculo suave incluyendo el tubo bronquial y los vasos sanguíneos de un humano, causado, en el contexto de la apicultura por hipersensibilidad al veneno posiblemente resultando en muerte repentina a no ser que se reciba atención médica inmediatamente.

Clarificar = Eliminar materiales ajenos a la miel o la cera para mejorar su pureza.

Colmena = Un hogar para una colonia de abejas.

Colmena = Una caja con marcos removibles, usado para alojar una colonia de abejas.

Colmena de Anzuelo o Colmena de Carnada, o Trampa de Enjambre = Una colmena puesta para atraer a los enjambres realengos.

Colmena de Apareamiento = La colmena de la que se cogen los huevos o larva para criar reina. En otras palabras la colmena donante.

Colmena de Ataúd = una colmena que esta puesta horizontal en vez de verticalmente.

Colmena de Banco de Zánganos = La colmena es estimulada para criar muchos zánganos para mejorar el lado de zánganos de copulación con reinas. Basado en el mito de que puede hacer que las abejas críen más zánganos. Cogiendo la colmena de zánganos de aquellas que quiere perpetuar y dándoselas a otras colonias es la única manera de tener éxito, ya que la colonia original criará más zánganos mientras que las colonias reciben el panal de zánganos criarán menos de los suyos ya que están criando a los de la colmena original.

Colmena de Barra Superior Kenia = Una barra superior con lados inclinados. La teoría es que tendrán menos adjuntos en los lados debido a la inclinación.

Colmena de Barra Superior = una colmena con solo barras superiores y sin marcos que permiten que el panal se mueva sin mucha carpintería o gasto.

Colmenas de Carnada o Colmenas de Anzuelo o Trampa de Enjambre = Una colmena colocada para atraer enjambres realengos. Óptima colmena de anzuelo: por lo menos 20 litros de volumen, 9 pies del suelo. Entrada pequeña. Panal viejo. Aceite de limoncillo. Sustancia de reina.

Colmena de Dos Reinas = Un método de manejo donde existe más de una reina en una colmena. El objetivo es tener más abejas y más miel con do s reinas.

Colmena de Observación = Una colmena hecha mayormente de vidrio o plástico transparente para permitir la observación de las abejas en su ambiente.

Colmena de Paja = Una colmena sin panales móviles, normalmente hecha de paja con forma de canasta; su uso es ilegal en los Estados Unidos ya que los panales no se pueden inspeccionar.

Colmena de Pecho = Una colmena que esta puesta horizontalmente en vez de vertical.

Colmena de Tanzania de Barra Superior = Una colmena de barra superior con lados verticales.

Colmena Horizontal = una colmena colocada horizontalmente en vez de vertical para no tener que levantar las cajas.

Colmena Langstroh = El básico diseño de la colmena de L.L. Langstroh. En términos modernos cualquier colmena que tenga marcos con barras superiores de 19 y $^7/_8$" de largo. El ancho varía de núcleos de cinco marcos a cajas de ocho marcos a cajas de diez marcos y de profundos Dadant, profundos de Langstroh, Medianos, Llanos, y Llanos Extras. Pero todos serían Langstrohs. Esto los distinguiría de WBC, Smith, National DE etc.

Colmena Larga = una colmena que se pone horizontalmente en vez de verticalmente.

Colmena Natural = Colmena que las abejas han construido por cuenta propia sin estampada.

Colmena Remojada en Cera = Un método de proteger madera y también esterilizar por AFB donde el equipo se "fríe" en una mezcla de cera y goma de resina. Normalmente hecho con parafina, a veces, hecho con cera de abeja.

Colmena Warré = Un tipo de colmena de barra superior vertical inventada por Abbé Émile Warré.

Colmenar = También conocido como apiario, es un apiario mantenido a cierta distancia del hogar o el principal apiario de un apicultor.

Colonia = El super-organismo hecho de abejas obreras, zánganos, reina, y cría desarrollándose viviendo juntas como una unidad familiar.

Comedero = Cualquier aparato usado para alimentar las abejas.

Comedero Boardman = Esos vienen en todos los kits de principiantes. Van en la entrada y aguantan una jarra de un cuarto. Me quedaría con la tapa de la jarra y quitaría el comedero. Son notorios por ser causa de robos. Son fáciles de revisar pero hay que sacudir bien las abejas, abrir el bote y rellenarlo.

Comedero de Bolsa = Estos son solo bolsas de plástico con cierre de cremallera que están llenas con tres cuartos de sirope, puesto en las barras superiores y con dos o tres agujeros hechos con una navaja. Las abejas se beben el sirope hasta que se vacía la bolsa. Para hacer espacio es necesaria una caja de algún tipo. Un comedero boca abajo o un calzado de uno por tres o cualquier alza vacía funcionarán. Las ventajas son el precio (solo el precio de las bolsas) y que las abejas se lo comen incluso en el clima más frío ya que los agrupamientos las mantienen calientes. Las desventajas son que tienes que molestar a las abejas para poner las bolsas nuevas y que las bolsas viejas se destrozan.

Comedero de la Tabla de Fondo = Esto (abajo) es una foto del comedero de la tabla de fondo que Jay Smith inventó. Es simplemente una presa hecha con un bloque de madera de $^3/_4$" por $^3/_4$". Se le pone una pulgada más o menos de donde estaría el frente de la comenta (18' más o menos de la parte de atrás). La caja se desliza hacia el frente lo suficiente como para hacer un espacio en la parte de atrás. El sirope se echa en la parte de atrás. Las abejas todavía pueden salir por el frente simplemente saliendo por delante de la presa. La foto es desde la perspectiva de estar sentados detrás de la colmena mirando hacia el frente. Los bordes de la presa han sido reforzados y se le han puesto etiquetas para que tenga más sentido. Esta versión no funciona en colmenas débiles ya que el sirope está muy cerca de la entrada. Ahoga a tantas abejas como los comederos de marcos.

Comedero de Marco = A veces llamado "comedero de tabla de división". Abarca el lugar de uno o más marcos. Si se colocan flotadores, mueren menos abejas.

Comedero de Marco o Comedero de Tabla de División = Un compartimiento de madera o plástico colgado en una colmena como un marco el cual contiene sirope de azúcar para alimentar las abejas. La designación original (división) se debe a que se usaba para hacer divisiones entre las dos mitades de una caja para dividirla en núcleos, normalmente para criar una reina o para hacer más divisiones. En la actualidad, la mayoría tiene espacio de abejas entre ellos y no puede utilizarse para hacer divisiones.

Comedero de Tabla de División o Comedero de Marcos = Un compartimiento plástico o de madera el cual se cuelga en una colmena como un marco y contiene sirope de azúcar para alimentar las abejas. La denominación original (división) se debe a que fue usado para hacer una división entre las dos mitades de una caja para dividirla entre núcleos, generalmente para criar reinas o hacer aumentos (divisiones). En la actualidad, la mayoría tiene espacio de abejas entre ellos y no puede utilizarse para hacer divisiones.

Comedero Miller = Comedero superior popularizado por C.C. Miller.

Comedero Superior = Comedero Miller. Una caja que va encima de la colmena, contiene sirope. Vea Comedero Miller.

Compromiso de Enjambre = El punto justo después del umbral de enjambre donde la colonia está comprometida a enjambrar.

Contenido de Humedad = En la miel, el porcentaje de agua no debe ser de más de 18.6; cualquier porcentaje más alto que eso no permitirá que la miel fermente.

Corta-Vientos = Construido específicamente o naturalmente para reducir la fuerza del viento en una colmena.

Cortada de Reina = Quitar una porción de una o dos alas de la reina para evitar que vuele o para identificarlas más fácilmente cuando haya sido reemplazada.

Cortando = La práctica de tomar parte o la entera ala de una reina para desalentar al enjambre y/o para identificar a la reina.

Cosecha de Miel = La miel que ha sido cosechada.

Cosecha de Miel, también llamada Estómago de Miel o Saco de Miel = Un agrandamiento de la parte posterior del esófago de las abejas pero en la parte delantera del abdomen capaz de expandirse cuando está lleno de líquido como néctar o agua. Usado para propósitos de trasportación de agua, néctar, y miel.

Crema de Miel = Miel que ha pasado un proceso controlado de granulación para producir una textura como de dulce o de miel cristalizada que se unta bien en temperatura ambiente. Esto implica añadir finos cristales de 'semillas' y mantenerlas a 57º F (14º C).

Cría = Abejas inmaduras todavía no emergidas de sus celdas, en otras palabras, huevo, larva, o pupa.

Cría Calcificada = Esto es causado por un hongo Ascosphaera apis. Llegó a Estados Unidos en 1968. Si encuentra pelotillas blancas delante de la colmena que parecen granos de maíz pequeños probablemente tenga cría calcificada. Ponga la colmena a pleno sol y añádale más ventilación, y finalmente se arreglará. La miel en vez de sirope puede contribuir a curarlas ya que el sirope de azúcar es mucho más alcalino (de pH más alto) que la miel.

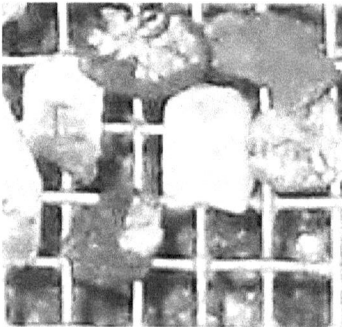

Cría de Reinas Acelerada = Un sistema de apareamiento de núcleo donde existen dos reinas en el núcleo de apareamiento durante una semana por separado, una en la jaula de guardería y otra suelta y apareándose. Cada semana se quita la que está apareada, y la que está en la jaula se suelta y la celda nueva se pone con una jaula rizadora en ella.

Cría de Zánganos = Cría que madura en zánganos, crece en celdas más grandes que las de cría de obreras. Es mucho más grande que la cría obrera y las tapas tienen distintivamente forma de cúpula.

Cría Enfriada = Abejas inmaduras que pueden haber muerto por exposición al frio; comúnmente causado por mal manejo o heladas repentinas.

Cría Mediana (estampada) = Cuando se refiere a la parte gruesa de la cera no a la profundidad del marco. En este caso es de grosor mediano y las celdas del tamaño de las obreras.

Cría Tapada = Abejas inmaduras cuyas celdas han sido opérculos con tapas de papel.

Cubierta Externa = La última cubierta que cabe encima de una colmena para protegerla de la lluvia; los tipos más comunes son las cubiertas migratorias y telescópicas.

Cubierta Interna = Una cubierta aislada que cabe dentro de la parte superior del alza pero debajo de la cubierta externa, típicamente con un hueco en el centro. Se llamaban "tabla de colcha". En los viejos tiempos estaban hechas de tela.

Cubierta Migratoria = Una cubierta externa sin cubierta interna que no tapa los lados de la colmena; usada por los apicultores comerciales que mueven las colmenas a menudo. Permite que las colmenas estén más cerca las unas de las otras porque no sobresalen por los lados.

Cubierta Telescópica = Una cubierta con un lado que cuelga alrededor, normalmente usada con una cubierta interna debajo.

Cuchillo de Desopercular = Un cuchillo usado para raspar los opérculos de la miel sellada antes de la extracción; puede calentar los cuchillos con agua caliente, vapor o electricidad.

Cuerpo de Colmena = Una caja de madera que contiene marcos. Generalmente el tamaño de una caja usada para la cría.

Cuidador de Abejas = Término denominado por George Imirie. Persona que tiene abejas pero no ha aprendido lo suficiente como para considerarse apicultor.

Cupralarva = Una marca particular de un sistema de cría de reina sin injerto.

D

Dadant = Una empresa de proveedores de apicultura establecida en Illinois. Fundada por C.P. Dadant quien fue un pionero en la era moderna de la apicultura y quien inventó entre otras cosas, el Jumbo y la caja Dadant cuadrada (19 y $^7/_8$″ por 19 y $^7/_8$″ por 11 y $^5/_8$″), publicó y escribió para el American Bee Journal y tradujo el *Huber's Observations on Bees* del francés al inglés y publicó muchos libros incluyendo, pero no limitado, las últimas versiones de *The Hive and the Honey Bee*.

Dadant profunda = Una caja diseñada por C.P. Dadant que tiene 11 y $^5/_8$″ profunda y el marco tiene 11 y $^1/_4$″ de profundidad. A veces llamada Jumbo o Extra Profundo.

Damero "Checkerboarding" en inglés (o Manejo de Néctar) = Un método de control de enjambre y manejo de colmena empezado por Walt Wright en el que hay que poner los marcos alternativos operculados de miel y los panales vacíos encima del nido de cría a finales de invierno.

Defensa para ratones = Un aparato que reduce la entrada a la colmena para que los ratones no puedan entrar. Comúnmente tela de ferretería #4.

Demaree = El método de control de enjambre que separa a la reina de la mayor parte de la cría dentro de la misma colmena y la hace criar otra reina con la meta de tener dos reinas en una colmena, aumento de población y reducción de enjambre.

Deslizarse = El movimiento de las abejas que han perdido su lugar y que entran en otras colmenas que no son su casa. Esto ocurre a menudo cuando las colmenas están puestas en filas largas donde las recolectoras de las colmenas del centro se confunden, o cuando hay divisiones y regresan a su colmena original.

"El porcentaje de abejas recolectoras de colonias diferentes dentro del mismo colmenar varía entre 32 a 63 porciento" – de una investigación publicada en el 1991 por Walter Boylan-Pett y Roger Hoopingarner en Acta Horticulturae 288, 6th Pollination Symposium (vea Enero 2010 edición de Bee Culture, 36)

Despoblación = Cualquier rápido descenso en la población de una colmena. La muerta repentina de abejas viejas en primavera; a veces llamado despoblación de primavera o enfermedad de desaparición.

Destronar a la Reina (Dequeen en inglés) = Quitar a la reina de la colonia. Normalmente se hace antes de reemplazar a la reina, o como ayuda a las enfermedades de crías o las plagas.

Detritus = Escalas de cera y escombros que a veces se acumulan en la parte de debajo de una colonia natural.

Dextrosa = También conocido como glucosa. Es azúcar simple (o monosacáridos) y es uno de los azúcares principales que se encuentran en la miel; forma la parte sólida de la miel granulada.

Diastase = Una enzima que digiere almidón negativamente afectada con el calor; usada en algunos países para probar la calidad y el historial del calentamiento de la miel almacenada.

Diploides = Poseen pares de genes, como las obreras y las reinas, opuesto al haploide, que tiene genes como los zánganos.

Disentería = Una condición de las abejas adultas caracterizada por diarrea severa (evidenciada por manchas marrones o amarillas en la parte delantera de la colmena) y a menudo causada por confinamiento extendido (del frio o la manipulación del apicultor), hambruna, comida de mala calidad, o infección de Nosema.

Dividir = Separar una colonia para formar dos o más colonias. También conocido como 'partir'.

División = Dividir una colonia con el propósito de aumentar el número de colmenas.

División = Separación de una colonia para formar dos o más colonias.

Domesticas = Abejas que viven en una colmena hecha por el hombre. Como todas las abejas son salvajes, éste es un término relativo.

Dulce de Jaula de Reina = Dulce hecho al amasar azúcar con sirope de azúcar hasta que forma una masa dura; usado como alimento en las jaulas de las reinas.

E

Eke = El termino surgió de Colmena de Canastas ('skeps' en inglés) y fue un "agrandamiento" lo que es el equivalente al alza de hoy en día. Actualmente se refiere a aun cuña que se añade a la parte superior para alimentar (como pastelillos de polen) o se pone debajo de algo llano para hacerlo profundo. El término se usa de forma más frecuente en Inglaterra.

Embedador Eléctrico = Un aparato que calienta el alambre de estampada al pasar corriente por él para incrustar los alambres de la estampada.

Empiece de Celda = Una colmena usada para empezar las celdas de reina i.e. llevarlas de injerto a opérculos. A veces una "caja de enjambre" o a veces solamente una colmena huérfana.

Enjambrar = El método natural de propagación de la colonia de abeja melifica.

Enjambre = Colección temporal de abejas, conteniendo por lo menos una reina que se apartó de la colonia madre para establecer una nueva; un método natural de propagación de colonias de abejas melíficas.

Enjambre Primario = El primer enjambre para dejar la colonia parental, normalmente con la reina vieja.

Enjambre Sacudido = Una colmena artificial hecha al sacudir abejas de un panal en una caja de filtro y poner una reina en jaula hasta que la acepten. Un método para hacer una división. También un método usado para las abejas de paquete.

Enrolando = Un término usado para describir lo que pasa cuando un marco está muy apretado o sacado muy rápido y las abejas son empujadas hacia el panal al lado y "enroladas". Esto las enoja y a veces provoca que asesinen a la reina.

Envolver a la Reina = Abejas obreras alrededor de una reina para confinarla porque la rechazan o confinarla para protegerla.

Escama Negra = Se refiere a la pupa seca, muerta por el loque americano.

Escape Cónico = Un escape en forma de cono, el cual permite a las abejas la salida en un solo sentido; usado en tablas especiales de escape para liberar a las alzas de miel de las abejas.

Escape de Abeja = Un aparato construido para permitir a las abejas salir pero no permitirlas regresar; usado para sacar a las abejas de los alzas u otros usos. El más común parece ser el escape Porter el cual va en la cubierta interna. El más efectivo parece ser uno triangular en su propia tabla.

Escape de Abeja Porter = Presentado en 1891, el escape es un aparato que permite a las abejas salir pero no entrar entre dos barras de metal finas y flexibles que ceden al ser empujadas por la abeja; usadas para liberar los alzas de miel de las abejas pero se puede tapar ya que los zánganos se quedan estancados a menudo.

Escape de Cono de Alambre = Un cono unidireccional formado por un filtro de ventana usado para dirigir a las abejas de la casa o árbol a una colmena temporal.

Escarabajo de Colmena Pequeño = Plaga recientemente importada a América del Norte, la larva destruye los panales y fermenta la miel.

Escasez = Un periodo de tiempo donde no hay forraje disponible para las abejas debido a las condiciones del tiempo (lluvia, sequía) o la época del año.

Espacio de abeja = Un espacio entre $^1/_4$ y $^3/_8$ pulgadas que permite el paso libre de una abeja pero es muy pequeño para promover la creación de panales, y muy grande para inducir al propóleo.

Espermateca = Un saco pequeño conectado con el oviducto de la reina en el que la espermatozoide es recibido por la reina cuando copula con los zánganos.

Espiráculos = Aberturas en el sistema respiratorio de las abejas que pueden ser cerrados a propósito. Son los lados de la abeja. Son considerablemente más pequeños que la tráquea que protegen. El primer espiráculo torácico es por el que se infiltran los ácaros traqueales, ya que es el más grande.

Cuando están cerrados, los espiráculos están sellados con aire a presión.

Espuela Incrustadora = Un aparato usado para mecánicamente poner alambres en la estampada al hacer presión con la mano, al contrario que usar electricidad para derretir los alambres en la cera.

Estadio = Etapas de desarrollo de larvas. Cada abeja melifica pasa por cinco estadios. Las mejores reinas se injertan en el 1er estadio (preferiblemente) o el 2º estadio, pero no más tarde.

Estampada = Laminas finitas de cera en repujada con la base de celdas de obreras (o menos común, de zánganos) en donde las abejas construirán un panal completo (panal creado); también referido como panal estampado, viene con alambre o sin alambre y está también disponible en plástico con las estampas y los marcos de diferentes grosores (sobreabundancia estrecho, sobreabundancia, medianos) y de diferentes tamaños de celdas (cría=5.4 mm, celda pequeña = 4.9mm, zángano=6.6m)

Estampada de alambre = Estampada en la que el alambre se incrusta verticalmente durante la fabricación de la estampada.

Estampada de panal = Una estructura comercial hecha de láminas finitas de cera con las bases de las celdas de un tamaño particular de celdas labrado en ambos lados para alentar a las abejas a construir celdas de ese tamaño.

Estante de Listón = Un estante de madera que cabe entre la tabla de fondo y el cuerpo de la colmena. Las abejas hacen mejor uso de la cámara de cría inferior con más cría, menos masticada de panal, y menos congestión en la entrada de al frente. Fue popularizado por C.C. Miller y Carl Killion.

Estéril = Una obrera ponedora o una reina ponedora de zánganos incapaz de producir un huevo fertilizado. Los huevos sin fertilizar se desarrollan en zánganos.

Excluidor de Reina = Un aparato hecho de alambre, madera, o aluminio (o alguna combinación de estos) que tiene aperturas de 0.164 o 0.164 de pulgadas que permite a las obreras pasar pero no a las reinas o los zánganos; usada para confinar la reina en una parte especifica de la colmena, normalmente el nido de crías.

Extra llana = Una caja de 4 y $^{11}/_{16}$ o 4 y $^{3}/_{4}''$ de profundidad. Normalmente se usa para el panal cortado. A veces modificado en secciones.

Extractor de miel = Una máquina que quita la miel de las celdas de panal por fuerza centrífuga. Los dos tipos principales son tangentes cuando los marcos están planos y volteados para extraer el otro lado, y radiales donde los marcos son como varas de gomas y ambos lados son vaciados al mismo tiempo.

Extractor Radial = Una máquina que con fuerza centrífuga que saca la miel pero deja los panales intactos, los marcos están puestos como las varillas de las ruedas, las barras superiores hacia las paredes para coger ventaja de las inclinaciones de las celdas.

F

Falsas Construcciones = Un pedazo de panal construido entre dos panales para ajustarlos juntos, entre un panal y un pedazo de madera, o entre dos partes de madera como las barras superiores.

Ferales (reina o abejas) = Como todas las abejas de América del Norte vienen de líneas domesticadas, lo que alguna gente llama abejas "salvajes" son en realidad abejas "ferales" o "realengas". Algunas personas usan el término para abejas supervivientes que fueron capturadas y usadas para criar reinas, lo que significa que *fueron* ferales, opuesto a *ser* ferales.

Feromona Mandibular de Reina o Substancia de Reina o QMP = Una feromona producida por la reina y dada como alimento a sus asistentes quienes la comparten con el resto de la colonia lo que proporciona a la colonia la sensación de estar en posesión de reina. Químicamente QMP es muy diverso con al menos 17 componentes mayores y otros menores. 5 de estos componentes son: 9-ox-2-decenoic ácido (9ODA) + cis & trans 9 hydroxydec-2-enoic ácido (9HDA) + methyl-p-hydroxybenzoate (HOB) y 4-hydroxy-3-methoxyphenylethanol (HVA). Las reinas recién emergidas producen muy poco. El sexto día ya producen lo suficiente para atraer zánganos para copular. Una reina ponedora hace el doble de cantidad. QMP es responsable de la inhibición del reemplazo de reina, atracción de zánganos para la copulación, estabilización y organización de un enjambre alrededor de la reina, atracción de asistentes, estimulación de recolección y de cría, y de la moral general de la colonia. La falta de esta feromona atrae a las abejas ladronas.

Fertilizado = Normalmente se refiere a los huevos puestos por una reina, son fertilizados con esperma almacenado en la espermateca de la reina, en el proceso de ser puestos. Estos se desarrollan en obreras o reinas.

Festejando (Festooning en inglés) = La actividad de abejas jóvenes, llenas de miel, ayudando a las otras para secretar cera pero también barbeando y enjambrando.

Filtro de Ladrones = Un filtro usado para evitar a los ladrones pero permitir a los residentes locales que entren en la colmena.

Flujo de miel = Cuando hay suficientes plantas florecidas que producen néctar para que las abejas puedan almacenar su miel.

Filtro Doble = Un marco de madera, $^1/_2$ a $^3/_4$″ de grueso con dos capas de filtro de alambre para separar las dos colonias dentro de la misma colmena, una dentro de otra. Muchas veces la entrada está abierta por la parte superior y colocada hacia la parte posterior de la colmena para la colonia superior y a veces se incorporan otras aberturas, lo que entonces sería una tabla Snelgrove.

Flujo de Néctar = Un periodo de tiempo donde el néctar está disponible.

Foréticos = En el contexto de ácaros de Varroa se refiere al estado donde están las abejas adultas en vez de en la celda desarrollándose o reproduciéndose.

Forraje = Fuente natural de alimento para las abejas (néctar y polen) de flores silvestres y cultivadas.

Fructosa = Azúcar de fruta, también llamada levulosa (azúcar izquierda), un monosacárido comúnmente encontrado en la miel que es lento de granular.

Fumagilin-B = Bicyclohexyl-ammonium fumagillin, el nombre comercial era Funidil-B (de Laboratorios Abbot) pero ahora se llama Fumagillin-B es un polvo antibiótico soluble blanco descubierto en 1952, algunos apicultores lo mezclan con sirope de azúcar y alimentan a las abejas con él para controlar la enfermedad de Nosema. El Fumagillin es más soluble que Fumidil. El uso en la apicultura está prohibido por la Union Europea porque se sospecha que causa defectos gestacionales por el teratógeno. El Fumagilin bloquea la formación de vasos sanguíneos al pegarse a la enzima llamada metionina amino péptida. Causa disrupciones el gen de metionina amino péptida 2 y resulta en defecto de gastrulación embrionaria y deterioro del crecimiento de la celda endotelial. Esta hecho del hongo que causa cría petrificada, Aspergillus fumigatus. Formula: (2E,4E,6E,8E)–10-{[(3S,4S,5S, 6R)-5–methoxy-4-[2–methyl–3-(3–methylbut–2-enyl) oxiran–2-yl]-1-oxaspiro[2.5]octan-6-yl]oxy}-10-oxo-deca-2,4,6,8-tetraenoic acido

Fumidil-B = El antiguo nombre comercial para Fumagillin, vea entrada anterior.

Fundidor solar de cera = Una caja con cubierta de cristal usada para derretir la cera de los panales y opérculos usando el calor del sol.

Fusor de tapas = Fusor usado para hacer cera liquida de las tapas mientras se quitan de los panales de miel.

G

Gabinete Calentador = Una caja aislada o habitación caliente usada para hacer la miel liquida o para calentar la miel para adelantar la extracción.

Glándulas de Cera = Las ocho glándulas localizadas en los segmentos 4 visibles ventrales abdominales de abejas obreras jóvenes; secretan cascos de cera de abeja.

Glándula Hipofaringeal = Una glándula localizada en el cabeza de una abeja obrera que secreta "jalea real". Esta mezcla de proteínas y vitaminas alimenta a la larva de abejas durante sus primeros días de vida y reinas durante su completo desarrollo.

Glucosa = También conocida como dextrosa, es un azúcar simple (o mono-sacarina) y es uno de los dos azucares encontrados en la miel; crea la mayoría de la fase sólida en miel granulada.

Goma = Una colmena vacía de tronco a veces llamada goma de tronco, hecho cortando la porción del árbol que contenía abejas y moviéndolas al colmenar, o al cortar una porción vacía del tronco, ponerlo en el fondo con una tapa e incitando un enjambre en él. Como no contiene panales movibles, y como cada estado individual en Estados Unidos tiene leyes que requieren panales móviles, es ilegal en Estados Unidos.

Goma de Tugurio (Slumgum en inglés) = El sobrante de los panales derretidos y opérculos después se halla extraído la cera; normalmente contiene capullos, polen, cuerpos de abejas, y polvo.

Granulado = El proceso en el cual la miel, una solución súper-saturada (más sólidos que líquidos) pasará a sólida o cristalizada; la velocidad de granulación depende de los tipos de azúcares en la miel, las semillas de cristal (como el polen o los cristales de azúcar) y la temperatura. La temperatura óptima de granulación es 57% (14º C).

Grapas de Colmena = Clavos de metal grandes en forma de C, martillados en la colmena de madera para asegurar el fondo a los alzas antes de trasladar a la colonia.

Guantes = Guantes de cuero, tela, o de goma usados mientras se inspeccionan las abejas.

H

Haploide = Poseer un grupo de genes como los zánganos, al contrario que el par de genes que tienen las obreras y las reinas.

Hemolinfa = El nombre científico para la sangre del insecto.

Herramienta de Colmena = Un aparato de metal usado para abrir cajas y marcos, típicamente con una superficie curvada para raspar o un gancho en un lado y una navaja en el otro.

Herramienta de Injerto = Una aguja usada para transferir larva en injerto de celda de reinas.

Herramienta de Injerto Chino = Herramienta de injerto hecha de plástico, cuerno y bambú, que tiene una pieza móvil que se desliza debajo de la larva y cuando se suelta, lo empuja de parte móvil. Es popular porque es más fácil de usar que la mayoría de las agujas de injerto y levanta más la jalea real en el proceso. La calidad varía y se recomienda comprar varias y escoger la que más guste.

Hipersensibilidad al veneno = Una condición en la que una persona al ser picada sufre de choque anafiláctico. Una persona con esta condición debe llevar un kit de emergencias para picaduras de insectos en todo momento en climas cálidos.

Hidroximetil-furfural = Un componente creado naturalmente en la miel que crece con el tiempo y cuando se calienta la miel.

Huevos = La primera fase del ciclo de vida de la abeja, normalmente puesto por la reina, es el huevo cilíndrico de $1/16$" (1.6 mm) de largo. Está hecho de una cáscara flexible o corión. Parece un grano de arroz pequeño.

I

Illinois = Una caja que es de 6 y $5/8$" de profundidad y marcos de 6 y $1/4$" de profundidad. También conocida como Mediano u Oeste o $3/4$ de profundidad.

Inhibine = Efecto antibacteriano de la miel causado por enzimas y la acumulación del peróxido de hidrógeno, resultado de la química de miel.

Injerto = Quitar una larva obrera de su celda y ponerla en una taza de reina artificial para criarla como reina.

Inseminación Instrumental o II o AI = La introducción del espermatozoide del zángano en la espermateca de una reina virgen por instrumentos especiales.

Invertasa = Una enzima de la miel, que divide la molécula de la sacarosa (di-sacarina) en dos componentes dextrosa y levulosa (monosacáridos). Esto se produce por las abejas y se pone en néctar para convertirlo en el proceso de hacer miel.

Isomerasa = Una enzima bacteriana usada para convertir la glucosa de sirope de maíz en fructosa, lo cual es un azúcar dulce, llamada isomerosa, ahora usada como alimento de abeja.

J

Jalea Real = Una secreción blanca muy nutritiva de la glándula hipofaringea de las abejas nodrizas; usada para alimentar a la reina y la larva joven.

Jaula de Empuje = Jaula hecha de tela de ferretería #8 usada para presentar o confinar reinas en una sección pequeña del panal. Normalmente usada sobre cría emergente.

Jaula de Reina = Una jaula especial en donde las reinas son enviadas y/o presentadas a la colonia, generalmente con 4 a 7 obreras jóvenes llamadas asistentes y un tapón de dulce.

Jenter = Una marca particular de un sistema de cría de reina sin injerto.

L

Ladrillos = Usados para que las tapas no se vayan con el viento y normalmente usados en configuraciones particulares para servir como pistas visuales del estado de una colmena. .

Lang = Abreviatura para la colmena Langstroth.

Langstroth, Rev. L.L. = Un nativo de Filadelfia y ministro (1810-95) vivió por un tiempo en Ohio donde continuó sus estudios y su escritura sobre las abejas; reconoció la importancia del espacio de abejas, resultando en el desarrollo de los más comúnmente usados marcos móviles para colmenas.

Larva abierta = La segunda etapa en la vida de una abeja, empezando desde el cuarto día desde que se pone el huevo y cuando es tapado el 9º o el 10º día.

Larva tapada = La segunda etapa de desarrollo de una abeja, lista para la pupa o salir de su capullo (desde el 10º día del huevo).

Lavado de Alcohol = Poner una tazas de abejas en una jarra de alcohol para matar a las abejas y los ácaros para que pueda contar los ácaros de Varroa. Un rollo de azúcar es el método no letal para hacer lo mismo.

Lavado de Éter = Poner una taza de abejas en una jarra rociada con fluido hidráulico para matar a las abejas y los ácaros y contar los ácaros de Varroa. Un rollo de azúcar no es letal y es un método mucho menos inflamable que logra el mismo resultado.

Levulosa = También llamado fructosa (azúcar de fruta), un mono-sacárido comúnmente encontrado en la miel que es lento de granular.

Loque Americano (LA) = Para más detalle ver el capítulo Enemigo de las Abejas. Causado por una espora que forma bacteria. Se llamaba Bacillus larvae pero recientemente se le cambió el nombre a Paenibacillus larvae. Con Loque Americano la larva normalmente se muere después de ser tapada, pero enferma antes. El patrón de cría tendrá manchas. Las tapas estarán hundidas y a veces tendrán agujeros. Una Larvae recientemente muerta se encordará al ser pinzadas con un fosforo. El olor es a podrido y distintivo. La larva muerta durante más tiempo se volverá escamas que las abejas no podrán eliminar.

Loque Europeo (LE) = Causado por bacteria. Se llamaba Streptococcus pluton pero fue renombrado Melissococcus pluton. El Loque Europeo es una enfermedad de cría. Con el LE (EFB en inglés) la larva se vuelve marrón y la tráquea de un marrón más oscuro. No la confunda con la larva alimentada de miel oscura. No solo la comida es la que estará marrón. Busque su tráquea. Cuando esté peor, la cría estará muerta y negra y quizá las tapas estarán hundidas, pero la cría normalmente muere antes de ser tapada. Las tapas del nido de cría estarán desorganizadas, no sólidas, porque han estado quitando la larva muerta.

Para diferenciar del LA (AFB en inglés) utilice un palito y pinche la larva muerta. El LE tendrá un hilo de dos a tres pulgadas.

Llano = Una caja con 5 y $^{11}/_{16}$ o 5″ y $^{3}/_{4}$ de profundidad con marcos que tienen 5″ y $^{1}/_{2}$ de profundidad.

Lleno de miel = Una condición donde el nido de cría de una abeja está lleno de miel. Esto es una condición normal que usan las obreras para cerrar la producción de cría de reina. Normalmente ocurre antes del enjambre y en otoño para prepararse para el invierno.

Lleno de polen = Una condición donde el nido de cría de una colmena está lleno de polen y no hay espacio para que la reina ponga.

M

Manchas de viaje = La apariencia oscura de la superficie del panal de miel causado por las abejas al caminar por toda la superficie.

Mandíbulas = Las quijadas de un insecto; usadas por abejas para formar la colmena de miel y el polen, en peleas y al recoger la basura de la colmena.

Manejo de Néctar o Checkerboarding = un método de control de enjambre originado por Walt Wright donde los almacenamientos encima de la cámara de cría son alternados con panal creado tarde en el invierno. Los que lo usan hablan de cosechas masivas y ningún enjambre.

Manguito de Reina = Un tubo de alambre de malla que parece un "manguito" para mantener las manos calientes pero se usa para evitar que las reinas se escapen cuando las está marcando o para soltar asistentes. Disponible de Brushy Mountain.

Marcar = Pintar un punto pequeño en la parte posterior del tórax de una reina para hacerla fácil de identificar y poder determinar su edad si ha sido reemplazada.

Marco = Una estructura rectangular hecha de madera diseñada para aguantar un panal de miel, consiste de una barra superior, dos barras de fin, y una barra de fondo; normalmente con espacio de abejas en el alza.

Marcos Auto-Espaciados o Marcos Hoffman = Marcos construidos para que todo excepto la barra de fin (que es el espaciador) sea el espacio de abejas cuando estén juntas en un cuerpo de colmena.

Marco de diez = Una caja usada para albergar diez marcos. 16" y $^1/_4$ de ancho.

Marco de doce = Una caja hecha para albergar doce marcos. Es de 19" y $^7/_8$ por 19" y $^7/_8$.

Marco de Ocho = Cajas que están hechas para tener ocho marcos. Normalmente entre 13" y $^1/_2$ y 14" de ancho dependiendo en la fabricación. Típicamente 13" y $^3/_4$ de ancho.

Marco Hoffman = Marcos que tienen barras de fin más anchas que las barras superiores para proporcionar el espacio propio cuando los marcos se ponen en la colmena. En otras palabras, los marcos de espacios regulares. En otras palabras, marcos estándares.

Marcos Móviles = Un marco construido de tal manera que preserva el espacio de abeja para que pueda ser fácilmente eliminada. Cuando está fijado, permanece sin ajustarse a su entorno.

Maxant = Un manufacturero de equipo de apicultura que hace extractores, herramientas de colmena, saca tapas etc.

Mediano = Una caja de 6″ y $^5/_8$ de profundidad y los marcos de 6″ y $^1/_4$ de profundidad. O Illinois u Oeste o $^3/_4$ profundos.

Melaza = Un material excretado por los insectos en los Homóptera (afidio) el cual se alimenta de savia de la planta; ya que contiene casi un 90% de azúcar, es recolectado por las abejas y almacenado como melaza.

Melissococcus pluton = Nuevo nombre dado por los taxonomistas de la bacteria que causa el loque europeo. El nombre antiguo era Streptococcus pluton.

Método de Callejón = Un método sin injerto de sistema de cría de reina en donde las abejas se colocan en una "caja de enjambre" y se les convence de su orfandad y se corta un pedazo de panal viejo de cría y se les coloca una barra a las abejas para que construyan en sus celdas de reina.

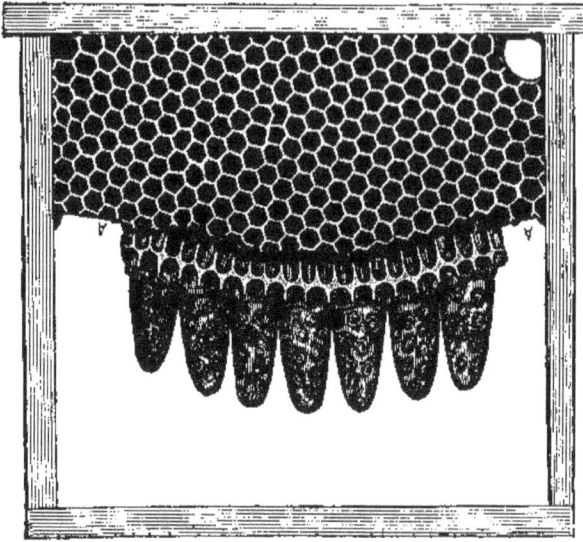

Método de Callejón

Método de Doolittle = Un método de cría de reina que requiere injertar larva pequeña en tazas de reina. Descubierto por Nichel Jacob en 1568, después escrito por Schirach en 1767 y más tarde por Huber en 1794 y finalmente popularizado por G.M. Doolittle en su libro *Scientific Queen Rearing* en 1846.

Método de Mejoramiento de Reinas = Un método para criar reinas sin injerto similar al método de cría de reinas de Isaac Hopkins. (Que no es lo mismo que el Método de Hopkins). Parecido al Método de Callejón pero con un panal nuevo en vez de uno viejo.

Método de Periódico = Una técnica para unir dos colonias al crear una barrera temporal con periódico. Normalmente una página con una rendija pequeña. Por lo general, debe asegurarse de que las dos colonias pueden volar y tienen ventilación.

Método Hopkins = Un método de cría de reina sin injerto que requiere poner el marco de una larva joven horizontalmente encima de un nido de cría.

Método Miller = Un método para criar reinas sin injertos que requiere un borde con punta en el panal de cría para que las abejas construyan celdas de reina en él.

Método Smith = Un método de cría de reina popularizado por Jay Smith, que usa caja de enjambre como empiece de celda e injerta larva en tazas de reina.

Midnite = Un hibrido de F1 cruce de dos líneas específicas de Caucásicas y Carniolas. Originada por Dadant y Sons y vendido durante años por York. Originalmente eran dos líneas Caucásicas pero finlamente se convirtió en un cruce entre Caucásicas y Carniolas.

Miel = Un material dulce y viscoso producido por las abejas a partir del néctar de las flores, compuesto de una mezcla de dextrosa y levulosa disuelto en 19 a 17 por ciento de agua; contiene pequeñas cantidades de sacarosa, materia mineral, proteína, vitaminas, y enzimas.

Miel Cruda = Miel que no ha sido filtrada o calentada.

Miel Extraída = Miel sacada de los panales normalmente por una fuerza centrífuga (un extractor) para dejar los panales intactos pero con apicultores no profesionales al machacar un panal y colar la miel (ver Machacar y Colar).

Miel Fermentada = Miel que contiene demasiado agua (más de 20%) en la cual la levadura ha crecido y causado que parte se convierta en dióxido de carbono, agua, y alcohol.

Miller Bee Supply = Una empresa de apicultores establecida en Carolina del Norte. Entre otras cosas, tienen disponible equipo de ocho marcos.

N

Nadiring = Añadir cajas debajo del nido de cría. Esto es una práctica común en colmenas sin estampa, incluyendo las colmenas Warre.

Nasonov = Una feromona soltada por una glándula localizada en la punta del abdomen de las obreras que sirve primariamente como una feromona para la orientación. Es esencial para el comportamiento de enjambre y el Nasonov se emite cuando hay disturbios a la colonia. Es una mezcla de siete terpenoides, la mayoría de los cuales son Geranial y Neral, que son un par de isómeros generalmente mezclados llamado citral. El aceite esencial de limoncillo (cymbopogon) tiene estos olores y es bueno para usarlo de carnada de colmena y para hacer que las colmenas o enjambres nuevos permanezcan en la colmena nueva.

Nasonoving = Abejas que tienen sus abdómenes extendidos y emiten la feromona Nasonov. El olor es como a limón.

Néctar = Un líquido rico en azúcares, fabricado por plantas y secretado por las glándulas nectáreas en o cerca de las flores; el material crudo para la miel.

Nicot = Una marca particular de cría de reina sin injerto.

Nido al Aire Libre = Una colonia que ha construido su nido en las ramas abiertas de un árbol en vez de en las partes vacías de un árbol o una colmena.

Nido de cría = La parte interior de la colmena en donde la cría es criada; por norma general las últimas dos cajas del fondo.

Nido de Cría Ilimitado o "Cámara de Alimento" = Abejas corriendo en una configuración donde el nido de cría no está limitado por un excluidor e invernan en cajas para alojar más comida y más expansión en primavera.

No fertilizados = Huevo u óvulo que no ha sido fertilizado con esperma.

Nosema = Enfermedad causada por un hongo (antes clasificado como un protozoide) llamado Nosema apis. La solución química común (que yo no uso) era Fumidil, la cual recientemente fue renombrada Fumagillin-B. Alimentar con miel o sirope es un remedio efectivo. Los síntomas son barriga blanca distendida y especialmente ver Nosema bajo un microscopio de la barriga de una abeja de campo.

Nuc, nuclei, núcleo, nucleus = Una colonia pequeña de abejas generalmente usada en la cría de reina o en la caja en donde la colonia pequeña de abejas viven. El término se refiere a que los esenciales, las abejas, la cría, el alimento, la reina están ahí para crecer en una colonia, pero no es una colonia de tamaño completo.

Núcleo de Apareamiento = Un núcleo pequeño con el propósito de conseguir que las reinas copulen para criar reinas. Estas varían desde dos marcos de tamaño estándar usados por el apicultor para cría, a los núcleos usados con el mismo propósito con marcos más pequeños de lo normal. La idea de núcleos de copulación es usar menos recursos para conseguir que las reinas copulen.

O

Obreras Ponedoras = Abejas obreras que ponen huevos en una colonia. Está causado por estar unas cuantas semanas sin feromonas de cría abierta; los huevos son estériles ya que las obreras no pueden aparearse, y entonces se vuelven zánganos.

Obreras Vigilantes = Obreras que eliminan los huevos puestos por otras obreras.

Oeste = He visto esto usado de dos maneras. Una caja que es de 6" y $^5/_8$ de profundidad y los marcos de 6" y $^1/_4$ de profundidad. También conocido como Illinois, o Mediano, o $^3/_4$ de profundidad. O se refiere a uno que es de $7^5/_8$".

Ojal = Pedazo de metal pequeño opcional que cabe en los agujeros de la barra del extremo del marco; usado para reforzar los alambres al cortar en la madera. Muchas personas usan una grapa donde cortarían la madera.

Ondulador = Un aparato usado para poner una ondulación en el alambre del marco para hacerlo más apretado y distribuir la tensión mejor y darle más superficie para que se pegue a la cera.

Ovario = La parte de una planta o animal que produce los huevos.

Ovariola = Cualquier de los túbulos que componen el ovario de un insecto.

Óvulo = Una celda germinada de una hembra inmadura, que se desarrolla en una semilla.

Oxytetracycline o Oxytet = Un antibiótico vendido bajo el nombre comercial de Terramicina; usado para controlar el loque americano y el loque europeo.

P

Pan de Abeja = Polen fermentado guardado en la colmena y usado para alimentar a la cría.

Panal = Las estructuras de cera en la colonia en donde se ponen los huevos, y se almacena miel y polen. Tiene forma de hexágono.

Panal Cortado de Miel = Panal de miel cortado en varios tamaños, los bordes drenados, y las piezas envueltas individualmente

Panal de Miel = Miel en los panales de cera hechos de panales más grandes o producidos y vendidos como unidades separadas como una sección de madera de $4^1/_2$" o un anillo plástico redondo.

Panal de Zángano = Panal que está hecho de celdas más grandes que las de cría de obreras, normalmente entre 5.9 y 7.0, donde se cría a los zánganos y se almacena polen y miel..

Panal Irregular = Pedazos pequeños de panal fuera del espacio normal en el marco donde suele estar el panal. Las falsas construcciones también pertenecen a esta categoría.

Panal Obrero = Panal que mide entre 4.4mm y 5.4mm, en donde se cría a las obreras y se almacena miel y polen.

Panales Creados = Panal de profundidad listo para la cría o el néctar con las paredes de las celdas creadas por las abejas, completando los panales, al contrario que la estampada que no ha sido creada por las abejas y no tiene paredes de celda todavía.

Panales Móviles = Panales que están construidos en una colmena que pueden ser manipulados e inspeccionados individualmente. Las colmenas de barras superiores tienen panales móviles pero no marcos. Las colmenas Langstroh tienen panales móviles en marcos.

Para Dichloro Benzeno (o PDB o Paramoth) = Tratamiento para la polilla de cera para los panales de almacenamiento. Un carcinógeno.

Parálisis o APV o Virus de Parálisis Aguda = Una enfermedad viral de abejas adultas que afecta a la habilidad de usar sus patas o alas de forma normal.

Partenogénesis = El desarrollo de jóvenes de huevos no fertilizados puestos por hembras vírgenes (reina u obrera); en abejas, dichos huevos se desarrollan en zánganos.

Pedestal de Colmena = Una estructura que sirve de soporte a la base de una colmena; ayuda a extender la vida de la tabla de fondo manteniéndola alejada del suelo húmedo. Los pedestales de colmena pueden estar hechos de madera tratada, arce, ladrillos, bloques de hormigón, etc.

Pelotitas de Polen o Pastelillos de Polen = El polen empaquetado en las canastas de polen de abejas y transportado a la colonia. Hecho al añadir el polen, cepillarlo, y mezclarlo con néctar y empaquetarlo en las canastas de polen.

PermaComb = Un panal de plástico hecho completo de mediana profundidad y con celdas de 5.0mm de tamaño permitiendo cierto espesor de pared y el estrechamiento de la celda.

PF-100 (Profunda) y PF-120 (Mediana) = Marco de plástico de celda pequeña disponible en Mann Lake. Mide 4.95mm. Los usuarios hablan excelente aceptación y celdas hechas perfectas.

Planta Doble, o Profundos Dobles = refiriéndose a la colmena pasando el invierno en dos cajas profundas.

Plantas de Miel = Plantas cuyas flores (u otras partes) dan suficiente néctar para producir sobreabundancia de miel; ejemplos son asteros, el tilo, cítricos, eucaliptos, vara de oro, y tupelos.

Población de Supervivientes = Abejas criadas por abejas que sobrevivieron sin tratamientos. Por norma general, poblaciones ferales.

Polen = El polvo de las células reproductoras masculinas (gametofito) de las flores, formadas en las anteras y una fuente importante de proteína para las abejas; el polen fermentado (pan de abeja) es esencial para que las abejas críen a las crías.

Polilla de Cera = Vea el capítulo de *Enemigos de las Abejas*. Las polillas de cera son oportunistas. Cogen ventaja de una colmena débil y viven del polen, la miel y cavan por la cera.

Ponedoras de Zánganos = Una reina ponedora de zánganos (una sin esperma para fertilizar los huevos) u obreras ponedoras.

Porta-Pieza = Porta-pieza para martillar cajas (para más fotos ver capitulo con ese nombre en el Volumen 3)

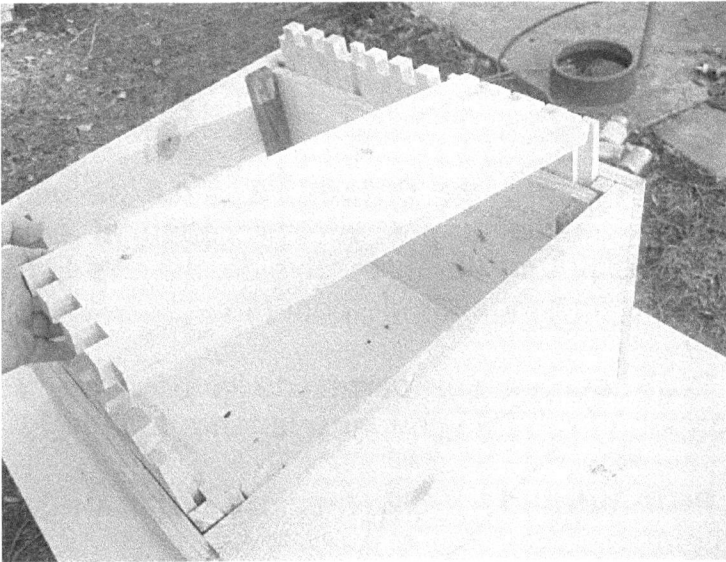

Posesión de Reina = Una colonia que tiene una reina capaz de poner huevos fértiles y de hacer las feromonas apropiadas para satisfacer a las obreras de la colmena de que todo está bien.

Post-enjambre = Un enjambre después del enjambre primario. Estos son liderados por una reina virgen.

Prensas de Alambre = Un aparato usado para poner una ondulación en el alambre del marco para hacer que sea más compacto y distribuir la tensión mejor y darle mejor superficie para adjuntarlo a la cera

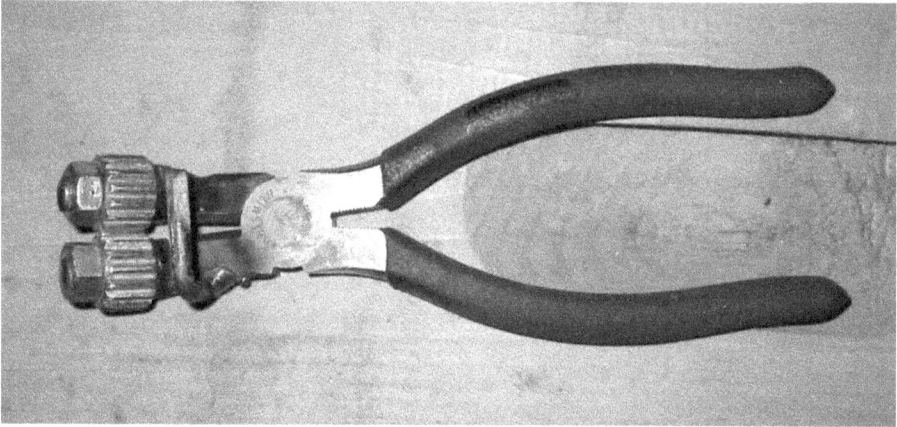

Preparación de Enjambre = La secuencia de actividades de las abejas que preceden al enjambre. Visualmente puede verlo en el nido de cría lleno para que la reina no tenga donde poner.

Proboscis = Las partes de la boca de la abeja que forman el tubo de chupar o la lengua.

Profundidad = Las medidas verticales de una caja o marco.

Profundo = En términos de Langstroh, una caja que tiene 9" y $^5/_8$ de profundidad y el marco es de 9" y $^1/_4$ de profundidad. A veces llamado una profundidad de Langstroh.

Propóleo = Resina de plantas recolectada, mezclada con enzimas de la saliva de la abeja y usada para llenar espacios pequeños en la colmena y para esterilizar todo en la colmena. Tiene propiedades anti-microbiales. Se hace típicamente con la de la sustancia de cera de los bulbos de la familia poplar pero puede ser de todo, desde savia de árbol hasta alquitrán.

Propolizar = Llenar de propóleo, o pegamento de abeja.

Prueba de Rollo de Azúcar = Una prueba para ácaros de Varroa que implica enrollar unos cuantas abejas en azúcar en polvo y contar el número de ácaros que salen. Esto fue inventado como una alternativa no letal al baño de alcohol, o el rollo de éter.

Pupa = La tercera etapa en el desarrollo de la abeja donde es inactiva y está sellada en el capullo.

R

Ranura = En el trabajo en madera una abertura cortada en la madera. Los descansos del marco en las colmenas Langstroh son ranuras y las esquinas se hacen como ranuras y a veces como juntas de dedos o cajas.

Raspador de Tapas = Un aparato parecido a un tenedor usado para quitar las tapas de cera que cubren la miel, para que pueda ser extraída. Normalmente en áreas bajas inaccesibles para el cuchillo de tapas.

Rauchboy = Una marca particular de ahumadero que tienen una recámara interna para proporcionar oxígeno de manera constante al fuego.

Rayas de Tigre (Reina) = Las marcas de un tipo particular de reina. No rayada como la obrera (que tienen bandas delineadas) sino más como "llamas".

Razas de Abejas = En taxonomía esto es actualmente una variedad, pero en la apicultura se le llama "raza" típicamente. Todas son Apis mellifera. Las más comunes en Estados Unidos son las italianas (ligustisca), las Carniolas (cárnica) y las Caucásicas (caucásica). Las rusas serían carpatica, acervorum, carnia o caucásica depende de a quien pregunte.

Reacción Alérgica (1) = Una reacción sistémica a algo como el veneno de las abejas, caracterizado por ronchas, dificultad al respirar, o pérdida de conciencia. Esto debe ser diferenciado de la reacción normal al veneno de abejas, que es picazón y quemazón en el área general de la picadura.

Reacción Alérgica (2) = Una condición en la que una persona al ser picada, puede sufrir una variedad de síntomas desde ronchas a choque anafiláctico. Una persona que ha sido picada y sufre síntomas sistémicos (el cuerpo entero o partes remotas de la picadura) debe consultar a un doctor antes de trabajar con abejas de nuevo.

Receptor de reina de clip de pelo = Un aparato usado para atrapar a la reina que parece un clip de pelo. Disponible de la mayoría de los proveedores de productos apicultores.

Recolectoras = Abejas obreras generalmente de 21 o más días de edad que trabajan fuera colectando néctar, polen, agua y propóleo; también llamadas abejas de campo.

Recorte = Quitar una colonia de abejas de algún lado donde no tengan panal móvil al cortar los panales y atarlos a los marcos.

Reducción de Entrada = Una franja de madera usada para regular el tamaño de la entrada.

Reemplazo de reina = Remplazar una reina existente al quitarla y presentar una nueva reina.

Reemplazo natural de reina = Criar una reina nueva para que reemplace a la reina madre en la misma colmena; poco después de que la hija reina empiece a poner huevos, la madre reina normalmente desaparece.

Regresión = Aplicada al tamaño de celda, las abejas grandes de celdas grandes, no pueden construir celdas de tamaño natural. Construyen algo a medio camino. La mayoría construirán celdas de crías de 5.1mm. Regresión es regresar las abejas grandes a abejas pequeñas para que puedan construir celdas pequeñas.

Reina = Una abeja hembra completamente desarrollada y responsable de poner los huevos de una colonia.

Reina Ezi = Una marca particular de un sistema de cría de reinas sin injertos.

Reina Fértil = Una reina inseminada

Reina Ponedora de Zánganos = Una reina que solo puede poner huevos no fertilizados por edad, impropiedad, o apareamiento tardío, enfermedad o trauma.

Reina Probada = Una reina que su progenitora demostró haber copulado con un zángano de su propia raza y tiene otras cualidades que la hacen una buena madre de colonia. Una a la que se le ha dado tiempo para probar sus cualidades.

Reina virgen = Una reina sin fecundizar

Reinas Obreras u obreras ponedoras = Abejas obreras que ponen huevos en una colonia sin reina; los huevos no son fertilizados, ya que las obreras no pueden copular, y entonces se convierten en zánganos.

Reorientación = Cuando las abejas observan su alrededor y el paisaje para asegurarse de acordarse de la ubicación de su colonia. Una variedad de cosas logra esto. Las abejas jóvenes se orientarán (no reorientarán pero es el mismo comportamiento) cuando primero emerjan de la colmena. Una reina virgen se orientará un día antes de ir a sus nupcias. Confinarla tiende a apresurar esto. Incluso los confinamientos cortos hacen que algunas se reorienten. Confinarlas durante 72 horas hace que todas se reorienten. Cuando se calienten y puedan volar, revolotearán alrededor de la colmena y se reorientarán. La reorientación es instigada durante incluso menos tiempo pero puede llegar hasta las 72 horas. Más tiempo no marcará una diferencia notable. Las obstrucciones se añaden a la reorientación (hojas o ramas en las entradas) igual que la disrupción general como golpecitos en la colmena. En un día caliente, sacudir un marco o dos de abejas en la colmena tiende a desencadenar el Nasonoving, que tiende a incitarlas a la reorientación.

Reproducción Limitada de Ácaros (SMR por sus siglas en inglés) = Las reinas de un programa de reproducción dell Dr. John Harbo que tienen menos problemas con Varroa probablemente por su comportamiento altamente higiénico. Recientemente renombrado a Higiene Sensible Varroa. O VSH por sus siglas en inglés.

Resistencia a Enfermedad = La habilidad de un organismo a evadir una enfermedad particular; primariamente causada por una inmunidad genética o un comportamiento evasivo.

Resistencia al Invierno = La habilidad de algunas abejas melificas a sobrevivir los inviernos largos con uso frugal de la miel almacenada.

Reversar o Cambiar = El acto de intercambiar lugares de diferentes cuerpos de colmenas de una misma colonia; normalmente con el objetivo de expansión de nido, el alza lleno de cría y la reina se ponen bajo un alza vacío para proporcionar a la reina más espacio para poner huevos.

Riñones = Las abejas no tienen riñones. Tienen túbulos malfigios los cuales son proyectos de secciones filamentadas del medio y de la parte trasera del estómago que limpia la hemolinfa (sangre) de desperdicios de células nitrogenadas y las deposita como cristales de ácido úrico no-tóxico en los desperdicios de alimentos indigeribles para su eliminación.

Robo = El acto de abejas de robar miel/néctar de otras colonias; también aplicado a las abejas que limpian los alzas tapados mojados no cubiertos por los apicultores y a veces usado para describir al apicultor sacando la miel de la colmena.

Ropy o (sogoso, de soga) = Una calidad de formar una soga elástica cuando se saca con un palo.

Usado en la cría operculada como una prueba diagnóstico para el loque americano.

S

Sacarosa = Un polisacárido. El azúcar principal encontrado en el néctar. Las abejas melificas lo descomponen en dextrosa y fructosa con enzimas.

Sclerite = Igual que Tergite. Un plato superpuesto en el lado dorsal de un artrópodo que hace que sea flexible

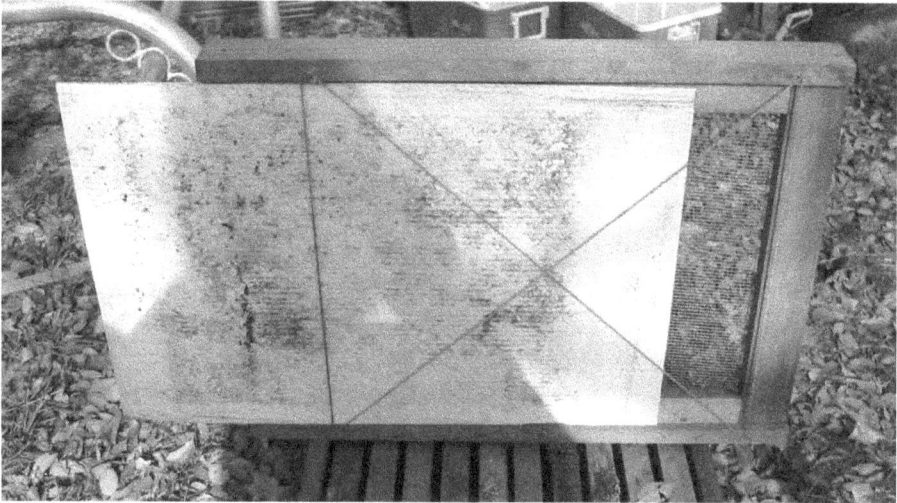

Scutum = Parte posterior en forma de escudo del tórax de algunos insectos incluyendo las Apis mellifera (abejas melificas). Normalmente dividido en tres áreas, el pre-escoto anterior, el escoto, y el escutelo pequeño posterior.

Secciones = Cajas pequeñas de plástico o de madera usadas para producir miel de panal.

Secciones redondas = Secciones de panal de miel en anillos plásticos redondos en vez de en cajas cuadradas de madera, normalmente Ross Rounds.

Séquito = Abejas obreras que asisten a la reina.

Sin estampada = Un marco con alguna guía de panal que se usa sin estampada.

Síndrome de Ácaro Parasítico o Síndrome de Ácaro Parasítico de Abeja = Un conjunto de síntomas causados por una infestación extrema de ácaros de Varroa. Los síntomas incluyen la presencia de Varroa, la presencia de varias enfermedades de cría con síntomas similares a esos de loques o de cría ensacada pero sin patógeno predominante. Síntomas parecidos a los loques americanos, patrón de manchas en la cría, reemplazo de reina, abejas gateando en el suelo, y una población disminuyente de abejas adultas.

Sirope de azúcar (jarabe) = Alimento para las abejas, contiene sacarosa o azúcar de mesa (de caña o remolacha) azúcar y agua caliente en varios ratios; normalmente 1:1 en primavera y 2:1 en otoño.

Soplador de abejas = Un soplador de gas o eléctrico usado para soplar a las abejas de los alzas en la cosecha.

Starline = Una abeja italiana híbrida conocida por su rigor y producción de miel. Fue un cruce F1 de dos líneas específicas de abejas italianas. Creada por Dadant e hijos y producida durante muchos años por York.

Streptococcus pluton = Nombre antiguo para la bacteria que causa el Loque Europeo. El nuevo nombre es Melissococcus pluton.

Suelo de Malla Abierto = Una tabla de fondo con una malla (normalmente tela de ferretería #8) para el fondo que permite la ventilación y permite que los ácaros de Varroa se caigan. En Estados Unidos se le llama típicamente Tabla de Fondo de Malla.

Suelo Sin Suelo o FWOF o Tabla Cloake = Un aparato usado para dividir la colonia en celdas huérfanas y reunirlas con celdas con reina sin tener que abrir la colmena.

Sujetador de Tubo de Cera = Un tubo de metal para aplicar un hilo fino de cera derretida para asegurar una hoja de estampada en una estría de un marco.

Superabundancia (Estampada) = Se refiere a estampada estrecha usada para cortar miel de panal. El nombre se refiere a las hojas adicionales de estampada que se obtienen de una libra de cera.

Superabundancia Estampada Fina = Una estampada de panal usada para la producción de miel de panal o miel de pedazos que es más delgada que la que se usa para cría. Más fina que la Superabundancia.

Superabundancia Miel = Cualquier miel extra sacada por el apicultor, sobre y por encima de lo que las abejas requieren para su propio uso, como los abastecimientos del invierno.

Suplemento de Polen = Una mezcla de polen y sustituto de polen usado para estimular a la cría en periodos de escasez de polen.

Sustituto de Polen = Alimento usado para sustituir al polen en la dieta de las abejas; normalmente contiene harina de soja, levadura de cerveza, trigo, azúcar de polvo, u otros ingredientes. Las investigaciones han probado que las abejas alimentadas con sustitutos viven menos que las abejas alimentadas con polen auténtico.

T

Tabla Cloake
Tabla Cloake o SSS o FWOF (Floor without a floor) = Un aparato para dividir la colonia en un empezador de celda huérfana y reunirla con un acabador de celda con reina sin tener que abrir la colmena.

Tabla de Aterrizaje = Una construcción externa que hace una plataforma pequeña en el entrada de la colmena para que las abejas aterricen antes de entrar en la colmena. Por norma general, es una tabla de fondo pero más larga. A veces se añade un lado inclinado. Las abejas en la naturaleza no tienen ninguno. Yo lo llamo "rampa de ratón" ya que el único propósito que le veo es que proporciona a los ratones un lugar para entrar a la colmena más convenientemente.

Tabla de División = Una pieza plástica o de madera como un marco pero apretada alrededor para dividir una caja en más compartimentos para núcleos.

Tabla de escape = Una tabla que tiene uno o más escapes de abeja usados para quitar las abejas de alzas.

Tabla de Fondo con Filtro = Una tabla de fondo con filtro (generalmente tela de ferretería #8) para que el fondo permita ventilación y permita que los ácaros de Varroa se caigan. En Europa esto se llama Suelo de Malla Abierto.

Tabla de Fumigación = Un aparato usado para contener un químico volátil (un repelente de abejas como Bee Go o Honey Robber o Bee Quick) para sacar a las abejas de los alzas.

Tabla de Seguimiento = Una tabla estrecha usada en vez de un marco cuando hay menos marcos que lo normal en una colmena. Esto por norma general, se refiere a uno que tenga espacio para las abejas y está hecho para que los marcos sean más fáciles de quitar sin rodarlos y para limitar la condensación en las paredes. A veces se usa para referirse a una tabla que está llena de abejas y se usa para dividir una caja en dos colonias. Cuando se diseña y se usa con este fin, se debería llamar tabla de división.

Tabla de Fondo = El suelo de una colmena.

Tamborilear = Dar golpecitos en los lados de la colmena para hacer que las abejas suban a otra colmena puesta encima o para sacarlas de un árbol o casa. Esto no las sacará todas, pero moverá un número significativo.

Tanque de Asentar = Un recipiente grande usado para asentar la miel extraída; las burbujas de aire y los desperdicios subirán a la parte de arriba, clarificando la miel.

Tanque de Embotellamiento = Un tanque de calidad alimentaria que puede contener 5 o más galones de miel y está equipado con un verja de miel para llenar las jarras de miel.

Tanque Desoperculado = Un envase sobre el cual los marcos de miel son desoperculados; normalmente filtra la miel que entonces es recolectada.

Tapas = La fina cubierta de cera cubriendo la miel; una vez cortada de los marcos de extracción.

Tapón de Dulce = Un dulce de estilo glaseado puesto en un extremo de la jaula de la reina para retrasar tener que soltarla.

Taza de celda = Base de una celda de reina artificial, hecha de cera o plástico y usada para criar abejas reinas o el principio vacío de una celda de reina que las abejas construyen sin razón.

Taza de reina = Una celda en forma de taza colgando verticalmente del panal, sin contener huevo, también hecha de cera o de plástico artificialmente para criar reinas.

Telitoquia = Un tipo de reproducción partenogenética donde los huevos no fertilizados se han desarrollado en hembras. Normalmente con abejas se refiere a colonias criando reinas de huevos de obreras ponedoras. Esto es raro pero ha sido documentado con Abejas Melificas Europeas. Es común con Abejas del Cabo.

Temporada de Enjambre = La época del año, normalmente cuando comienzan los enjambres, a final de primavera o principios de verano.

Tenedor de Abejas = Un término creado por George Imirie. Alguien que tiene abejas pero no ha aprendido suficientes técnicas como para ser apicultor.

Teoría de posicionamiento de Housel = Una teoría propuesta por Michael Housel en la que los nidos de crías tienen una orientación de 'Y' predecible en la parte inferior de las celdas. Básicamente que cuando esté mirando por un lado aparecerá una "y" boca abajo y si mira por el otro lado se verá una "y" boca arriba, y si lo mira desde el centro del panal la "y" se vera de lado. Básicamente si asumimos una tercera barra en mis notaciones para hacer una "Y" y asumimos una colmena de nueve marcos y cada par es lo que el panal se verá desde ese lado: ^v   ^v   ^v   ^v   >>   v^ v^   v^   v^

Tergal = Concerniente al Tergum.

Tergita = Un plato duro superpuesto en la porción dorsal de un artrópodo que permita doblarlo. También conocido como esclerito.

Tergum (plural terga) = La porción dorsal de un artrópodo.

Terramicina = Llamado "oxytet" en Canadá y otros lugares. Es un antibiótico que se usa para prevenir enfermedades de loque americano y para curar loque europeo.

Torax = La región central de los insectos donde las alas y las patas se unen al cuerpo.

Traje de Abeja = Un par de monos blancos hechos para apicultores para protegerlos de picaduras y mantener su ropa limpia. Debe venir con velos de cierre de cremalleras.

Trampa de Polen = Un dispositivo usado para recolectar las pelotillas de polen de las patas traseras de las abejas obreras; normalmente obliga a las abejas a meterse por una malla estrecha usando tela de ferretería #5 que le raspa el polen y cae en una bandeja hecha de tela de ferretería #7 con un fondo para que al polen no le crezca moho.

Trampas de Enjambre = Una colmena puesta para atraer enjambres realengos.

Transferir o cortar = El proceso de cambiar abejas y panales de árboles, casas, o gomas de abejas o colmenas de pajas a colmenas de marcos móviles.

Trastorno de colapso de la colonia (CCD)= Un problema reciente donde todas las colmenas de un colmenar desaparecen, dejando una reina y una cría sana y solo unas pocas abejas en la colmena con suficientes abastecimientos.

Trayectoria de Vuelo = Generalmente se refiere a la dirección en la que vuelan las abejas de su colonia; si son obstruidas pueden chocar accidentalmente con la persona que las ha obstruido y finalmente irritarse.

Triple Ancho = Una caja que es tres veces más ancha que una caja de diez marcos estándar. 48" y $^3/_4$.

Trofalaxia = La transferencia de comida o feromonas entre miembros de la colonia por alimentación boca a boca. Se usa para mantener un agrupamiento de abejas vivo ya que los bordes del agrupamiento recolectan comida y la comparten a través del agrupamiento. Se usa para comunicación cuando son feromonas lo que son compartidas. Una muy importante es la Feromona de Mandíbula de Reina que es compartida por trofalaxia entre la colmena.

Trozos de panal = Trozos de panal cortados empaquetados en jarras y llenos con miel liquida.

Tubo de Marca = Un tubo plástico comúnmente disponible en proveedores de productos de apicultores usados para confinar a la reina a la vez que la marcan.

Túbulos Malpighian = Proyectos filamentosos finos de la intersección de la parte del medio y la parte trasera del estómago de la abeja que limpia la hemolinfa (sangre) de desperdicios de celdas nitrogenadas y los deposita como cristales de ácido úrico no-tóxicos en los desperdicios de comida indigeribles para su eliminación. Hacen las veces de riñones de los animales mayores en las abejas.

U

Umbral de enjambre = El punto en el cual la colonia decide enjambrar o no. Después de este punto o se comprometen a enjambrar o buscan abastecimientos para el invierno.

Unido = Combinación de dos o más colonias para formar una colonia más grande. Normalmente se hace con una hoja de periódico en medio.

V

Varroa Destructor antes llamado Varroa Jacobsoni = Ácaro parasítico de la abeja melifica.

Velo = Un filtro o malla que cubre la cara y el cuello; permite la ventilación, movimiento fácil y buena visión mientras protege la meta primaria de las abejas guardianas.

Velo de abejas = Malla para proteger la cabeza y el cuello del apicultor de las picaduras.

Veneno de abejas = El veneno secretado por las glándulas especiales pegadas al aguijón de las abejas el cual se inyecta en la víctima con una picadura.

Verja de Miel = Un grifo usado para quitar miel de tanques y otros receptáculos de almacenamiento.

Virus de Abeja Kashmir = Una enfermedad común de abejas, propagada más rápidamente por el Varroa, encontrada en todas las abejas.

Virus de Alas Deformadas = Un virus reproducido por el ácaro de Varroa que provoca alas arrugadas en abejas recién emergidas.

Virus de Cría Ensacada = Los síntomas son patrones de manchas en la cría como en otras enfermedades de cría pero la larva en los sacos tiene la cabeza levantada.

Virus de Parálisis Agudo Israelí o IAPV = El virus actualmente se le atribuye a CCD. Fue descubierto en Israel donde fue devastador con las colonias.

Virus de Parálisis Crónico o CPV = Síntomas: abejas temblando, sin poder volar, con alas "k", y abdómenes distendidos. Una variedad llamado síntoma sin pelo negro, es reconocida por no tener pelo y abejas negras y brillantes gateando en la entrada de una colmena.

VPA (APV en inglés), Virus de Parálisis Aguda= Una enfermedad viral de las abejas adultas que afecta a su habilidad de usar las patas o las alas de manera normal. Puede matar a las adultas y a la cría.

Vuelo de Fecundación = El vuelo realizado por una reina virgen mientras copula en el aire con varios zánganos.

Vuelos de Juego o vuelos de orientación = Vuelos cortos delante y en las proximidades de la colmena por abejas jóvenes con el propósito de orientarse sobre la ubicación de la colmena; a veces confundido con robo o preparaciones de enjambre.

W

Walter T. Kelley = Una empresa de proveedores de apicultura establecida en Clarkson, KY. Tienen muchas cosas que nadie más tiene.

Western Bee Supply = Una empresa de proveedores de apicultura establecida en Montana. La compañía hace todo el equipo Dadant. También venden equipo de marcos de ocho.

Z

Zángano = La abejas melifica macho que procede de un huevo no fertilizado (y es por tanto haploide) puesto por una reina o menos comúnmente por una obrera ponedora.

Zona de Congregación de Zánganos = Un lugar en donde los zánganos de muchas colmenas de alrededor se congregan y esperan a que llegue una reina. En otras palabras una zona de apareamiento. Los zánganos las encuentran siguiendo el rastro de las feromonas y las características topográficas de paisaje como hileras de árboles.

Zumbido = Una serie de sonidos hechos por la reina, frecuentemente antes de emerger de la celda. Cuando la reina está todavía en la celda suena como un cuac cuac cuac. Cuando la reina ha emergido suena más como un sut sut sut.

Zumo de reina = Cuando las reinas quitadas se añaden a una jarra con alcohol, el alcohol se vuelve "Zumo de Reina". Contiene QMO y es bueno para servir como carnada a los enjambres.

Apéndice del Volumen I: Acrónimos

ABJ = American Bee Journal. Una de las dos revistas principales en los Estados Unidos.

AFB = Loque Americano (del inglés: American Foulbrood)

AHB = Abejas Melíficas Africanizadas (del inglés: Africanized Honey Bees)

AM = Apis mellifera. (Abejas melíficas europeas)

AMM = Apis mellifera mellifera

APV = Virus de Parálisis Agudo (del inglés: Acute Paralysis Virus) Este virus mata tanto a abejas adultas como a crías.

BC = Bee Culture o Gleanings en Bee Culture. Una de las dos revistas de Apicultura en Estados Unidos.

BLUF = (del inglés: Bottom Line Up Front.) Un estilo de escritura donde se presenta la conclusión al principio. Común en estudios científicos o correspondencia militar. (Punto Final Al Principio)

BPMS = Síndrome de Acaro Parasítico de Abeja (del inglés: Bee Parasitic Mite Syndrome)

Carni = Carniola = Apis mellifera cárnica

Cauc = Caucásica = Apis mellifera Caucasia

CB = Damero (del inglés: Checkerboarding) (o Manejo de Néctar)

CCD = Enfermedad de Destrucción de la Colonia

CPV = Virus de Parálisis Crónica (del inglés: Chronic Paralysis Virus)

DCA o ACZ= Área de Congregación de Zánganos (del inglés: Drone Congregation Area)

DVAV = Baile de Vibraciones Abdominales Dorsal-Ventral (del inglés: Dorsal-Ventral Abdominal Vibrations dance.)

DWV = Virus de Ala Deformada (del inglés: Deformed Wing Virus)

EAS = Sociedad de Apicultura del Este (del inglés: Eastern Apiculture Society)

EFB = Loque Europeo (del inglés: European Foulbrood)

EHB = Abejas Europeas Melificas (del inglés: European Honey Bees)

FGMO = Aceite Mineral de Grado de Consumo (del inglés: Food Grade Mineral Oil)

FWOF = Suelo sin Suelo (del inglés: Floor With Out a Floor)

HAS = Sociedad de Apicultura Central (del inglés: Heartland Apiculture Society)

HBH = Abeja Melifica Saludable (del inglés: Honey Bee Healthy)

HBTM = Acaro Traqueal de Abeja Melifica (del inglés: Honey Bee Tracheal Mite)

HFCS = Jarabe de maíz de alta fructosa (del inglés: High Fructose Corn Syrup.) Alimento común de abejas.

HMF = Hydroxymethyl furfural. Un compuesto natural en la miel que crece con el tiempo y aumenta cuando la miel se calienta.

HSC = Súper Celda de Miel (del inglés: Honey Super Cell) (Panal de plástico creado en profundos y tamaño de celda de 4.9mm)

IAPV = Virus de Paralisis Aguda Israelita (en inglés: Israeli Acute Paralysis Virus.) El virus actualmente nace de CCD.

IPM = Manejo de Plaga Integrado (del inglés: Integrated Pest Management)

KTBH = Colmena de Barra Superior de Kenya (del inglés: Kenya Top Bar Hive (una con lados inclinados)

KBV = Virus de Abeja Kashmir (del inglés: Kashmir Bee Virus)

LC = Celda Grande (del inglés: Large Cell) (5.4mm de tamaño de celda)

LGO = Aceite Esencial de Limoncillo (del inglés: Lemon Grass (essential) Oil) usado para atraer al enjambre

MAAREC = Consorcio Mid-Atlántico de Investigación y Extensión de Apicultura (del inglés: Mid-Atlantic Apiculture Research and Extension Consortium

NWC = Carniolas del Nuevo Mundo (del inglés: New World Carniolans)

OA = Acido Oxalico (del inglés: Oxalic Acid.) Un ácido orgánico usado para matar Varroa como sirope o vaporizado.

OSR = Oil Seed Rape (o Canola). Una cosecha que produce miel que es crecido para producir aceite.

PC = PermaComb (Panel de plástico creado en mediano y de tamaño de celda de 5.0mm)

PDB = Para Dichloro Benzene (o tratamiento de polilla de cera Paramoth)

PMS = Síndrome de Ácaro Parasítico (del inglés: Parasitic Mite Syndrome)

QMP = Feromona Mandibular de Reina (del inglés: Queen Mandibular Pheromone)

SBB = Tabla de Fondo de Filtro (del inglés: Screened Bottom Board)

SBV = Virus de Cría Calcificada (del inglés: Sac Brood Virus)

SC = Celda Pequeña (del inglés: Small Cell) (4.9 mm de tamaño de celda)

SHB = Escarabajo Pequeño de Colmena (del inglés: Small Hive Beetle)

SMR = Reproducción de Ácaro Limitada (del inglés: Suppressed Mite Reproduction) (Normalmente se refiere a una reina)

TBH = Colmena de Barra Superior (del inglés: Top Bar Hive

TM = Terramicina o Ácaros Traqueales dependiendo del contexto.

T-Ácaros = Ácaros Traqueales

TTBH = Colmena de Barra Superior de Tanzania (del inglés: Tanzanian Top Bar Hive) con lados verticales

ULBN = Nido de Cría Ilimitado (del inglés: Unlimited Brood Nest)

VD = Varroa destructor

VJ = Varroa jacobsoni

V-Ácaros = Ácaros de Varroa

VSH = Higiene Sensible a Varroa (del inglés: Varroa Sensitive Hygiene.) Similar a la característica de SMR y un nombre más específico. Característica en reinas que están siendo reproducidas donde las obreras presienten que las celdas están infectadas con Varroa y las limpian.

Volumen II Intermedio

Un sistema de Apicultura

"...evite el error de intentar seguir varios sistemas o varios líderes. Ahorrará mucha confusión y frustración si adopta las enseñanzas, métodos, aplicaciones de un solo apicultor. Puede haber cometido el error de no escoger el sistema correcto, pero es mejor que una mezcla de sistemas." —W.Z. Hutchinson, Advanced Bee Culture

"En general, cuanto más simple sea el sistema, más eficiente y más trabajo se puede lograr en un periodo de tiempo."—Frank Pellet, Practical Queen Rearing

En este volumen, voy a intentar comunicar mi sistema de apicultura. No es el único sistema, pero como dice Hutchinson, mezclar sistemas puede no funcionar dependiendo de cómo de bien entienda usted de qué manera están relacionadas las partes de ese sistema. Primero hablemos más de los sistemas en general.

Contexto

Uno de los problemas al dar consejos de apicultura es que los apicultores tienden a dar consejos basados en sus sistemas de apicultura. En otras palabras, el consejo funciona en nuestro sistema de apicultura. El problema es que asumimos que ese consejo funcionará bien en el sistema de otros. Y a veces sí funciona, pero más frecuentemente no.

Ejemplos

Por ejemplo, si mi sistema es usar entradas tanto superiores como inferiores y un excluidor de reina y le digo que espere hasta que tenga algunas abejas trabajando en los alzas para colocar el excluidor, y su sistema solo tiene una entrada inferior, y hace esto, atrapará a muchos zánganos en los alzas y se le tapará el excluidor con zánganos muertos tratando de salir.

Otro ejemplo obvio sería si uso todos los marcos del mismo tamaño y usted usa marcos profundos para cría y llanos para alzas. Le digo que la mejor manera de hacer que las abejas trabajen las alzas es usar carnadas con un marco de cría, excepto que sus marcos de cría no se ajustarán. O si le digo que cierre sus almacenamientos poniendo algunos marcos de miel en las cajas de las crías, excepto sus marcos de miel son todos llanos y sus cajas de crías son todos profundos.

Ubicación

La ubicación también juega un papel importante en su sistema. Vea el capítulo Ubicación. Pero es obvio cuando se habla de climas fríos y de climas calientes. Pero se extiende a más de eso.

Resumen

Estos ejemplos son simples y obvios pero existen muchos menos obvios. Escoger varias técnicas de apicultura puede llevar a problemas. No hay nada malo en desarrollar su propio sistema de apicultura normalmente pero tiene que asegurarse de entender un sistema primero y saber porqué está haciendo lo que hace y entonces cambiarlo un poco para satisfacer sus necesidades y su filosofía poco a poco.

¿Por qué un sistema?

¿Por qué necesitamos un sistema? ¿Por qué no podemos escoger lo que nos gusta de varios sistemas? De hecho, puede, es solo que tiene que pensar en las ramificaciones. Por ejemplo si decide que quiere tener una trampa de polen, tiene que pensar por dónde quiere que salgan los zánganos. Las mejores con el polen más limpio salen por arriba y eso es un ajuste si tienen que usar una entrada inferior. Si decide colocar un excluidor tiene que pensar en cómo van a salir los zánganos por ambos lados del excluidor. Todo tiene sus ramificaciones y esos pueden afectar a otras cosas. Por eso necesita planificar un sistema, y no solo ver las piezas individuales.

Integraciones y problemas relacionados

¿Por qué este sistema?

He diseñado este sistema que me funciona a mí por mi ubicación y mis problemas. Con suerte podrá usarlo para su situación y sus problemas. No hay nada malo en modificarlo para que se ajuste a su estilo, si lo ajusta también para sus ramificaciones. Pero aquí está por qué escogí hacer las cosas que hice.

Sostenible

Quería un sistema que no requiriera demasiado aporte exterior- con abejas en un ambiente donde pudiesen sobrevivir sin mi ayuda.

Trabajable

Necesitaba un sistema que las mantuviese vivas (obviamente) y que pudiesen producir miel y que yo pudiese manejar el trabajo que implica.

Eficiente

De nuevo al trabajo implicado, necesitaba un sistema que minimizara el trabajo, especialmente en aquellas cosas que causan dolor o peligro, como levantar cajas muy pesadas y cosas que llevaran demasiado tiempo como ensartar el alambre en los marcos.

Decisiones, Decisiones...

Tipos de apicultura

Muchas decisiones dependen de qué tipo de apicultura haga.

Comercial

Comercial es generalmente el término usado para alguien que usa la apicultura como su trabajo principal. Hay varios métodos de hacer esto. Por norma general, implica por lo menos de 500 a 1,000 colmenas.

Migratorias

Un apicultor migratorio mueve sus colmenas. Generalmente recolecta cuotas de polinización, pero a veces es solo un esfuerzo el moverse al sur en invierno para que pueda anticiparse a la primavera y seguir los flujos de néctar según sube al norte para conseguir la mayor cantidad de miel posible. La polinización es algo por lo que hay que pagar.

Fijo

Simplemente me refiero a las colmenas que se quedan en un solo lugar durante la mayor parte del tiempo. Normalmente el apicultor encuentra lugares donde establecer sus colmenas, no en su propia propiedad, donde pueden permanecer el año entero. Generalmente el apicultor le da miel al arrendador todos los otoños cuando es tiempo de cosecha. Cuánta miel le da depende de varias cosas como cuántas colmenas, cuán buena es la recolección, y cuánto le gusta al arrendador la miel. Algunos solo quieren las abejas ahí, otros esperan miel.

Secundarios

Un secundario es alguien que ya tiene un trabajo a tiempo completo, pero que quiere tener ingresos extras de las abejas. Normalmente tienen de 50 a 200 colmenas. Es muy difícil mantener un número más alto y mantener un trabajo a tiempo completo por otro lado, a no ser que contrate a alguien. Es difícil hacer suficiente dinero para vivir con 1,000 colmenas así que la transición de secundario a comercial puede ser difícil sin contratar ayuda.

Aficionados

Un aficionado es generalmente alguien que no le interesa hacer dinero con las abejas. La mayoría de aficionados tienen alrededor de cuatro colmenas. Dos es el mínimo. Más de diez es mucho trabajo así que los aficionados tienden a tener menos de eso.

Filosofía Personal de Apicultura

Muchas decisiones de equipo o método dependen de su filosofía personal de vida y su filosofía personal de la apicultura. Algunas personas tienen más fe en la naturaleza o en el creador o la evolución para que las cosas funcionen. Otras personas están más interesadas en mantener a las abejas saludables con químicos y tratamientos. Tiene que decidir dónde están sus valores sobre este tipo de cosas.

Orgánico

Si es el tipo de persona que toma un remedio de hierbas antes de ir al doctor, probablemente cae dentro de esta categoría. Orgánico auténtico sería no tomar tratamientos en lo absoluto. Algunos dirán que esto no se puede hacer, pero existen muchas personas haciéndolo, incluyéndome a mí. Muchos se encuentran en la red, y se ayudan los unos a los otros. Después de eso están los tratamientos "suaves" como los aceites esenciales y FGMO, y después los tratamientos "duros" como el ácido fórmico y el ácido oxálico para el Varroa.

Químico

Si usted es el tipo de persona que corre al doctor a por antibióticos cada vez que estornuda, entonces este es su estilo. Algunos en este grupo dan tratamientos por prevención. En mi opinión, los más sabios dan tratamiento solo cuando es necesario. Mucha investigación reciente apunta a que esta moda de tratar por prevención ha causado una resistencia a los químicos de parte de las plagas y ha hecho poco por ayudar la colmena. Se sospecha que la acumulación de químicos en la cera de Cumaphos (Check Mite) y Fluvalinate (Apistan) usados para los ácaros de Varroa es causa alta de reemplazos de reinas y de infertilidad en zánganos y reinas.

Ciencia versus Arte

"Aquellos que están acostumbrados a juzgar por el sentimiento no entienden el proceso del razonamiento, ya que entenderían a primera vista y no están acostumbrados a buscar principios. Y otros, por el contrario, que están acostumbrados a razonar desde el principio, no entienden los sentimientos, viendo los principios y son incapaces de ver algo a simple vista." - Blaise Pascal

Si ve la apicultura como un arte o si la ve como una ciencia cambiará su perspectiva. Creo que tiene un poco de ambas, pero como las abejas son capaces de sobrevivir por sí solas, y como no las podemos forzar a hacer nada, lo veo más como un arte donde se trabaja con las tendencias naturales de las abejas para ayudarlas.

Escala

Esto es otra cosa que cambia la filosofía en muchas cosas. Cuando pasa tiempo con la colmena y las colmenas están en su patio, entonces los métodos que requieren que haga algo todas las semanas no son un gran problema. Por ejemplo, cuando reemplazo una reina en mi patio, no me importa si me lleva tres viajes a la colmena para hacerlo si eso mejora la aceptación. Pero si es en un colmenar a 60 millas de mí, quiero hacerlo de una sola vez y ya. Lo mismo se aplica al número de colmenas. Si solo tiene dos colmenas con las cuales arreglar un problema, no le importará cuán complicada sea la solución. Cuando tiene cientos de colmenas, quiere que sea un sistema simple sin complicación.

Razones para la apicultura

Muchas decisiones serán impulsadas por esto. Si tiene abejas como mascotas tendrá una agenda diferente que si las tiene solo para ganarse la vida.

Ubicación

Toda la apicultura es local

"En mis años tempranos de apicultor me preocupaban mucho los puntos de vista opuestos expresados en las revistas de abejas. En ese momento no soñaba con todas las diferencias maravillosas de la ubicación en relación con el manejo de abejas. Vi, medí el peso, comparé, y consideré todas las cosas apiculturales desde el punto de vista de mi hogar- Genesee County, Michigan. No fue hasta que hube visto los campos blancos con trigo de Nueva York, admiré los campos de tréboles de Chicago, seguí durante millas las trincheras irrigadas de Colorado, donde le dan un toque de púrpura real a la alfalfa y escalé montañas en California, empujándome por el arbusto de salvia; que entendí el significado apicultural de una sola palabrita- ubicación." — *W.Z. Hutchinson, Advanced Bee Culture*

Parece obvio que la apicultura en Florida no será igual que la apicultura en Vermont, pero lo que la gente no entiende es que incluso en climas similares de invierno, la ubicación es importante. Los flujos que se tienen en Vermont no son los mismos que los que se tienen en Nebraska. Muchos problemas como la condensación pueden depender en el clima local. Por ejemplo, cuando era apicultor en la franja de Nebraska, la condensación nunca era un problema. Pero en la parte sureste de Nebraska lo es. Hace más frio en la franja pero por diferencias de humedad, no es un problema allí. Todo esto parece ser obvio, pero las personas siguen pidiéndome consejo y dándome consejos basados en sus experiencias locales sin consideración de las advertencias dadas por la ubicación. Claro esto también se aplica a cuántas cajas y cuánto peso necesitan para sobrevivir el invierno y cuándo manejarlas para enjambres, y cuándo empezar reinas y cuándo hacer divisiones y etc.

Apicultura Vaga

"Todo funciona si lo permites"—Rick Nielsen de Cheap Trick

"El maestro logra más y más al hacer menos y menos hasta que logra todo al hacer nada." —Laozi, Tao Te Ching

Mi abuelo decía que cada gran invención viene de un hombre vago.

Uno de mis autores favoritos dijo algo similar:

"El progreso no viene de los que se levantan temprano- el progreso es hecho por hombres vagos buscando maneras más fáciles de hacer las cosas." —Robert Heinlein

"No es el aumento diario, pero la disminución diaria. Saca lo no esencial." Bruce Lee

En los últimos años he cambiado cómo mantengo a las abejas. La mayoría de los cambios han sido para hacer menos trabajo. Desde el 2007 he tenido alrededor de doscientas colmenas con el mismo nivel de trabajo que ponía cuando tenía cuatro colmenas. Aquí detallo algunas de las cosas que he cambiado.

Entradas Superiores

He cambiado a solo entradas superiores. No más entradas inferiores. Sé que existen personas que odian las entradas superiores o que creen que curan el cáncer, o que doblan la cosecha de miel. Yo no pienso ninguna de las dos cosas, pero me gustan y aquí está el por qué:

1. Nunca me tengo que preocupar de que las abejas no tengan acceso a la colmena porque la hierba haya crecido demasiado. Tampoco tengo que cortar la hierba de delante de de la colmena. Menos trabajo para mí.

2. Nunca me tengo que preocupar porque las abejas no tengan acceso a la colmena porque la nieve esté muy profunda (a no ser que llegue por encima de la colmena). Así que no tengo que salir corriendo a palear la nieve después de una tormenta de nieve para abrir las entradas.

3. No me tengo que preocupar de poner resguardos de ratones o de que entren ratones a la colmena.

4. No me tengo que preocupar por zorrillos o zarigüeyas comiéndose las abejas.

5. Combinado con un SBB tengo buena ventilación en el verano.

6. Puedo ahorrar dinero al no tener que comprar coberturas migratorias. Los míos son pedazos de madera con calzadas de tejas para espaciadores. Pero algunos son pedazos de cubiertas internas que ya tenía.

7. En el invierno no me tengo que preocupar de abejas muertas tapando la entrada posterior.

8. Puedo poner la colmena ocho pulgadas más abajo (porque no me tengo que preocupar de ratones y zorrillos) y eso hace que sea más fácil poner el alza superior y sacarlo cuando esté lleno.

9. Las colmenas más bajas chocan mucho menos con el viento.

10. Esto funciona bien para colmenas de barra superior largas cuando tengo que poner alzas porque las abejas van a los alzas para entrar.

11. Con algún poliestireno en la parte superior, no hay mucha condensación con una entrada superior en invierno.

Solo acuérdese, si no tiene entrada en la parte inferior y usa un excluidor (que yo no uso) necesitará algún tipo de escape para los zánganos. Un agujero de $^3/_8$" funciona.

Más detalles en el Capítulo *Entradas Superiores*

Marco de tamaños uniformes.

"Cualquier estilo de colmena que adopte, que sea de marcos móviles y de un solo tamaño de marco en el apiario."—A.B. Mason, Mysteries of Bee-keeping explained

El marco es el elemento básico de una colmena moderna. Incluso si tiene cajas de varios tamaños (en el sentido de la cantidad de marcos que albergan) si los marcos son todos de la misma profundidad, puede colocarlos en cualquiera de sus cajas.

Tener un tamaño uniforme de marcos ha simplificado mi vida. Si todos sus marcos son del mismo tamaño tendrá muchas ventajas.

Puede colocar casi cualquier cosa en las colmenas donde las necesite.

Por ejemplo:

1. Puede colocar una cría en la caja para "carnada" para que las abejas suban. Esto es útil incluso sin excluidor (no uso excluidores) pero especialmente útil si quiere usar un excluidor. Unos cuantos marcos de cría encima de un excluidor, dejando la reina y el resto de la cría abajo, motiva a las abejas a

cruzar el excluidor y empezar a trabajar en la caja superior.

2. Puede colocar los panales de miel para alimentarlas cuando lo necesiten. Me gusta hacer esto en los núcleos para asegurarme que no se mueren de hambre sin el robo que normalmente empieza cuando se alimentan, o aumentar el almacenamiento en una colmena que no tiene suficiente en otoño.

3. Puede destapar un nido de cría al mover polen o miel de una caja o incluso de unos marcos de cría de una caja para hacer espacio en el nido de cría y así

evitar el enjambre. Si no tiene todos del mismo tamaño, ¿qué hace con estos marcos?

4. Puede poner en marcha un nido de cría ilimitado sin excluidor y si hay cría en algún lado lo puede mover a otro lado. No se quede con mucha cría en un medio que no puede mover hacia abajo en la cámara de cría. La ventaja de un nido de cría ilimitado es que la reina no está limitada a una caja de cría o dos, sino que puede estar poniendo en tres o cuatro. Probablemente no cuatro profundos pero sí cuatro medianos.

Corto todos mis profundos a medianos.

Típicamente escucho la pregunta, "¿los medianos pasan el invierno bien?" y digo que en mi experiencia pasan el invierno mejor ya que tienen mejor comunicación entre marcos por el espacio entre las cajas. Steve de Brushy Mt decía que había investigación que apoyaba este argumento, pero no sé dónde conseguirla.

Cajas ligeras

"Los amigos no dejan a los amigos levantar profundas" —Jim Fischer de Fischer's BeeQuick

Lo más difícil para mí de la apicultura es levantar cajas. Las cajas llenas de miel son pesadas. Las cajas profundas llenas de miel son *muy* pesadas.

Puede haber cierta discusión sobre el peso exacto de una caja llena de miel, y existen otros factores implicados pero en mi experiencia esto es una buena sinopsis de los tamaños de cajas y su uso común.

Si quiere estimar el peso y no tiene una colmena todavía, vaya a la ferretería y apile dos cajas de cincuenta libras de clavos o en el supermercado, dos bolsas de cincuenta libras de alimento. Ahora saque una y levante una caja. Esto es aproximadamente el peso de una mediana de ocho marcos llena.

Cajas de 10 marcos				
Nombre(s)	Profundidad	lbs lleno	Usos	
Jumbo, Dadant Profunda	11" y $5/8$"	100-110	Cría	
Profunda	9" y $5/8$"	80-90	Cría & ext.	

Langstroth Profunda				
Mediana, Illinois, $3/4$, Oeste	6" y $5/8$"	60 -70	Cría, Ext, Panal
Llana	5" y $3/4$", 5" y $11/16$"	50 -60	Ext, Panal
Extra Llana, $1/2$	4" y $3/4$", 4" y $11/16$"	40 -50	Panal
Cajas de 8 marcos			
Dadant Profunda	11" y $5/8$"	80 -88	Cría
Profunda	9" y $5/8$"	64 -72	Cría, Ext
Mediana	6" y $5/8$"	48 -55	Cría, Ext, Panal
Llana	5" y $3/4$", 5" y $11/16$"	40 -48	Ext Panal
Extra Llana	4" y $3/4$", 4" y $11/16$"	32 -40	Panal

Yo puedo levantar cincuenta libras bastante bien, pero es normalmente un peso que me deja dolorido durante los siguientes días. El tamaño de marco más versátil es uno mediano y una caja de ellos que pesa alrededor de 50 libras es uno de ocho marcos.

Primero convertí todos mis profundos en medianos. Fue una mejoría tremenda sobre la profunda llena de miel que a veces tenía que cargar. Me cansé de levantar cajas de 60 libras así que corté los marcos de diez a ocho y me gustan. Son un peso cómodo para levantar durante el día y no estar dolorido la semana siguiente. Algo más liviano y estaría tentado a levantar dos a la vez. Algo más pesado y estaría deseando que fuesen más livianos.

Me pregunto cuántos apicultores de edad avanzada han tenido que dejar las abejas porque les duele el levantar profundas y no se les ha ocurrido hacer cambios.

"...la espalda de ningún hombre es irrompible y hasta los apicultores se hacen mayores. Cuando están llenas, un alza llana es pesada, pesando cuarenta libras o más. Las lazas profundas cuando están llenas, pesan más allá del límite práctico." –Richard Taylor en The Joys of Beekeeping

Me preguntan a menudo cuál es la desventaja de usar todos los marcos medianos de ocho. Hay solo una que yo sepa.

Marcos medianos de 8 vs. Marcos profundos de 10= 1.78 veces mayor inversión inicial por las cajas ($64 por cuatro medianos marcos de ocho frente a $36 por dos marcos profundos)

$512 frente a $288 por ocho cajas frente a cuatro cajas.

Más tapas y fondos ($20 de cualquier manera)

$532 frente a $308 = 1.73 veces más o $224.

100 colmena * $224 = $22,400 lo que debería de cubrir su primera operación quirúrgica de espalda.

Me preguntan mucho "¿pasan el invierno bien?" y les digo que pasan el invierno mejor ya que el agrupamiento cabe en la caja mucho mejor y no dejan atrás marcos de miel fuera tanto como en las colmenas de diez marcos.

La otra gran ventaja es que son capaces de tratar la caja como una unidad en vez de dividir el marco.

Más detalles de cómo cortar las cajas en el Volumen tres Capitulo Cajas Livianas.

___

Colmenas horizontales

Para llevar el no levantar a otro nivel, ¿qué tal una colmena que esta toda en un nivel?

Actualmente tengo nueve colmenas horizontales y funcionan bien. Hay ciertos ajustes que hacer para manejarlas pero los principios son los mismos. No puede solamente mover las cajas. Solo los marcos. Pero puede poner un alza en una colmena larga si quiere.

Heredé unas profundas y ya tenía una Dadant profunda así que actualmente tengo tres horizontales profundas ($9^5/_8$"), una horizontal Dadant Profunda ($11^5/_8$"), cuatro horizontales medianas y una colmena de barra superior Kenia.

Me pregunto cuántos apicultores mayores que han sido obligados a dejar sus abejas podrían mantener unas cuantas de estas sin hacerse daño y sin tensión.

Me pregunto cuántos apicultores comerciales podrían minimizar el trabajo implicado en operaciones como estas.

Me pregunto cuántos aficionados podrían hacer sus vidas más fáciles con menos levante de cosas pesadas.

Más detalles en Volumen 3 *Equipo Ligero*.

Colmena de Barra Superior

Aquí hay otro método que ahorra trabajo. ¿Qué tal no construir marcos? O no poner estampadas- solo barras. ¿Una caja larga grande en vez de tres separadas? Todas las ventajas de una colmena horizontal. Más abejas más calmadas porque solo se enfrenta a un marco o dos a la vez en vez de diez marcos simultáneos. Ver Volumen 3 *Colmenas de Barra Superior* para más detalles.

Marcos sin estampadas

Hacer marcos sin estampadas

Puede simplemente romper el trozo de una barra superior, voltearla de lado, y pegarla o martillarla para hacer una guía. O colocarle un palito de paleta helada en las ranuras. O solo cortar el panal viejo en un panal de cera y dejarlo en fila superior, o al revés.

Puede cortar un triángulo de la esquina de una tabla de $^3/_4''$ y tener un triángulo en su lado ancho de $1^1/_{16}''$. Esto puede ser martillado y pegado al fondo de una barra superior para hacer la parte de arriba a la que las abejas pueden adjuntarse. Una vez ha hecho los marcos no necesitará poner estampada en ellos. O puede cortar una barra superior en un ángulo de 45° antes de poner el marco junto.

También puede colocar marcos vacíos sin guías entre panales y ponerle marcos con una fila superior a la izquierda en la barra superior en cualquier lugar donde pondría un marco con estampada.

¿Cuánto tiempo gasta poniendo estampada, alambrándola, sacándola porque queda arrugada o se cae del marco?

Yo no lo hago mucho. Mayormente uso sin estampada.

Y eso sin tener en cuenta el coste de la estampada, deje solamente la estampada de celda pequeña.

Me ahorra mucho trabajo.

Sí, las extraigo. También las uso para panal cortado.

No, no las alambro pero puede hacerlo si quiere.

Para más detalles vea capitulo *Sin Estampada*.

Sin químicos/ Sin alimento artificial

No usar químicos ahorra mucho trabajo y problemas. Todos los marcos están "limpios" así que no se tiene que preocupar del residuo. Si solo alimenta con miel, es todo miel y no se tiene que preocupar de que sea sirope en su lugar. Puede cosechar la miel de donde la encuentre. Y por supuesto no tiene que poner y sacar franjas, mezclarla con sirope de Fumidil y limpiar con Terramicina, tratar el mentolado, hacer pastelillos de grasa, ahumar con FGMO, evaporar con ácido oxálico. Piense en todo el tiempo libre que tendrá y en cuán limpia estará su miel.

He encontrado el tamaño de celda natural un prerrequisito para abandonar los tratamientos de Varroa.

Deje la miel para comida de invierno

En vez de alimentarlas, déjeles suficiente. No tiene que cosecharla. No tiene que extraerla. No tiene que hacer sirope. No tiene que alimentarlas en invierno.

También existen otras ventajas:

"Es conocido que una dieta impropia hace a uno susceptible a la enfermedad. ¿Entonces no es razonable creer que alimentar excesivamente con azúcar a las abejas las hace más susceptibles al loque americano y otras enfermedades de abejas? Es conocido que el loque americano es más predominante en el norte mientras aquí en el sur las abejas pueden recoger su propio néctar la mayoría del año lo que hace alimentarlas con sirope de azúcar, innecesario"—Better Queens, Jay Smith

Celda de tamaño natural

Claro que puede conseguir esto con marcos de estampada o colmenas de barra superior, pero el efecto secundario (o el efecto si es lo que está buscando) es que no solo ahorra en trabajo, sino en alambrar cera o comprar e insertar la estampada, pero una vez los ácaros de Varroa estén bajo control y su cuenta de ácaros sea estable durante unos cuantos años, podría hasta olvidarse de la Varroa. Yo lo he hecho.

Es estupendo preocuparse por las abejas en vez de preocuparse por los ácaros. Vea el capítulo Celda de Tamaño Natural para más información.

Carretillas

Las carretillas me han ayudado mucho con mi espalda. Mi patio principal está en el pastizal de mi casa. El mover cajas, tanto vacías como llenas, hacia delante y hacia atrás es mucho trabajo. No vale la pena cargar las cajas en el coche para llegar a las colmenas, o viceversa. Pero es un camino largo para cargarlas. Me compré tres carretillas y las he usado. Mayormente uso las Mann Lake y las Walter T. Kelly.

Modifiqué tanto la Mann Lake como la Brushy Mt. porque las cajas se movían demasiado en la carretilla yendo a las colmenas y el Mann Lake estaba demasiado cerca del suelo, así que moví el eje para bajar los brazos. La de Brushy Mt necesitaba un portaequipaje para que no se movieran tanto y un tornillo para que parara cuando la empujaba vacía. Más detalles en *Carretillas*.

Deja el panal zumbido entre cajas

"Algunos apicultores desmantelan cada colmena y raspan cada marco, lo que no tiene sentido ya que las abejas rápidamente dejan todo como estaba."
—The How-To-Do-It book of Beekeeping, Richard Taylor

Aquí hay idea una que creo que ayuda a las abejas, le da una oportunidad de monitorear por ácaros en la pupa de los zánganos, y ahorra mucho trabajo. Deje el panal zumbido que va desde el fondo de un marco hasta arriba del marco inferior. Se romperá al separar las cajas, pero hace una escalera buena para que la reina se mueva de una caja a la siguiente. También frecuentemente construyen entre las cajas y si las arranca también vera la pupa de zánganos y a los ácaros (debería estar mirando).

Deje de cortar las celdas de enjambre

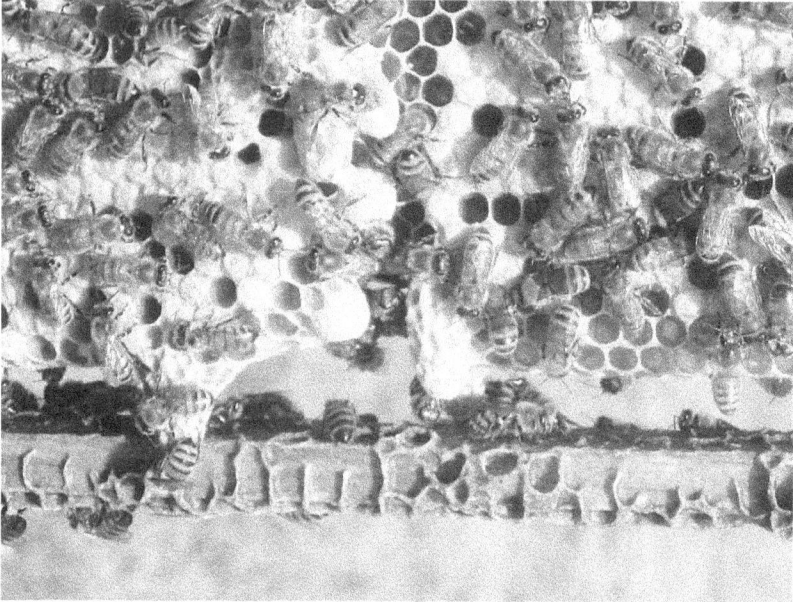

He leído los libros e intenté hacer esto cuando era joven, sin experiencia, y tonto. Las abejas pronto me enseñaron que era una pérdida de tiempo y esfuerzo. Si las abejas han decidido enjambrarse, haga una división o coloque un marco con algunas celdas de enjambre en un núcleo con un marco de miel y colóqueles unas reinas buenas. Una vez han ido hasta ese punto, nunca las he visto cambiar de opinión. Claro que la solución es no dejar que lleguen hasta este punto. Mantener el nido de cría abierto mientras les mantiene espacio para la expansión en los alzas es el mejor control de enjambre que conozco. Si el nido de cría se está llenando de miel, coloque unos cuantos marcos vacíos. Sí, vacíos. Sin estampada, nada. Inténtelo. Las abejas construirán algún panal de zángano, probablemente en el primer marco, pero después de eso harán una cría de obreras buena y la reina habrá puesto antes de que el panal completo esté hecho o de profundidad total. Se sorprenderá cuán rápido ellas pueden hacer esto y como las distrae del enjambre.

Deje de pelear con sus abejas

> *"Hay unas cuantas reglas a seguir. Una es que cuando esté enfrentado a un problema en el colmenar y no sepa la solución, no haga nada. Las cosas casi nunca se ponen peor al no hacer nada pero se pueden empeorar con intervención inepta..." —The How-To-Do-It book of Beekeeping, Richard Taylor*

No sé cáan a menudo veo preguntas en los foros de abejas preguntado cómo pueden hacer que las abejas hagan esto o lo otro. Pues, no puede obligarlas a que hagan algo. Al final las abejas harán lo que quieran hacer sin importar lo que usted quiera que hagan. Puede ayudarlas al asegurarse de que tienen los recursos que necesitan y al manipular la colmena para que no se enjambren. Puede engañarlas para que hagan reinas. Pero será más divertido y menos trabajo si deja de intentar que hagan algo en particular.

Deje de envolver su colmena.

> *"Aunque de vez en cuando hay que sobrevivir inviernos excepcionalmente severos aquí en el sur-oeste, no proporcionamos a nuestras colonias ninguna protección adicional. Sabemos que el frío, incluso el frío severo no perjudica a las colonias que están*

saludables. De hecho el frío ha decidido tener un efecto beneficioso en las abejas." Beekeeping at Buckfast Abbey, Brother Adam

"Nada se ha dicho de proporcionar calor a las colonias al envolverlas. Si no se hace correctamente, envolverlas puede ser desastroso, causando una húmeda tumba para la colonia" —The How-To-Do-It book of Beekeeping, Richard Taylor

Supongo que esto también incluye la preocupación por el invierno, y la instalación de calentadores. Las abejas han vivido durante millones de años sin calentadores ni ayuda. Si se asegura de que están fuertes y tienen suficiente comida y ventilación adecuada para que no acaben en una estalactita de condensación, entonces descanse. Trabaje en su equipo y las verá en primavera, o lo más temprano, a finales de invierno.

Deje de raspar el propóleo de toda superficie

"El propóleo rara vez crea problemas para un apicultor. Cualquier esfuerzo para mantener una colmena sin propóleo al raspar frecuentemente y sistemáticamente es tiempo gastado."—The How-To-Do-It book of Beekeeping, Richard Taylor

¿No se siente como en una batalla perdida? Las abejas lo reemplazarán de todas formas así que no hay por qué molestarse para sacarlo.

Deje de pintar su equipo.

"Las colmenas no necesitan pintura, aunque no sufren si el dueño quiere tener algo placentero para sus ojos. Las abejas encuentran su camino a sus colmenas más fácilmente si las colmenas no son todas iguales. Rara vez pinto las mías y ninguna es igual. La mayoría tienen la apariencia de múltiples años de uso y muchas temporadas bajo el sol y los elementos." —Richard Taylor, The Joys of Beekeeping

"Supongo que sí durarían más si las pintara pero no mucho más como para pagar por la pintura." —C.C. Miller, Fifty Years Among the Bees

Ya habrá notado, al mirar fotos de mi colmena, que la mayoría no están pintadas. Quizás los vecinos o la esposa se quejarían pero a las abejas no les importa. Quizás no durarán el mismo tiempo, no sé por qué deje de pintarlas hace cuatro años. ¡Pero piense en el tiempo que ahorrará!

Hace poco compré mucho equipo y he querido mantenerlo bien durante más tiempo así que empecé a sumergirlo en cera y goma de colofonia.

Deje de trasladar cuerpos de colmenas

"Algunos apicultores, confían en las abejas menos de lo que yo, y en este punto trasladan los cuerpos de las colmenas, trasladan las posiciones de dos pisos de cada colmena, pensando que esto inducirá a la reina a poner huevos y a distribuirlos por la colmena. Dudo que este resultado sea exitosome he dado cuenta de que este tipo de plan es mejor dejárselo a las abejas."–
Richard Taylor, The Joys of Beekeeping

En mi opinión trasladar cuerpos de colmenas es contra-producente. Es mucho trabajo para el apicultor y es mucho trabajo para las abejas. Después de cambiar las abejas tiene que reordenar el nido de cría. Es cierto que interrumpirá el enjambre, pero también otras cosas. Vea capítulo de Control de Enjambre para ver lo que hago.

No busque a la reina.

No busque a la reina a no ser que tenga que hacerlo. Es una de las operaciones que consume más tiempo. En vez de eso busque huevos o cría abierta. No hay nada malo en estar pendiente de ella, pero tratar de encontrarla cada vez que se asoma a la colmena es una pérdida de tiempo. Esto funciona también para cuando arme núcleos de copulación. Si desarma una colmena para los núcleos de copulación y no busca a la reina en los marcos y se la da a los núcleos puede haber perdido una reina pero se ahorrará mucho tiempo. Ella simplemente será reemplazada. La única ventaja real de buscar y encontrar la reina es la práctica, pero esto puede hacerse más fácilmente con una colmena de observación.

Si tiene problemas que le preocupan sobre las reinas, dele un marco de huevos y una cría abierta de otra colmena y despreocúpese. Si no tienen reina criarán una. Si no, no ha interferido. Vea el Volumen I *BLUF* la sección de Panacea para más información.

No espere.

Existen muchas operaciones donde la gente, incluyéndome a mí, le dirán que quite a la reina y espere al día siguiente. Esto sería para cosas como presentar celdas de reina a núcleos, o presentar una reina nueva a la colmena. Esperar mejoraría las probabilidades de aceptación. Pero la realidad es que solo mejoraría un poco. Así que si quiere ahorrar tiempo, no espere al día siguiente a no ser que quiera hacerlo. Hágalo ahora mientras tiene la colmena abierta.

Aliméntelas con azúcar seca.

No, no lo tomarán igual, pero si tiene que alimentarlas, hará que no se mueran de hambre y no tendrá qué hacer sirope, ni comprar los comederos, ni tendrá abejas ahogadas. Vea *Alimentar las Abejas* para más detalles.

Divida por cajas.

Si tiene una colmena vibrante que quiere dividir en primavera, no busque a la reina, no busque a la cría, solo divídalas por cajas. Las dos cajas del fondo que están ocupadas por las abejas probablemente tengan cría en ellas. Claro que el éxito depende de poder adivinar correctamente en qué cajas hay crías y almacenamiento. Si se equivoca acabará con una caja vacía después de un día o algo así. Pero si está correcto, se ahorrará mucho trabajo. Con marcos medianos de ocho (que son la mitad del volumen de un marco profundo de diez) las probabilidades de que esto funcione en la colmena en la que tengo por lo menos cuatro cajas (el equivalente a dos en marcos profundos de diez) es dos veces mejor. Puede repartir las cajas como cartas. Coloque una tabla de fondo a cada lado y haga "una para ti, una para mí" hasta que termine. Vuelva en un mes y observe como están.

Deje de Reemplazar.

Si deja que las abejas se reemplacen a sí mismas reproducirá abejas que *sí pueden y sí reemplazan* a las reinas por si solas. Las abejas en la naturaleza tienen esta presión selectiva. Las abejas que constantemente están siendo reemplazadas por un apicultor no tienen esta presión selectiva. Yo solamente remplazaría a la reina si la colmena parece estar fracasando y solo lo haría de una colmena que haya conseguido reemplazar a sus propias reinas.

Con esto, por supuesto, está de más decir que no compre más reinas. Haga las divisiones y permita que las abejas críen a sus propias reinas. De esa manera tendrá abejas que estén bien adaptadas a su clima y sus plagas y sus enfermedades; y usted tendrá enfermedades y plagas que estén bien adaptadas para coexistir con las abejas en vez de matarlas.

Alimentar Abejas

Pensaría que algo tan simple como esto no sería polémico, pero lo es, a varios niveles.

¿Primero, cuándo alimentar?

"P. ¿Cuándo es el mejor momento para alimentar las abejas?
"R. Lo mejor es no alimentarlas nunca, sino dejarlas recoger sus propios abastecimientos. Pero si la temporada ha sido un fracaso, como lo es algunos años en algunos lugares, entonces tiene que alimentarlas. El mejor momento para esto es cuando se da cuenta de que necesitarán alimento para el invierno; en agosto o septiembre. Octubre también vale, incluso diciembre, mejor alimentarlas a que se mueran de hambre."
—C.C. Miller, A Thousand Answers to Beekeeping Questions, 1917

En mi opinión existen muchas razones para evitar alimentarlas, si puede. Incita al robo. Atrae plagas (hormigas, avispas, chaquetas amarillas, etc.) Tapa el nido de cría e incita al enjambre. Ahoga a muchas abejas, y es mucho trabajo. Entonces si usa sirope, existe el efecto del pH en la cultura microbiana de la colmena y difiere en el valor nutricional de lo que hubiesen recolectando por sí solas.

Algunas personas alimentan a un paquete constantemente durante el primer año. En mi experiencia esto normalmente resulta en enjambre cuando no están lo suficientemente fuertes y a veces fracasan. Algunos alimentan en primavera, otoño, y escasez, independientemente del abastecimiento. Otros no creen en alimentarlas. Algunos roban toda la miel en el otoño e intentan alimentarlas de nuevo en invierno.

Personalmente no alimento si hay un flujo de néctar y tienen almacenamientos operculados. La recolección de néctar es lo que hacen las abejas. Deberían ser alentadas a hacerlo. Alimento en primavera si están ligeras, ya que no tendrían cría sin suficientes abastecimientos. Alimentaria en otoño si están ligeras, pero siempre trato de asegurarme de no quitarle mucha miel, y dejarles un poco si están ligeras. Algunos años el flujo en otoño falla y están a punto de morir de hambre si no las alimento. Cuando crio reinas durante escasez, a veces tengo que alimentarlas para hacer celdas y hacer que las reinas salgan y vuelen y copulen. Así que aunque intento evitar el alimentarlas, al final tengo que hacerlo. En mi opinión no hay nada malo en alimentarlas si tiene una buena razón para hacerlo, pero mi plan siempre es evitarlo si puedo y dejar que las abejas produzcan lo suficiente para vivir. También, aunque creo que la miel es el mejor alimento, creo que es demasiado trabajo cosecharla y volver a dársela para comer después, así que cuando alimento es con azúcar seca o sirope de azúcar, a no ser que tenga miel que no considere buena para vender.

El polen, si es usado para alimentar, se da antes del primer polen disponible en primavera. Aquí (Greenwood, Nebraska) eso sería a mediados de febrero. No he tenido suerte haciendo que las abejas lo tomen en otros momentos excepto en escasez en otoño.

Alimentación estimulante

Mucha de la literatura sobre la alimentación estimulante le hará comprender que es una necesidad absoluta para conseguir producción de miel. Muchos de los grandes de la apicultura han decidido que esto no es productivo:

> *"El lector ya debe haber llegado a la conclusión de que la alimentación estimulante, aparte de meterse en las estampadas, sacadas de la cámara de cría, no juega parte en nuestro plan de la apicultura. De hecho, esto es así."—Beekeeping at Buckfast Abbey, Brother Adam*
>
> *"Muchos actualmente parecen creer que la cría puede forzarse a recolectar mucho más rápido al alimentarlas diariamente con un fino dulce más que cualquier otro método; pero de muchos experimentos en este tema durante los últimos treinta años solo puedo pensar en que esto fue un error, basado en la teoría en vez de en una solución práctica al poner ciertos números de colonias en el mismo colmenar, alimentarlas la mitad mientras la otra mitad es "rica" en abastecimientos pero sin alimentarlas y entonces comparar "notas", viendo cada mitad, determinando cuál es mejor para la cosecha de miel... los resultados que demuestran un plan de "millones de miel en nuestra casa" seguido de lo que está por venir, sacarça entonces los planes estimulantes conocidos en la carrera de las abejas al momento de la cosecha."—A Year's work in an Out Apiary, G.M. Doolittle.*

"Probablemente el paso más importante en el manejo de la fuerza de la colonia y el más descuidado, es asegurarse de que las colmenas están hechas con almacenamientos en otoño, para que emerjan después del invierno ya lo suficientemente fuertes a principios de primavera"—The How-To-Do-It book of Beekeeping, Richard Taylor

"La alimentación de las abejas para estimular la cría en primavera es ahora visto como de poco y dudoso valor. Esto es especialmente cierto en los Estados del Norte, donde las semanas del clima caliente son seguidas por "heladas". El apicultor medio en una ubicación media encontraría más satisfactorio alimentar en otoño libremente, suficiente por lo menos para que tengan bastantes abastecimientos hasta la cosecha. Si las colmenas están bien protegidas y las abejas tienen bastantes abastecimientos con una abundancia de reservas, la cría natural procederá con rapidez suficiente, a principios de primavera antes del estímulo artificial. El único momento en que la alimentación en primavera sería aconsejable es cuando existe una escasez de néctar después del primer flujo de néctar de la primavera y antes de la cosecha primaria."—W.Z. Hutchinson, Advanced Bee Culture

Mis experiencias con alimentación estimulante

He intentado casi todas las combinaciones a través de los años y mi conclusión es que el clima tiene relación con el éxito o el fracaso de cualquier intento de alimentación estimulada. Algunos años parece que ayuda, otros años lleva a demasiadas crías demasiado temprano cuando una helada puede ser desastrosa o tener demasiada humedad en la colmena en ese precario periodo de tiempo de tarde invierno cuando aún pueden caer heladas. Además, los mejores resultados que pueden obtener son normalmente de alimentar una colmena que tiene pocos abastecimientos. Dejar más reservas parece ser un método más confiable y obtener muchas más crías en mi clima.

Aquí en el norte no solo parece más difícil sino que los resultados varían de desastrosos a increíbles. El problema es que la apicultura tiene suficientes variables y no quiero enseñarle más.

No cubriré que problemas de alimentación existen y llevaré todo a mi propia experiencia en cómo se relaciona el estimular la producción de cría e ignorar el problema de miel frente al azúcar por el momento.

Yo he alimentado muy poco (1:2) poco (1:1) moderado (3:2) y grueso (2:1) sirope en todo momento del año excepto durante un flujo de miel, pero de nuevo para simplificar un problema estimulando la cría, quedaremos en la primavera.

Veo que no hay diferencia en la estimulación de cría entre cualquiera de los ratios. Las abejas lo absorberán si hace calor suficiente (y aquí raro a principios de primavera o finales de otoño) y las inducirían a veces a empezar la cría cuando el sentido común de las abejas es que es muy temprano. Así que antes de simplificar, hablemos de alimentar o no alimentar con sirope.

Dificultad haciendo que las abejas cojan sirope temprano en climas calientes:

Si intenta alimentar con cualquier tipo de sirope a las abejas en mi clima a finales del invierno o principios de primavera, los resultados generalmente son negativos, o sea no se lo tomarán. La razón es que el sirope casi nunca está por encima de 50º F (10º C). Por la noche es algo entre helada o bajo cero. A lo largo del día, normalmente no está congelado. En aquellas extrañas ocasiones cuando hay 50ºF durante el día, el sirope sigue estando por debajo de 32ºF (0ºC) desde la noche anterior. Así que intentar dar el sirope a finales del invierno y principios de primavera no funciona- no se lo tomarán.

Desventajas al éxito:

Entonces, si tiene suerte y consigue una ola de calor que se mantenga lo suficientemente caliente para que el sirope se caliente para que las abejas se lo tomen, intentará conseguir que se pongan a criar una cantidad enorme, digamos a finales de febrero o principios de marzo, y entonces llega de repente una ola de frio helado que dura durante una semana y todas las colmenas inducidas a criar, mueren tratando de mantener esa cría. Se mueren porque no lo abandonaron y se mueren porque no pueden permanecer calientes, pero lo intentarán de todas formas. Podríamos tener una helada (10ºF o menos) en cualquier momento hasta finales de abril y el último año tuvimos una así a mediados de abril como la mayoría del país.

Nuestro record bajo aquí en la parte más caliente de Nebraska es en Febrero de -25º F. En marzo es -19º F. En abril es 3º F (16º C). En mayo es 25º F (-31º C). Tener temperaturas heladas es común aquí en mayo. He visto tormentas de nieve el 1 de Mayo. Así que dudo, no solo en la eficacia de alimentar con sirope, sino en si puedo conseguir que funcione, la sabiduría es que estimule cría antes de lo que es normal en las abejas. Si tiene éxito, tiene que quitarlas de su armonía con su ambiente.

Resultados variados:

Esto puede ser un resultado completamente diferente de año en año. Definitivamente si su apuesta gana y tlene abejas que tienen cría en marzo y logra hacer que no se enjambren en abril o mayo (dudoso), no hay ninguna helada que mate alguna de las colmenas, o que hayan crecido tanto para el tiempo en que dan esas heladas que ellas puedan arreglárselas y que consiga que esa población máxima siga por el flujo a mediados de junio, a lo mejor tendrá una cosecha grande. Por otro lado, si tiene mucha cría en marzo, y tiene una helada que dure más de una semana y la mayoría muere, es un resultado completamente diferente.

En un clima distinto sería algo completamente diferente. Si vive donde nunca hay temperaturas bajo-cero y los agrupamientos no se estancan en la cría del frio y no pueden llegar a los almacenamientos entonces los resultados de alimentación estimulante pueden ser mucho más predecibles y mucho más positivos. Claro que puede haber cría antes de tiempo y enjambre después del flujo.

Azúcar Seca:

Esto no es un buen alimento para la primavera, excepto como sobras del invierno, pero en mi experiencia existe mucha diferencia entre el invierno y la primavera. La mayoría de las colmenas se comieron el azúcar. Algunas se comieron la mayoría de el azúcar. Hicieron cría mientras se comieron el azúcar y pudieron comer incluso cuando hacía frío. No se vuelven tan locas comiéndolo ni tan locas criando, pero lo veo como algo bueno. Un moderado abastecimiento que puedan alcanzar en el frio es mejor para que sobrevivan que unos abastecimientos enormes en un momento en el que puedan tener una helada en sirope que no puedan comer si está frio.

Tipo de comedero:

Admitiré que el tipo de comedero también tiene mucho que ver en todo esto. Un comedero superior a principios de primavera es inútil. El sirope casi nunca está lo suficientemente caliente para que las abejas lo cojan. Los comederos de bolsas, por otro lado, encima de los agrupamientos, parece que funcionan y ellas pueden llegar a él, al igual que el azúcar seca. Un comedero de marco (aunque no me gustan) en el agrupamiento es mucho mejor que un comedero superior, pero no igual que los comederos de bolsa. En mi clima cualquier comedero que esté lejos del agrupamiento no se usará hasta que el clima esté constante en los 50ºF (10ºC) y para ese momento los arboles de frutas y los dientes de león habrán florecido así que es irrelevante.

Puede darles siropes a finales de marzo o principios de abril con un comedero de bolsa o una jarra directamente sobre el agrupamiento o si recaliente el sirope regularmente, cuando todo lo demás falla.

Segundo, ¿con qué las alimenta?

Prefiero *dejarles* miel. Algunas personas creen que solo se deben alimentar con miel. Desde una perspectiva de perfeccionismo, me gusta. Desde una perspectiva práctica, es difícil para mí. Primero, la miel incita más al robo que el sirope. Segundo, la miel se estropea más fácilmente si la diluyo en agua y detesto ver la miel estropeándose. Tercero, la miel es muy cara (si la compra, o no la venda) y el trabajo de extraerla es demasiado intensivo, solo para alimentarlas. Me parece equivocado pasar por el trabajo de extraerla solo para alimentarlas. Prefiero dejarle suficiente miel en las colmenas, y sacar alguna de una colmena más fuerte para dársela a una más débil, en vez de alimentarlas. Pero si llega al nivel de necesitar alimentarlas les doy miel vieja o miel cristalizada si la tengo, si no les doy sirope de azúcar.

Polen

El otro problema es el darle polen frente a darle el sustituto. Las abejas están más sanas comiendo polen verdadero que el sustituto. Intento darles siempre polen real pero a veces no puedo costearlo y decido darles 50:50 polen: sustituto. Usando solo sustituto, las abejas viven muy poco. No noto la diferencia con 50:50, pero creo que polen 100% es lo mejor.

Tercero, ¿qué cantidad hay que darles?

Es mejor revisar con apicultores locales cuántos abastecimientos se necesitan para pasar el invierno. Aquí con un agrupamiento grande de italianas, intento tener un peso de colmena de 100 a 150 libras. Con carniolas es más de 75 a 100 libras. Con las supervivientes ferales es más de 50 a 75 libras. Siempre es mejor tener demasiado que muy poco.

Cuarto, ¿cuánto alimentarlas?

Existen más planes de cómo alimentar abejas que opciones sobre cualquier otro aspecto de la apicultura. Tengo una relación amor/odio con la alimentación así que no es sorprendente que tenga una relación amor/odio con todos los métodos también.

Problemas al considerar el tipo de comedero:

¿Cuánto trabajo implica la alimentación? Por ejemplo, ¿me tengo que poner equipo protector? ¿Abrir la colmena? ¿Quitar tapas? ¿Quitar cajas? ¿Cuánto sirope puede albergar? ¿Cuántos viajes tendré que hacer al colmenar para tenerlas listas para el invierno? En otras palabras, un comedero que albergue cinco galones de sirope, solo tendría que llenarlo una vez. Si solo alberga un cuarto tendré que llenarlo muchas veces.

¿Las abejas lo cogerán si hace frio? Si el clima está caliente cualquier comedero funciona. Solo pocos funcionarán cuando la temperatura sea mínima, lo que significa que está sobre unos 40º por la noche y unos 50º por el día. Ningún comedero funcionará cuando está frio todo el tiempo.

¿Cuál es el precio? Algunos métodos son bastante caros (un buen comedero superior puede costar de $20 a $40 por colmena) y algunos son bastante baratos (convertir una tabla de fondo a un comedero puede costar 25¢ por colmena).

¿Causa robo? Los comederos "Boardman" por ejemplo son notorios por esto.

¿Causa ahogos? ¿Se puede mitigar? Los comederos de marco son notorios por esto y la mayoría de apicultores han añadido un flotador o escalera o los dos para minimizar esto. Los comederos de tabla de fondo son igual que los comederos de marco.

¿Es difícil entrar en la colmena con un comedero o se quita por el camino? Por ejemplo, los comederos superiores hay que quitarlos para entrar en la colmena y se derraman a menudo.

¿Es difícil limpiar un comedero? El alimento se pudrirá. Los comederos tendrán moho. Si las abejas se pueden ahogar en ellos, hay que limpiarlos de vez en cuando.

Tipos básicos de comederos

Comederos de Marco

Comedero de marco. Estos varían mucho. Los más antiguos eran de madera. Los no tan antiguos eran de plástico débil y se ahogaban muchas abejas. Los más nuevos son mayormente de un plástico negro con lados de estrías para servir como escalera. Si coloca un flotador en ellos funcionarán mucho mejor con menos ahogos o una escalera hecha de tela de ferretería #8. También saldrá más de un marco, como un marco y medio así que no cabrán bien y se saldrá la mitad. Brushy Mt. tenía uno hecho de Masonita con acceso más limitado, una escalera hecha de #8, y solo ocupaba un espacio sin protuberancia. Betterbee tiene una versión en plástico con funciones similares. No he tenido uno pero las quejas que he escuchado es que las orejas son muy cortas y se caen del marco. Si las hace correctamente tendrían que hacer honor a su otro nombre "comedero de división de tabla" pero para hacer eso tendría que dividir la colmena en dos partes y tendría que tener acceso separado a las dos partes de la colmena. Algunas personas hacen "comederos de división de tablas" y los usan para hacer una colmena de 10 marcos en dos núcleos de cuatro marcos con un comedero compartido.

Comedero Boardman

Estos vienen en todos los kits de principiantes. Van en la entrada y soportan una jarra de masón invertida de un cuarto. Me quedaría con la tapa y quitaría la jarra. Son notorios por incitar al robo. Son fáciles de revisar pero tiene que sacudir las abejas y abrir la jarra para rellenarlos.

Comedero de Jarra

Envase invertido. Estos funcionan con el mismo principio que una neverita u otros envases invertidos donde el líquido está en un vacío (o para aquellos entre nosotros con mente técnicas, mantenidos por la presión de aire exterior empujándolo). Para alimentar a las abejas esto puede ser una jarra de un cuarto (como el comedero Boardman), una lata de pintura con agujeros, un cubo plástico con tapa, una botella de un litro, etc.

Solo tiene que tener una manera de mantenerlo sobre las abejas y algunos agujeros para que el sirope pueda salir. Las ventajas varían por como lo arreglas y cómo de grandes son. Si pueden albergar un galón o más no tendrá que rellenarlo a menudo. Si solo pueden albergar un cuarto tendrá que rellenarlo bastante. Si tienen un escape o si la temperatura cambia a menudo, pueden ahogar o congelar a las abejas. Normalmente son baratos y se ahogan menos abejas que en un comedero de marco a no ser que goteen. Si el agujero se cubre con una telilla de ferretería #8 no tendrá abejas en el envase a no ser que tengas que rellenarlo.

Comedero Miller

Denominado por C.C. Miller. Existen variaciones. Todos van en la parte superior de la colmena y requieren estar cerrados apretados para que los ladrones no entren y se ahoguen en el sirope. Algunos tienen acceso abierto por las abejas al comedero entero. Algunos tienen un acceso limitado con malla para que las abejas tengan suficiente acceso al sirope. Vienen con accesos en diferentes lugares- a veces un lado, a veces ambos lados, a veces en el centro paralelo de los marcos y a veces a través del marco. El razonamiento se basa en cuán fácil se hace y se llena con solo un compartimiento o mejor acceso para las abejas (centro) o aún mejor acceso para las abejas (a través de los marcos) para que las abejas lo encuentren. Cuanto más altos son, más se acostumbran cuando haga frío, pero más sirope albergan. Algunos albergan hasta cinco galones (estupendo para un colmenar en clima cálido pero no tan bueno cuando hace frío por la noche). Algunos albergan tan poco como unos cuantos cuartos. Para las abejas en el clima frío funciona uno que sea llano y tenga entrada en el centro mejor que uno que sea profundo y con entrada a un lado. El comedero "Rapid" es de un concepto similar pero es redondo y va sobre el agujero de una cubierta interna. La mayor desventaja es probablemente tener que quitarlo para acceder a la colmena. Lo que es bastante incómodo si está lleno. Las mayores ventajas son el volumen de sirope que puede albergar y, si tiene malla, no tener que ponerse equipo de protección o molestar las abejas.

Comedero de Tabla de Fondo
Comedero de Tabla de Fondo de Jay Smith

Comedero de Tabla de Fondo de Jay Smith

El comedero de tabla de fondo de Jay Smith es simplemente una represa hecha con un bloque de madera de $^3/_4$″ por $^3/_4$″ puesto a una pulgada más o menos de donde estaría el frente de la colmena (18″

más o menos de la parte atrás). La caja está puesta lo suficientemente hacia adelante para hacer una pequeña brecha en la parte trasera. El sirope se echa en la parte de atrás. Se puede usar una tabla pequeña para tapar la apertura de la parte trasera. Las abejas todavía pueden ir al frente al bajar de la represa. La foto está tomada desde la perspectiva de estar parado detrás de la colmena mirando hacia el frente. Está vacío para que pueda ver dónde está la represa. Los bordes de la represa han sido mejorados y se le han puesto etiquetas para que se entienda mejor. Esta versión no funciona en una colmena débil ya que el sirope está muy cerca de la entrada. Ahoga a tantas abejas como los comederos de marco.

Mi versión

Mi versión del comedero de tabla de fondo de Jay Smith. La modifiqué para hacerle una entrada superior y el comedero en el fondo. Están hechas de una tabla de fondo de Miller Bee Supply. El espacio arriba es de $^3/_4$" y el espacio de abajo es de $^1/_2$". Es un buen espacio para sobrevivir en invierno, ya que puedo colocar un periódico y cubrir el azúcar o puedo poner un pastelillo de polen sin machacar a las abejas. Estaba preocupado por el agua de la condensación así que añadí un tapón de drenaje. Esto se puede usar también para drenar el sirope malo. Este diseño también permite apilar los núcleos y alimentarlos todos sin abrir o arreglar. Hasta ahora he tenido el mismo número de ahogos que con un comedero de marco estándar. Tiene que echar el sirope lentamente y si las abejas son tan gruesas que están por toda la parte inferior, tendrá que añadir una caja y reducir la congestión. Estoy considerando hacer un flotador de $^1/_4$" de madera.

Fondo del comedero. El bloque atravesado crea una entrada reducida a la colmena debajo de él.

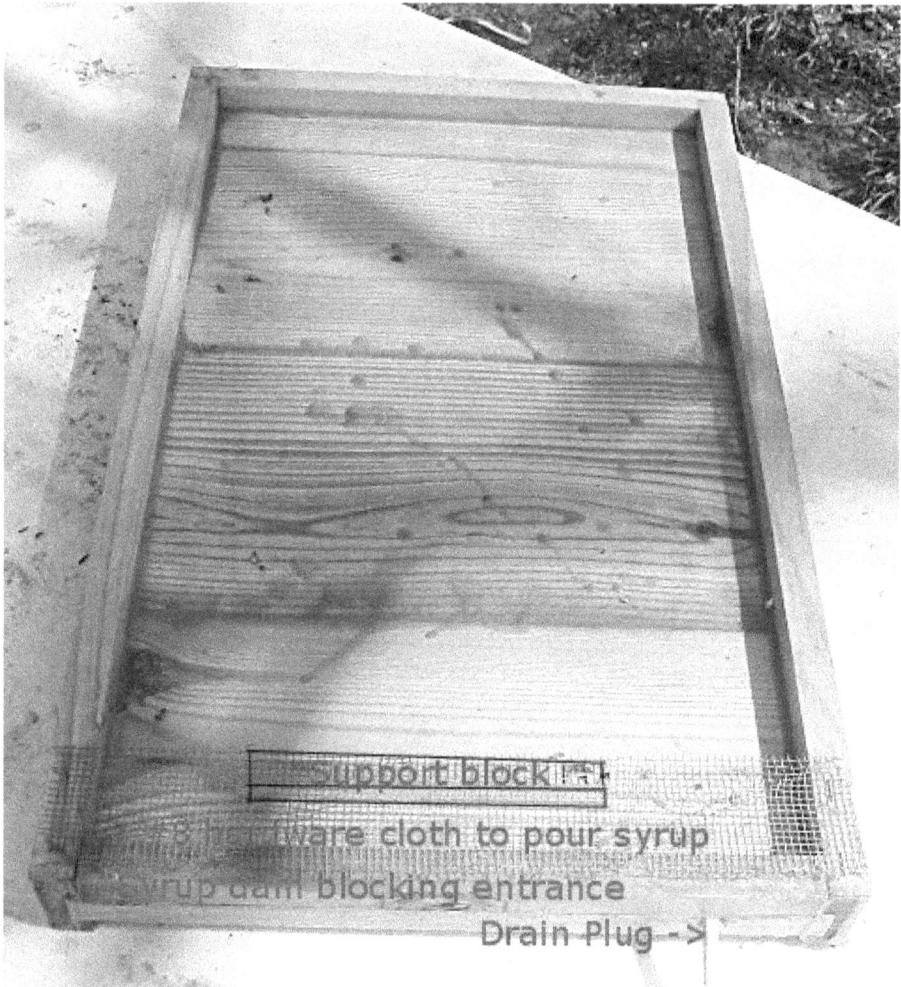

Parte superior del comedero. La represa al frente hace
que el sirope no se salga. El bloque de apoyo mantiene
la tela de ferretería #8 para que no se afloje. La tela #8
me permite llenar el comedero sin que se salgan las
abejas volando. El tapón de drenaje sirve para dejar
que salga la condensación en el invierno o el agua de
lluvia si entra. Ha sido sumergido en cera y las rajas se
han rellenado con un cierre de tubo de cera. Podría
derretir la cera y dejarla sujeta en el comedero para
sellarlo.

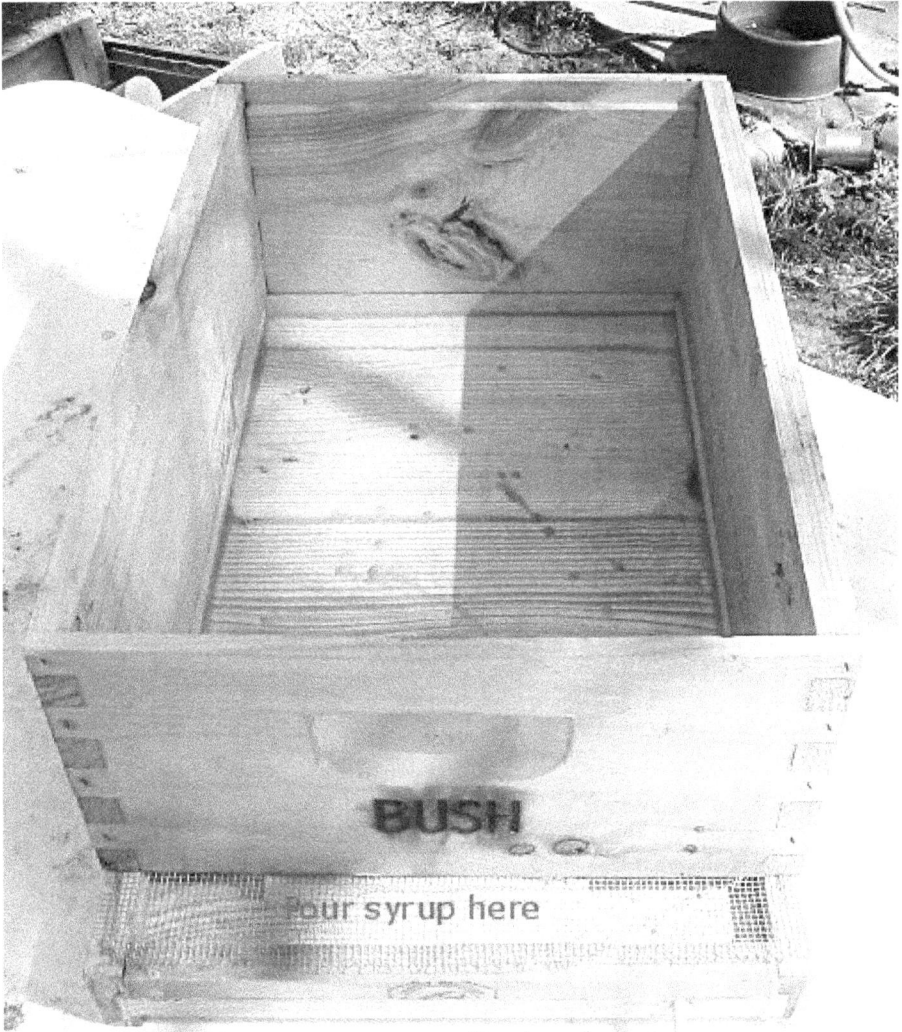

BUSH

Pour syrup here

Drain plug->

Con una caja encima para que pueda ver donde llenarlo. Si no está apilándolas, la parte del comedero puede estar delante o detrás. Cuando se hace "estilo de apartamento" el filtro está en la parte delantera.

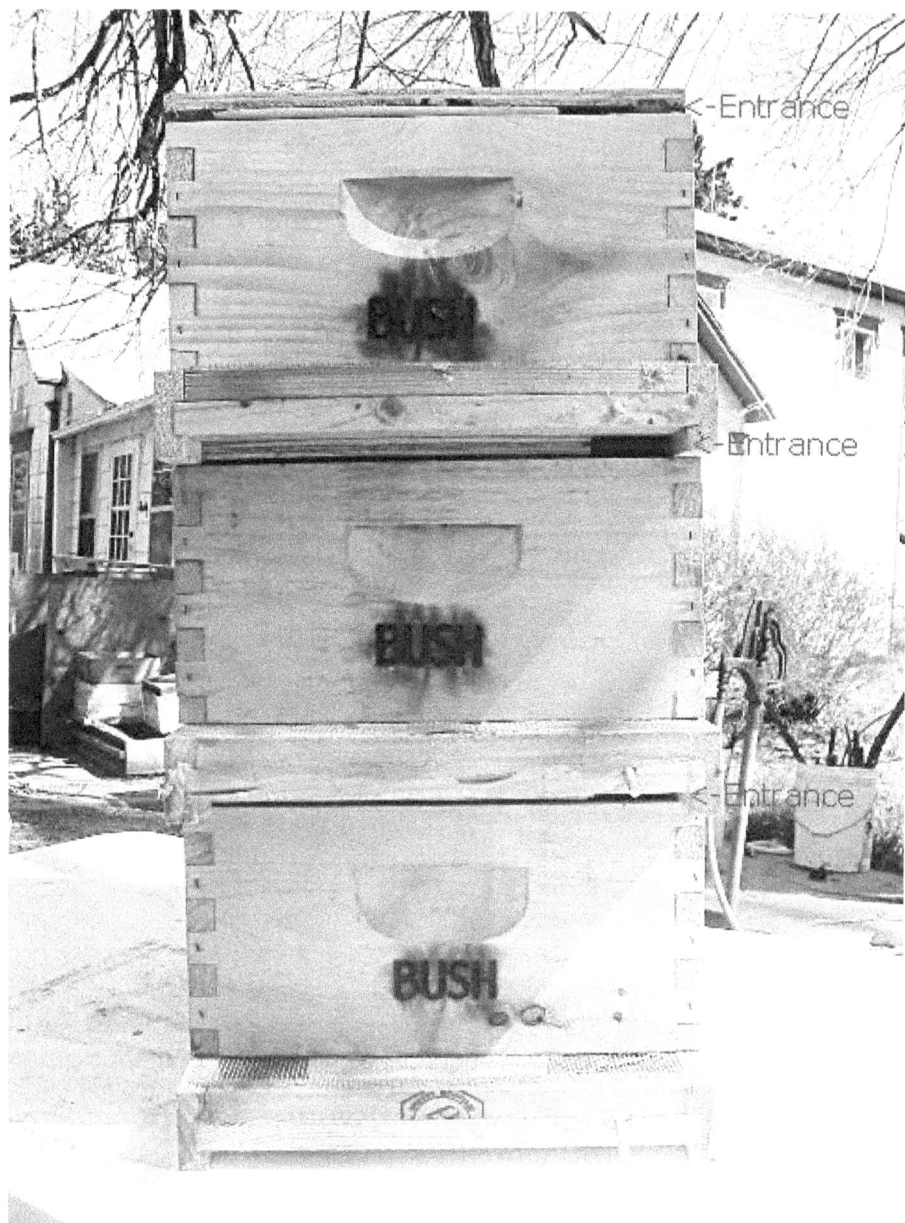

El estilo de apartamento donde se ve la entrada debajo del núcleo inferior.

Estilo apartamento con cubiertas sobre el filtro para mantener la lluvia fuera. Estas son sobras de madera de $^1/_2$" pero cualquiera funciona bien. Hasta ahora no se han volado.

Comedero de Bolsa

Estos son simplemente bolsas de cierre con cremallera llenadas con tres cuartos de sirope, puestas en las barras superiores y rajadas en la parte de arriba con una navaja con dos o tres hendiduras. Las abejas chupan hasta que el sirope se acaba. Se necesita una caja para hacer espacio. Un comedero invertido de Miller o una calza de uno por tres o cualquier alza vacío. Las ventajas son el coste (solo el coste de las bolsas) y que las abejas trabajarán en clima más frio ya que el agrupamiento las mantendrá calientes. Las desventajas son que tiene que molestar a las abejas para poner bolsas nuevas y tirar las bolsas viejas. También está el riesgo de un espacio excesivo en la colmena que pueda hacer que las abejas construyan panal en él.

Comedero abierto

Estos son solo envases grandes con flotadores (bolitas de poliestireno, pajilla, etc.) llenos de sirope. Por norma general, están lejos de las colmenas (100 yardas o más). Las ventajas son que las puede alimentar rápido ya que no tiene que ir colmena por colmena. Las desventajas son que puede estar alimentando las abejas del vecino y a veces incitar al robo y a veces en un frenesí de alimentación se ahogan muchas abejas.

Tabla de dulce

Es una caja de uno por tres con una tapa que tiene dulce por encima. Va en la parte superior en invierno y las abejas la usan si tienen que ir a la parte de arriba de la colmena y necesitan comida. Son muy populares y parecen funcionar.

Fondant

Esto puede estar en las barras superiores. De nuevo parece ser más útil en caso de alimentación de emergencia. Las abejas se lo comerán si no hay nada para comer. El efecto al final es similar al de la tabla de dulce.

Azúcar Seca

     Puede ser dado como alimento de maneras diferentes. Algunas personas lo dejan en la parte trasera de la colmena (defininitivamente no recomendado con Tablas de Fondo con Malla ya que se caerá al suelo.) Otros ponen un papel de periódico sobre las barras superiores, añaden una caja arriba y ponen azúcar en el periódico (como en las fotos de arriba). Otros ponen un comedero de marco (el tipo de plástico negro). Incluso he sacado dos marcos de una caja de ocho marcos que estaban vacíos y puse el azúcar en el hueco (con una tabla de fondo sólida, por supuesto). Con las tablas de fondo de malla o con colmenas pequeñas que solo necesitan un poco de ayuda, saco marcos vacíos, pongo periódico en el hueco y pongo un poco de azúcar, rocío con un poco de agua para que se formen macizos y no se mueva, un poco más de azúcar hasta que logro que se llene. A veces las abejas de casa se la llevan a la basura si no lo hago macizo. Si las rocío con agua logro que las abejas se interesen. Cuanto más fino sea el azúcar mejor lo toman. Si consigue azúcar de panadero lo aceptarán mejor que el azúcar regular, pero es más difícil de conseguir y más caro.

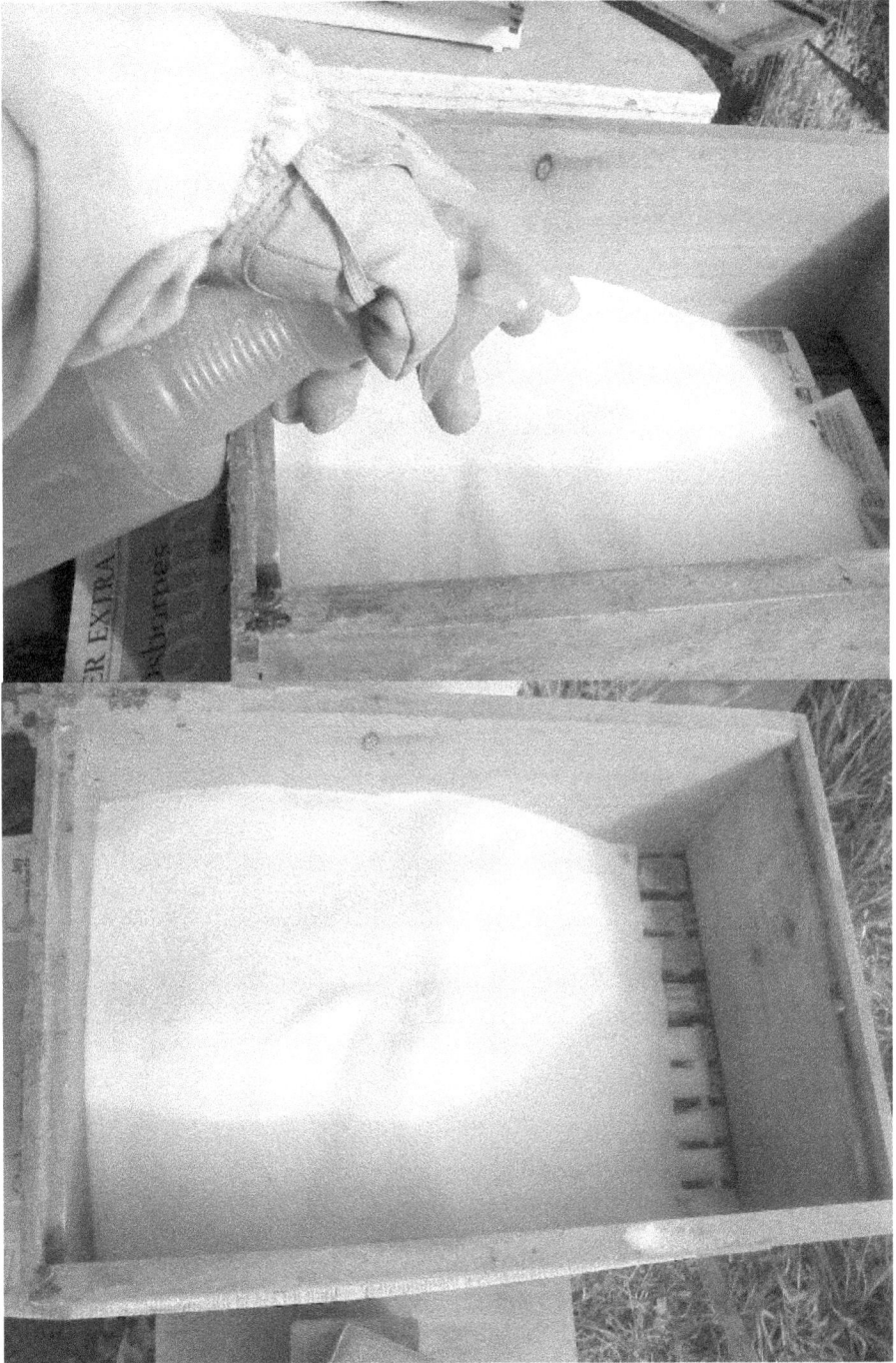

¿Qué tipo de azúcar?

Da igual si es azúcar de remolacha o azúcar de caña.

Lo que importa es si es azúcar blanco granulado u otra cosa. El azúcar en polvo, azúcar moreno, y otra clase de azúcar no es bueno para las abejas ya que no pueden manejar los sólidos.

Polen

El polen se da como alimento en comederos abiertos para que las abejas lo recojan seco o en pastelillos mezclados con sirope o miel en una masa y entre papeles de cera. Los pastelillos se ponen en las barras superiores. Una cuña es útil para hacer espacio para el pastelillo. Normalmente practico alimentación seca en una colmena vacía con alambre encima de un fondo sólido para que no cree moho.

Midiendo ratios para sirope

Las mezclas estándares son 1:1 en primavera y 2:1 en otoño (azúcar: agua). La gente muchas veces usa otros por sus propias razones. Algunas personas usan 2:1 en primavera porque es más fácil de cargar y se mantiene mejor. Otras personas usan 1:1 en otoño porque creen que estimulan a la cría y quieren asegurarse de tener abejas jóvenes al entrar en el invierno. Las abejas lo conseguirán de cualquier forma. Se mantiene mejor que el 1:1 y es más fácil de disolver en el 2:1.

¿Peso o Volumen?

El próximo argumento es sobre el peso o volumen. Si tiene una buena escala puede aprender esto por sí mismo, pero coja un envase de una pinta, pésela vacía, y llénela con agua. El agua pesará casi una libra. Ahora coja un envase seco, péselo, llénelo con azúcar blanca y péselo. Pesa cerca de una libra. Así que no importa. Puede mezclar. El agua y el azúcar tiene el mismo peso. Por lo menos antes de mezclar el sirope. 10 pintas de agua, hervidas, con 10 libras de azúcar tendrá lo mismo que 10 libras de agua, hervidas y añadir 10 pintas de azúcar.

La siguiente confusión parece ser cuánto se tarda en hacer un sirope. El volumen de 10 pintas de agua y 10 pintas de azúcar hará 15 pintas de sirope, no 20. El azúcar y el agua caben juntos.

Cómo medir

No confunda el problema de cómo medir. Mida antes de mezclar. En otras palabras no puede llenar un envase $^1/_3$ de agua, añada azúcar hasta que esté $^2/_3$ de lleno y tengas 1:1 de sirope. Tendrá más como 2:1 de sirope. De la misma manera no podrá llenarlo un tercio con azúcar y añadir agua hasta que sean dos tercios con un 1:1 sirope. Tendrá algo así como 1:2. Tendrá que medir por separado y después juntarlos para tener una medida precisa. Encuentro que lo más fácil es usar pintas para agua y libras para azúcar ya que el azúcar viene en paquetes marcados en libras y el volumen es fácil de medir con agua. Así que si sabe que tiene que añadir 10 libras de azúcar y si quiere 1:1 entonces empiece con 10 pintas de agua hirviendo y añada 10 libras de azúcar.

Cómo hacer sirope

Hiervo el agua y añado el azúcar y entonces cuando está todo disuelto apago el fuego. Con 2:1, esto puede llevar un tiempo. De cualquier manera el agua hirviendo hace que el sirope se mantenga mejor ya que mata a todos los microorganismos que puedan estar en el azúcar o el agua.

Sirope mohoso

No dejo que un poco de moho me moleste, pero si huele raro o si está demasiado mohoso lo tiro. Algunas personas añaden cosas para controlar esto. Clorox, vinagre destilado, vitamina C, jugo de limón, y otras para mantenerlo más tiempo. Todas estas excepto el clorox hacen el sirope más ácido y más cerca de acidez de la miel (pH más bajo).

Entradas Superiores

Razones para entradas superiores

Puede mantener las abejas bien sin ellas, pero eliminan los siguientes problemas: ratones, zorrillos, zarigüeyas, abejas muertas bloqueando la salida en invierno, condensación de la tapa en invierno, la nieve bloqueando la salido en invierno o la hierba el resto del año. También permite comprar trampas de polen Sundance II.

"Tenía un vecino que usaba la caja común de colmena; tenía un agujero de dos pulgadas arriba el cual dejó abierto un invierno; las colmenas quedaron en lo más alto de tocones de cicuta, sin protección, verano o inverno excepto algo para mantener la lluvia fuera, y la nieve de la parte superior de la colmena. Cubrió los alrededores del fondo de la colmena para el invierno. Sus abejas sobrevivieron el invierno bien y cada temporada se enjambraban cada dos o tres semanas; casi ninguna salía a la nieve hasta que hacia suficiente calor para que pudieran volver a la colmena.

"Desde entonces he observado que cada vez que veo un enjambre en la naturaleza donde el vacío estaba encima de la entrada, la colmena siempre estaba abierta y limpia, y las abejas siempre estaban en mejores condiciones; sin abejas muertas en el fondo del tronco, y al contrario cuando he encontrado un árbol con la entrada

bajo el vacío, siempre había menos moho en los panales, abejas muertas, etc.

"De nuevo si ve una caja de colmena con una raja de arriba a abajo lo suficientemente grande como para que quepan sus dedos, las abejas están bien nueve veces de diez. La conclusión es esta, que con ventilación superior sin corriente de aire del fondo de su colmena, las abejas pasarán el invierno bien...." Elishia Gallup, The American Bee Journal 1867, Volumen 3, Número 8 pág. 153

Cubiertas migratorias regulares con calzada para hacer entradas superiores con la apertura en la parte larga.

Cómo hacer entradas superiores

Estas son mis colmenas actuales. Son de $^3/_4$" de madera cortadas al tamaño de una caja (no listones) con calzadas para hacer la apertura en el lado corto.

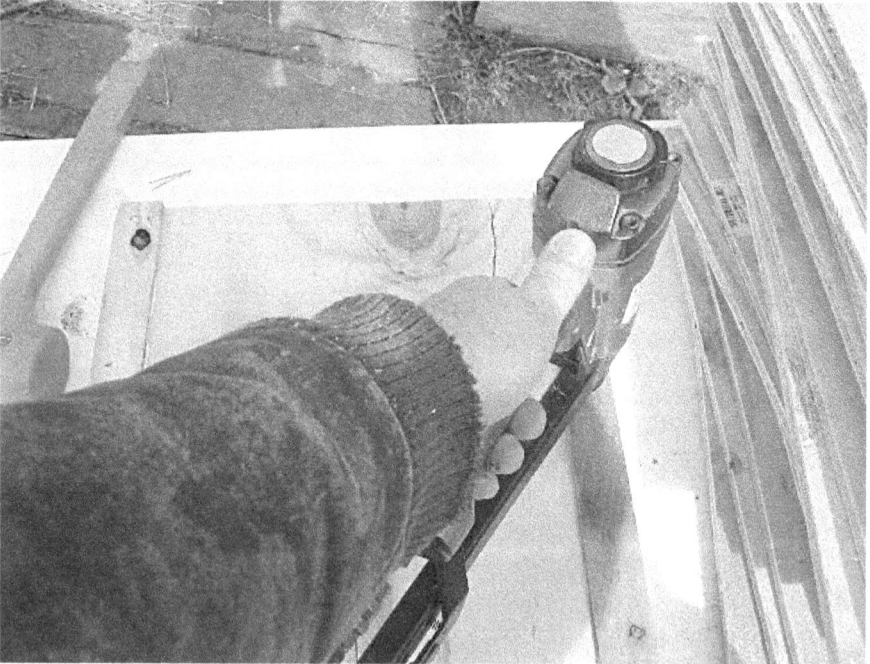

Haciendo las entradas superiores

Recientemente empecé a hacerlas de madera de $^1/_2''$.

La idea de usar calzadas me fue presentada por Lloyd Spears quien dice que él la obtuvo de un hombre llamado Ludewig.

Preguntas Frecuentes: Preguntas Comunes sobre Entrada Superiores:

P: ¿Sin entradas de fondo, no tienen problema echando a las abejas muertas y manteniendo la colmena limpia?

R: En mi observación, no más problemas que con entradas inferiores. De cualquier manera se acumulan las abejas muertas en el invierno. De cualquier manera se acumulan algunas en el otoño. De cualquier manera la mantienen limpia hacia la mitad del año. He visto a las abejas caseras en mi colmena de observación (la cual tiene una entrada inferior) llevarse las abejas muertas de la colmena de arriba a abajo antes de encontrar la entrada en el fondo. No creo que importe en absoluto. De acuerdo con Elisha Gallup (vea la cita anterior) lo contrario es cierto. Dice que las entradas superiores están libres de escombros mientras que las de fondo están llenas de desechos.

P: ¿Las recolectoras que vuelven se enojan cuando está trabajando la colmena?

R: No he notado ninguna diferencia. Tanto con entrada superior o inferior, mientras esté trabajando en la colmena o solamente parado al lado de la colmena, en ambos casos está confundiendo a las abejas y con cualquiera de las entradas tendrá abejas que quieren entrar en la colmena mientras está trabajando. Con la entrada superior, ellas solo irían hacia arriba.

P: Cuando quita los alzas, ¿no se confunden?

R: La mayor confusión es cuando se quitan de una y están al lado de uno de estatura similar. Entonces se confunden de cuál es su colmena. Pero pienso que es lo mismo con cualquier tipo de entrada. Usan la estatura de la colmena como una pista visual así que si se acorta su colmena, seguirán a la próxima alta. En un día todo vuelve a la normalidad.

P: ¿Por qué algunas personas no recomiendan usarlas en el pueblo porque las abejas se confunden cuando se trabaja en la colmena?

R: Similar a la contestación anterior. En mi experiencia cualquier colmena abierta causa confusión para las recolectoras que regresan porque la estatura de la colmena normalmente cambiar al mover las cajas, y la presencia de los apicultores cambia las pistas de ubicación. No veo aumento en la confusión de las de entradas superiores o de las de entradas inferiores. En mi opinión el consejo de que las de entradas superiores no deben ser usadas en ambientes urbanos es erróneo, pero parece que se repite mucho en personas que no tienen experiencia con entradas superiores. Pasar el invierno es mucho más fácil y mejor con entradas superiores y previenen problemas de cría calcificada y sobrecalentamientos. Estas ventajas no deben ser sacrificadas solamente por el mito repetido de la disrupción a la colmena.

P: ¿Usa un reductor de entrada?

R: En algunos de ellos tengo y en otros no. Uso una pieza de madera gruesa de $^1/_4$″ (un pedazo de telilla sirve también) corto 2′ cortas del ancho de la entrada con un clavo en el centro para poder girarlo abierto o girarlo cerrado.

Carretillas

En mi búsqueda de simplificar mi apicultura, he encontrado y modificado estas carretillas.

He modificado dos carretillas que tengo. Esta es de Brushy Mt. Añadí el bastidor de hierro de ángulo perforado al frente para poder cargar seis cajas vacías sin que se cayeran. También añadí la tuerca a la parte superior para poder moverlas cuando estén vacías. Desafortunadamente tengo que hacerle otro agujero para pines si quiero cargar una caja de 8 marcos.

Aquí está el bastidor en la carretilla de apicultura de Mann Lake. De nuevo, para poder cargar seis cajas vacías a través del pastizal sin que se caigan. El clavo en el agujero del medio en la parte superior se usa también para que las cajas no caigan hacia delante cuando las recojo. Tuve que bajar el eje al añadir el ángulo de hierro arriba para poder deslizarlo al medio y recogerlo sin pelear con él al echarse hacia delante. También tuve que cortar un poco del ángulo de hierro hacia abajo para que no se enrede en la hierba. Parece que uso este más que los otros porque puedo simplemente deslizar las cajas y recogerlas.

Esto fue inventado por el apicultor Jerry Hosterman en Arizona. He visto que su trabajo es obviamente anterior al de Mann Lake.

Aquí está el clásico Walter T. Kelley "Nose Truck" designado para la apicultura. Requiere algún tipo de tabla de fondo, preferiblemente con listones al final, para que actúen como paletas. Es fuerte y pueden llevar seis alzas llenos. No he hecho modificaciones en él.

Control de Enjambre

Foto por Judy Lillie

El enjambre ocurre cuando la reina vieja y algunas de las abejas empiezan a salir para empezar una nueva colonia. Las secuelas de enjambres ocurren después de que la reina vieja se haya ido y todavía queden demasiadas abejas, así que algunas de las reinas de enjambre (reinas sin copular) se van con más enjambres. A veces una colonia tiene más de una secuela de enjambre.

Generalmente el enjambre es considerado algo malo porque a menudo se pierden abejas. Pero si logra capturarlos es un bono porque los enjambres son notorios por construir rápidamente. Las abejas están enfocadas ya y está en su orden natural de las cosas. En los días de las colmenas de canasta y las colmenas de cajas siempre era considerado algo bueno. Era una oportunidad de aumentar la población.

Causas de enjambre

Es bueno darse cuenta de que el enjambre es una respuesta natural de una colmena exitosa. Significa que están lo suficientemente sanas para reproducirse en la colmena. Sin embargo al apicultor no le conviene que se enjambren, así que veamos por qué quieren enjambrar.

Primero existen dos tipos principales de enjambres. Están los enjambres reproductivos y los enjambres de sobrepoblación. Existe una variedad de presiones que los empujan hacia el enjambre.

Enjambres de Sobrepoblación

Ya que es el más simple y puede ocurrir en cualquier momento, veamos rápidamente el enjambre de sobrepoblación. Los factores que parecen contribuir son:

Ningún lugar donde poner el néctar para que lo almacenen en el nido de cría. Prevención: añada alzas.

Una tapadera de miel o polen en el nido de cría y así la reina no tiene donde poner. Prevención: quitar los panales de miel y añadir marcos vacíos para que las abejas estén ocupadas haciendo cera y la reina tenga algún sitio donde poner en el agrupamiento del nido de cría.

Ningún lugar donde agruparse cerca del nido de cría. A las abejas les gusta agruparse cerca de la reina (que está en el nido de cría) y esto tapa el nido de cría ya que se forma una multitud. Prevención: los portadores darán más espacio a un agrupamiento bajo el nido de cría. Las tablas en la parte exterior le dan más espacio a los agrupamientos en los lados del nido de cría. Estos son una barra superior ancha de $^{3}/_{4}$" con una tabla de madera similar al material en el medio del tamaño. Un lado reemplaza el marco en el nido de cría.

Demasiado tráfico congestionando el nido de cría. Prevención: una entrada superior dará a las recolectoras una manera de entrar a la colmena sin tener que pasar por el nido de cría.

Así que básicamente, si mantiene sus alzas y proporciona ventilación puede evitar un enjambre de sobrepoblación.

Enjambre Reproductivo

Las abejas han estado trabajando para esta meta desde el último invierno cuando intentaron pasar el invierno sin suficientes abastecimientos para crear en la primavera antes del flujo, lo suficiente para que cause un enjambre que entonces tendrá una oportunidad óptima de crear lo suficiente para el próximo invierno.

El primer error que hace la gente para evitar enjambres es pensar que pueden echar algunos alzas y no se enjambrarán. Pero lo harán. Sí, es bueno hacerles espacio para que almacenen la miel y las alzas son útiles, pero las abejas intentarán enjambrarse y las alzas no las detendrán de un enjambre reproductivo.

De nuevo a la secuencia de la primavera, las abejas durante el invierno crean crías en rachas. La reina pone unas pocas y empiezan a crear esa tanda pero no empiezan otra cría hasta que la ya existente emerge y entonces se toman un descanso. Entonces empiezan otra tanda. Cuando el polen comienza a llegar, las abejas crean más cría para aumentar sus números. También empiezan a usar la miel que han almacenado. La usan para alimentar a la cría y para hacer más espacio para la cría.

Cuando las abejas piensan que tienen suficientes abejas empiezan a llenar todo ese espacio con miel, tanto como para que la reina ponga más, como para tener suficiente abastamiento en caso que el flujo no funcione. A medida que el nido de cría se llena, crea más y más abejas nodrizas desempleadas. Estas abejas nodrizas empiezan a hacer un ruido que es diferente del zumbido usual armonioso. Una vez el nido de cría está lleno de miel empiezan las celdas de enjambre. Para cuando las celdas están operculadas, la reina vieja se va con un número grande de abejas. Incluso si captura el enjambre, la colmena habrá parado la producción de cría y habrá perdido muchas abejas al enjambre. Es dudoso que produzcan miel. Si hay suficientes abejas, la colmena echará enjambres posteriores con reinas vírgenes encabezándolos.

Si no logro capturarlas a tiempo, una vez se deciden tengo que hacer las divisiones porque poco puedo hacer por disuadirlas. Destrozar las celdas de reina solo pospone lo inevitable, y con mayor probabilidad las dejará huérfanas. Mi opinión es que la mayoría de personas destruyen las celdas de reina después de que la colmena ha enjambrado sin darse cuenta.

Si puede capturarlas antes de que se enjambren, aproximadamente dos semanas antes del flujo principal, la división con la reina vieja y todo menos un marco de la colmena abierta en una ubicación es un método de prevención de enjambre. Deje la colmena vieja con la cría operculada, un marco de huevos/cría abierta, sin reina, y alzas vacíos. Normalmente la colmena vieja no se enjambra porque no tiene reina y casi ninguna cría abierta. Generalmente la colmena nueva no tendrá que enjambrarse porque no tiene recolectoras. Esto es mejor hacerlo antes del flujo de miel.

Por norma general, pongo un marco que tiene algunas celdas de reina con un marco de miel en un núcleo de dos marcos para obtener buenas reinas.

Pero, por supuesto, la meta principal es evitar el enjambre y la división (a no ser que quiera hacer una división por el medio) entonces tendrá una colmena más grande y más fuerte para hacer miel.

Prevenir el enjambre

Me encanta capturar enjambres pero, ¿quién tiene tiempo para observar las colmenas a todas horas para capturarlas? Y si tiene todo ese tiempo, entonces tiene tiempo de evitarlo.

Abriendo el nido de cría

Esto, por supuesto es lo que queremos hacer. Lo que necesitamos hacer es interrumpir la cadena de eventos. La manera más fácil es mantener el nido de cría abierto. Si quiere mantener el nido de cría sin llenar y si ocupa todas esas abejas nodrizas entonces tendrá que cambiar su opinión. Si logra capturarla antes de que empiece las celdas de reinas, entonces puede vaciar unos marcos vacíos en nido de crías. Sí, vacío. Sin estampada. Nada. Solo un marco vacío. Solo uno aquí y allá con dos marcos de cría en el medio. En otras palabras, puedes hacer algo como: BBEBBEBBBEB donde B es el nido de cría y E es un marco vacío. Cuántos insertar depende de cuán fuerte es su colmena. Tienen que llenar todos los agujeros con abejas. Los agujeros se llenan con abejas nodrizas sin trabajo que empiezan a engalanarse y a construir panal. La reina encontrará el nuevo panal y para cuando lleguen a $1/4$" de profundo, la reina pondrá en ellos. Ahora tendrá "nido de cría abierto". En uno de los pasos tendrá las abejas ocupadas preparándose para el enjambre con la producción de cera seguido por las nodrizas, habrá expandido el nido de cría y le habrá dado un lugar a la reina para poner. Si no tiene suficiente espacio para poner los panales vacíos entonces añada otra caja de cría para hacer cuarto para añadir al nido de cría. En otras palabras, entonces la caja superior tendría algo como EEEBBBEEEE y la inferior BBEBBEBBBEB. El lado positivo es que saco un panal de tamaño natural de celda.

Una colmena que no enjambre producirá mucha más miel que una colmena que enjambre.

Damero o Manejo de Néctar

Damero es una técnica creada por Walt Wright que implica esparcir miel sobre el nido de cría. De ninguna manera implica distribuir el nido de cría. Si quiere saber más sobre esta técnica y muchos más detalles de la preparación de enjambre y qué pasa cuando una colmena en cualquier momento se llena contactaría con Walt Wright. Esto es un método que engaña a las abejas a creer que el momento de enjambrarse ha llegado. Funciona sin distribuir el nido de colmena. Básicamente consiste en poner un marco alternado de un panal vacío y la miel operculada directamente encima del nido de cría. Si quiere comprar una copia de un manuscrito de Walt, tiene alrededor de 60 páginas y vale $8 en un PDF por correo electrónico o $10 impreso. Puede contactar con él en su dirección: Walt Wright; Box 10; Elkton, TN 38455-0010; o WaltWright@hotmail.com

Divisiones

¿Cuál es el resultado deseable?

Escogería mi método para hacer una división dependiendo de lo que desee como resultado.

Razones para hacer una división:
- Para tener más colmenas.
- Para reemplazar a la reina.
- Para obtener más producción.
- Para obtener menos producción (para muchas personas que no quieren demasiadas colmenas o demasiadas abejas).
- Para criar reinas.
- Para evitar enjambres.

El momento oportuno para hacer una división:

Tan pronto como las reinas comerciales estén disponibles, o tan pronto como los zánganos estén volando, dependiendo de si quiere comprar o criar reinas, usted puede hacer una división. Depende de nuevo de cuál quiere que sea el resultado.

Existen unas variedades infinitas de métodos para hacer una división. Muchas de ellas se deben al resultado deseable (prevención de enjambre, mejora de la cosecha, maximización de las abejas, etc.). Algunas de las variaciones son también a causa de comprar reinas o dejar que las abejas críen reinas.

La versión sencilla es asegurarse de que los huevos estén en cada uno de los profundos y ponerlos mirando hacia la antigua ubicación. En otras palabras coloque la tabla al fondo de cada una y quizás un profundo vacío encima de eso. Coloque las alzas y aléjese.

Hay un número infinito de variaciones de esto.

Los conceptos de las divisiones son:

• Tiene que asegurarse de que ambas de las colonias resultantes tienen una reina o los recursos para hacer una (huevos o larva salida del huevo, zánganos volando, polen y miel, suficientes abejas nodrizas).

• Tiene que asegurarse de que ambas de las colonias tienen unas reservas adecuadas de miel y polen para alimentar a la cría y a ellas mismas.

• Tiene que asegurarse de que tiene que contar con el retorno al sitio original y asegurar que ambas colonias restantes tengan suficiente población de abejas para cuidar de la cría y la colmena.

• Tiene que respetar la estructura natural del nido de cría. En otras palabras, el panal de cría permanece junto. La cría de zánganos va en la parte exterior del borde y el polen y la miel van fuera de esto.

• Necesitará proporcionar suficiente tiempo al final de la temporada para que llenen los almacenamientos para el invierno en la ubicación.

• El viejo refrán dice que puede intentar criar más abejas o más miel. Si quiere ambas tendrá que maximizar la miel en la antigua ubicación y las abejas en la nueva división. De otra manera la mayoría de las divisiones son o núcleos hechos de justo lo suficiente para empezarlo o una división pareja.

• El tamaño impacta cuán rápido construyen a partir de ahí. Puede hacer una división tan pequeña como el marco de cría y el marco de miel. Pero no puede esperar que críen una reina. No puede esperar que un núcleo críe una reina bien cuidada para cuando llegue el invierno. Pero hace un buen núcleo de copulación o un buen lugar para mantener a la reina por un corto tiempo. Por otro lado puede hacer una división que sea mínima de 10 marcos profundos de abejas, cría y miel, de 16 marcos medianos de abejas, crías y miel y que se construya rápidamente porque tienen suficiente "ingresos" y las obreras cubren los gastos generales y hay buenas ganancias. Están en "masa crítica" y pueden realmente crecer rápidamente en vez de luchar por sobrevivir. Es más productivo y pueden crecer más rápidamente al hacer una división más fuerte, dejar ambas el doble de tamaño y otra división que hacer cuatro divisiones débiles y esperar a que crezcan.

Tipos de divisiones

Una división pareja

Coja la mitad de todo y divídala. Eso es una división pareja. Pondría las dos colmenas nuevas a los lados de la colmena vieja para que las abejas al regresar no se confundieran. En una semana o algo así cambiaría los lugares de las colmenas para igualar el balance de la de la reina.

Una división alejada

Mayormente se refiere a no tener que darle una reina y solamente hacer la división con cualquier método y alejarse y dejar que las cosas ocurran por si solas. Vuelva en cuatro semanas y vea si la reina está poniendo. Pero también podría ser una división pareja.

División de control de enjambre

Idealmente quiere evitar un enjambre y no tener que hacer una división. Pero si hay celdas de reina normalmente pongo cada marco en cualquier celda de reina en su propio núcleo con un marco de miel y las dejo criar una reina. Esto habitualmente alivia la presión del enjambre y da reinas muy buenas. Pero mejor, coloque la reina vieja en un núcleo con un marco de cría y un marco de miel y deje un marco con las celdas de reina en la colmena vieja para simular un enjambre. Muchas abejas están ahora pérdidas, al igual que la reina vieja. Algunas personas hacen algunas divisiones (algunas de alejamiento etc.) para evitar el enjambre. Creo que es mejor mantener el nido de cría abierto.

Una división cortada

Conceptos de una cortada:

Los conceptos de una cortada son que necesita liberar las abejas para recolectar porque no tienen crías que cuidar, y tiene que agrupar las abejas en los alzas para maximizar el panal de construcción y de recolección. Esto es especialmente útil en la producción del panal de miel pero produce más miel independientemente de qué tipo de miel quiera producir.

El tiempo es crítico. Debe hacerlo antes del flujo de miel. Dos semanas antes, sería ideal. El propósito es maximizar la población de recolección mientras minimiza el enjambre y la sobrepoblación de abejas en los alzas. Existen variaciones pero básicamente la idea es poner la mayoría de la cría abierta, la miel, y el polen y la reina en una nueva colmena mientras se deja la cría operculada, parte de la miel y los marcos de los huevos con la colmena vieja sin cajas con menos crías y más alzas. La colmena nueva no se enjambrará porque no tiene una fuerza obrera (lo que devuelve todo a la colmena vieja). La colmena vieja no se enjambrará porque no tiene una reina o cría abierta. Llevará al menos seis semanas o más que críen una reina y reciban un nido de cría decente. Mientras tanto, tienen mucha producción (probablemente mucha más producción) de la colmena vieja porque están muy ocupados cuidando una cría. Tendrá una colmena vieja con reina nueva y tendrá una división. Otra variedad es dejar a la reina con la colmena vieja y coger toda la cría abierta. No se enjambrará porque la cría abierta no está. Pero pienso que es más arriesgado ya que el enjambre el ocupa una colmena con una reina.

Confinar a la reina

Otra variación de esto es confinar a la reina dos semanas antes del flujo para que haya menos cría para cuidar y liberar las abejas nodrizas para que recolecten. Esto también ayuda con el Varroa ya que salta un ciclo de cría o dos. Es una buena opción si no quiere más colmenas y le gusta la reina. La puede colocar en una jaula regular o si la coloca en una tela de ferretería #5 en la jaula para limitarla dónde pueda poner. Finalmente pueden morder bajo la jaula de tela de ferretería pero debería atrasarla un tiempo.

División Cortada/Combinada

Esto es una manera de conseguir el mismo número de colmenas, reinas nuevas y una buena cosecha. Coloque dos colmenas una al lado de otra, (tocando sería bien) a principios de primavera. Dos semanas antes del flujo principal quite la cría abierta y la mayoría de los abastecimientos de ambas colmenas y la reina de una colmena, y colóquela en la colmena en una ubicación diferente (el mismo colmenar está bien, pero en un lugar diferente). Entonces combine toda la cría tapada, la otra reina, o la reina nueva (en la jaula) o sin reina y un marco con unos huevos y una cría abierta (para que puedan criar una nueva) en una colmena en el medio de unas antiguas localizaciones para que las abejas de campo vuelvan de vuelta a la colmena.

Preguntas más Frecuentes sobre Divisiones

¿Cuán temprano puedo hacer una división?

Es muy difícil hacer una división para construir a no ser que tenga un número adecuado de abejas para mantener la cría caliente y llegue a masa crítica de obreras para manejar la sobrecarga de una colmena. Para profundos esto es normalmente marcos profundos de diez de abejas con seis de cría y cuatro de ellos miel/polen en cada parte de la división. Para medianos esto suele ser dieciséis marcos medianos de abejas con diez de ellos con crías y seis de ellos miel/polen. Diría que puede dividir tan temprano como que pueda juntar núcleos que sean así de fuertes. La mitad de estos pueden trabajar pero una división fuerte se mantendrá mejor. Más tarde en el año cuando no haya heladas ocasionales durante la noche, podrán sobrevivir con menos, pero lo seguiría haciendo mejor con estas.

¿Cuántas veces puedo dividir?

Algunas colmenas no pueden dividirse ya que están luchando y no se pueden recuperar. Otras colmenas son tan florecientes que puede hacer cinco divisiones en un año, aunque no tendrá ni una gota de miel.

El objeto no debería ser cuántas puede hacer, sino mantener todas las divisiones que hace en masa crítica. Masa crítica es que el punto en que no tienen que seguir vivir con lo justo y tienen almacenamientos suficientemente, obreras, abejas nodrizas y cría que tiene superabundancia. Piénselo como economía. Si casi no tiene dinero para pagar sus deudas (o se retrasa pagando) está luchando. Cuando llegue al punto en que pueda pagar sus deudas, puede empezar a salir adelante. Cuando llegue al punto donde tiene dinero en el banco y tiene superabundancia de efectivo, entonces la vida se pone bastante fácil. La prosperidad lleva a más prosperidad ya que aprende a hacer las cosas bien, en vez de solamente sobrevivir. Inténtelo de otra manera. Si corre a una tienda no está saliendo adelante a no ser que ya haya cubierto sus gastos generales.

Una colmena necesita una cierta cantidad de obreras para alimentar a la cría (necesita muchas abejas nodrizas para mantenerse al lado de un reina prolífica), llevar agua, polen, propóleo, y néctar para alimentar a la cría, construir la cría, guardar el nido de las hormigas y los escarabajos de la colmena, guardar la entrada de los zorrillos y ratones y avispas etc.

Una vez que los gastos generales han sido cubiertos pueden empezar a trabajar en superabundancia. Si sus divisiones son lo suficientemente fuertes para cubrir los gastos generales pueden construir rápidamente. Si casi no tienen recursos y las obreras sobreviven, van a luchar y tardar un largo tiempo en empezar a construir.

Si hace muchas divisiones fuertes y no debilita sus colmenas demasiado tendrá una oportunidad de tener más divisiones porque crecen más rápido y más eficientemente. También si no debilita sus colmenas principales tendrá más abejas en superabundancia para hacer cosecha en superabundancia.

Si solamente tiene un marco de cría de cada colmena fuerte cada semana tenderán a marcar la diferencia más rápidamente sin casi ningún espacio de tiempo vacío. Un marco de cría y uno de miel de cada colmena puestos juntos para llenar una caja de marcos de diez tiene una buena oportunidad de quitárselos rápidamente al contrario que solo tener unos marcos de abejas.

¿Cuán tarde puedo hacer una división?

Lo que tiene que preguntarse es "cuándo es el mejor momento para hacer una división". Con el ejemplo de la abeja sería alguna vez antes del flujo para que tengan un flujo establecido. Esto tiende a interrumpir la cosecha, así que lo podría hacer justo antes del flujo y probablemente todavía tendría tiempo de que crecieran para el otoño, si las hace lo suficientemente fuertes y les proporciona una reina copulada. Claro que esto depende de si tiene un flujo típico donde vive. Si normalmente tiene escasez después del flujo, posiblemente tendrá que alimentarlas si lo hace.

Yo vivo en Greenwood, Nebraska. En un año con un buen flujo de otoño, puedo hacer una división a primeros de agosto que puede crecer lo suficiente para sobrevivir el invierno en una o dos cajas medianas de ocho marcos. Pero si el flujo de otoño falla, puede que no crezcan en absoluto.

¿Cuán lejos?

La pregunta suele ser, ¿cuán lejos poner la división? Las mías normalmente están tocándose. Tiene que pensar en el éxodo si es menos de 2 millas. He estado en el campo de la apicultura desde 1974 y nunca he puesto una división a más de 2 millas a no ser que fuera ahí donde las quisiera colocar. Solamente hago la división, le sacudo algunas abejas extra o hago la división y pongo las colmenas mirando hacia la antigua ubicación. En otras palabras donde la colmena vieja estaba es hacia donde las colmenas nuevas miran. Las abejas que regresan tendrán la opción de a cuál colmena entrar. A veces las cambio a los pocos días si una está más poblada que la otra. Por norma general, la que tiene la reina está más fuerte y poblada.

Digo todo esto mayormente porque es la práctica correcta, pero especialmente porque usé marcos medianos de ocho y desde entonces he podido expandir a 200 colmenas. Simplemente hago una división y no hago nada sobre el éxodo. Pongo dos tablas de fondo dondequiera que haya espacio para ponerlas y las "reparto" como si fuesen cartas. "Una para ti y una para mí". Añado el mayor espacio posible que tenga, igual de según las cajas llenas de abejas que tenga (en otras palabras doblo su espacio actual). Así que si hay tres cajas llenas de abejas en cada lado, añado tres alzas vacías con marcos. Pero estas son divisiones fuertes de colmenas exitosas con al menos dos cajas medianas de ocho marcos llenas de abejas en cada colmena.

Tamaño Natural de Celda

Y sus implicaciones a la apicultura y los ácaros de Varroa

> *"Todo funciona si lo permite"—Rick Nielsen of Cheap Trick*

Se ha hablado y escrito mucho sobre la celda pequeña y la celda de tamaño natural recientemente, y su relación con el Varroa. Aclaremos unos puntos sobre el tamaño de celda natural.

¿Celda Pequeña es lo mismo que Celda de Tamaño Natural?

Se ha afirmado sobre la celda pequeña que controla los ácaros de Varroa. Una celda pequeña es de tamaño de celda de 4.9mm. La estampada estándar es de tamaño de celda de 5.4mm. ¿Cuál es el tamaño natural de celda?

Baudoux 1893

Hizo abejas grandes al hacer celdas grandes. Pinchot, Gontarski y otros aumentaron el tamaño a 5.74mm. Pero la estampada primera de Al Root fue de 5 celdas a una pulgada, que es 5.08mm. Luego empezó a hacer celdas de 4.83 por pulgada. Esto es el equivalente de 5.26mm. (ABC XYZ of beekeeping 1945 edición pagina 125-126)

Ley de Sevareide

> *"La causa principal de los problemas son las soluciones." –Eric Sevareide*

Estampada Hoy en Día

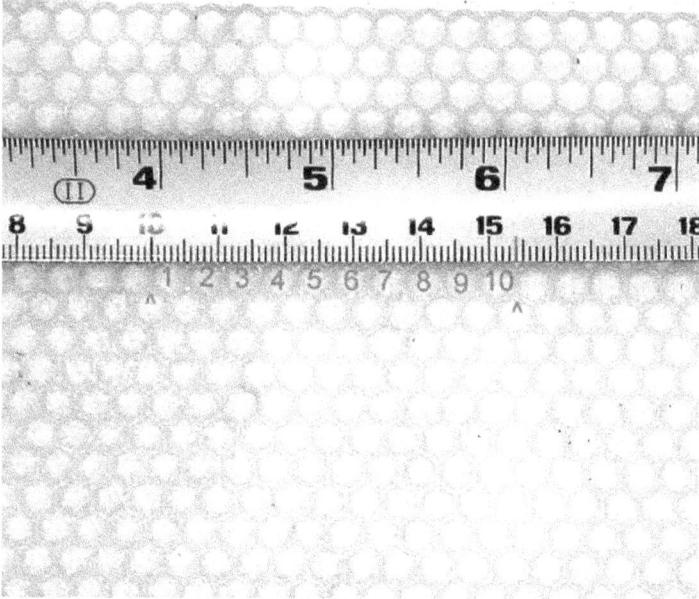

Rite Cell® 5.4 mm

Dadant cría normal 5.4 mm

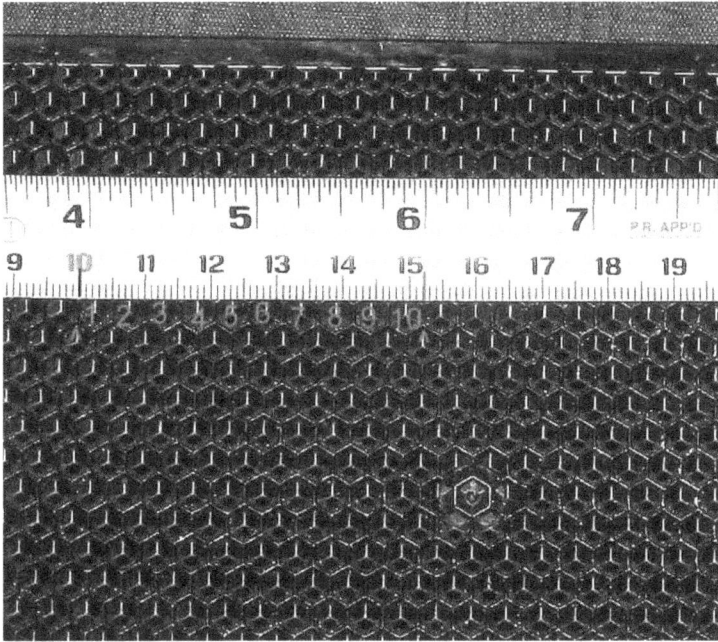

Pierco Hoja Mediana 5.2mm

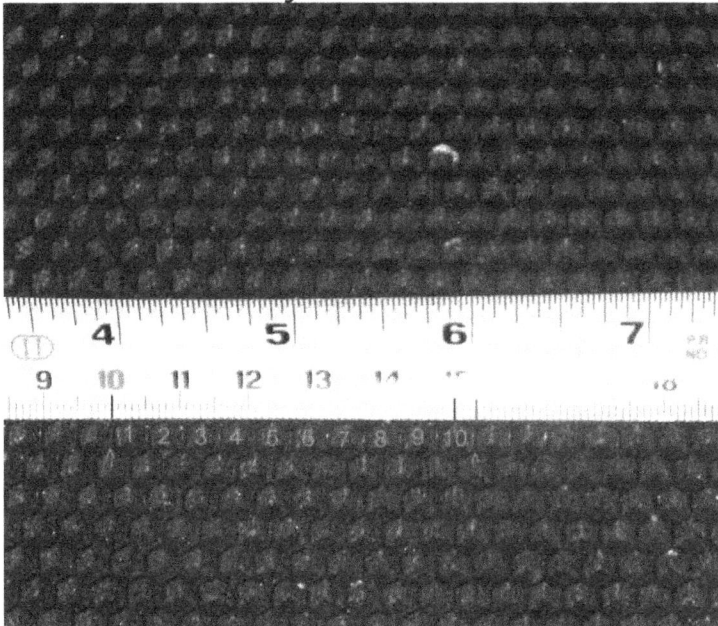

Pierco Marco Profundo 5.25mm

Mann Lake PF120 Marco Mediano

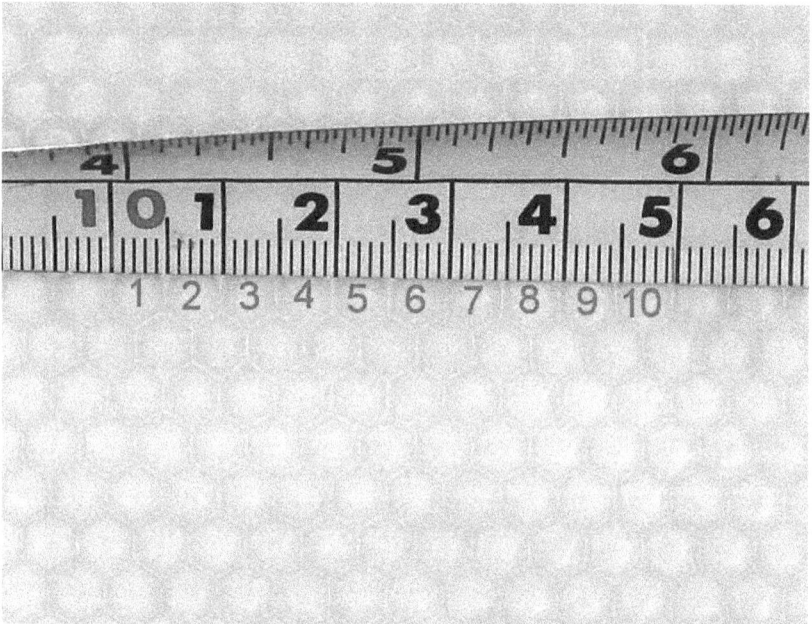

Mann Lake PF120 Marco Mediano
NOTA: El Mann Lake PF100 y PF120 no son del mismo
tamaño de celda que los marcos Mann Lake PF500
yPF520 que son de 5.4mm.

Dadant 4.9mm Medidos

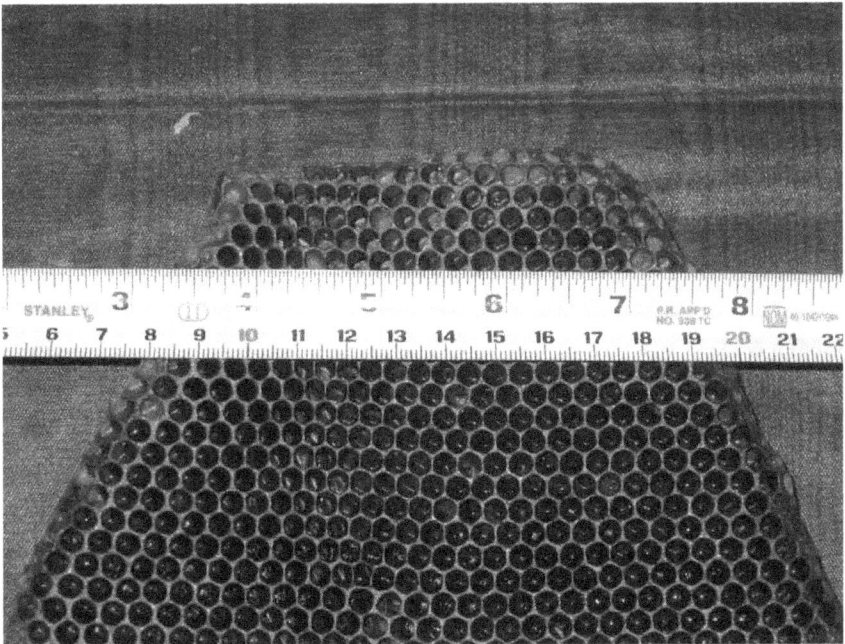

4.7mm panal natural

4.7mm Medida de Panal

Tabla de Tamaños de Células

Panal Natural de Obreras	4.6 mm a 5.1 mm
Lusby	4.83mm promedio
Dadant 4.9mm Celda Pequeña	4.9 mm
Honey Súper Cell	4.9 mm
PermaComb Estampada en Cera	4.9 mm
Mann Lake PF100 & PF120	4.95 mm
Estampada siglo 19	5.05 mm
PermaComb	5.05 mm
Dadant 5.1mm Celda Pequeña	5.1 mm
Pierco Estampada	5.2 mm
Pierco Marcos Profundos	5.25 mm
Pierco Marcos Medianos	5.35 mm
RiteCell	5.4 mm
Estampada Estándar de Obrera	5.4 a 5.5mm
7/11	5.6 mm
HSC Marcos Medianos	6.0 mm
Zánganos	6.4 a 6.6 mm

Nota: panal creado de plástico (PermaComb y Honey Súper Cell) siempre es .1mm más grande en la boca que en el fondo y tiene que permitir al muro de celda más ancho encontrar su equivalente. Así que el equivalente es prácticamente el diámetro interno de la boca.

Lo que he hecho para obtener Celdas de Tamaño Natural
- Colmenas de Barra Superior
- Marcos sin Estampadas
- Trozos de Comienzo en Blanco
- Panal de Libre Forma
- Marco Vacío entre Panales Creados

¿Cuánta diferencia hay entre natural y "normal"? Tenga en mente que una estampada normal mide 5.4 mm y la celda natural mide entre 4.6mm y 5.0mm.

Volumen de células
De acuerdo a Baudoux:

Ancho de Celda	Volumen de Celda
5.555 mm	301 mm³
5.375 mm	277 mm³
5.210 mm	256 mm³
5.060 mm	237 mm³
4.925 mm	222 mm³
4.805 mm	206 mm³
4.700 mm	192 mm³

De ABC XYZ of Bee Culture 1945 edición pg. 126

Cosas que afectan al tamaño de celda
- La intención de la obrera para el panal al tiempo que fue creado:

- o Cría de Zángano
- o Cría de Obrera
- o Almacén de Miel
- El tamaño de las abejas creando el panal
- El espacio de las barras superiores

¿Qué es Regresión?

Las abejas grandes de celdas grandes no pueden construir celdas de tamaño natural. Construyen algo a medio. La mayoría construirá algo como celdas de cría obreras de 5.1 mm.

El siguiente ciclo de cría construirá celdas en el rango de 4.9mm.

La única complicación de convertir a celda natural o celda pequeña es la necesidad de regresión.

¿Cómo las revierto?

Para revertirlas, saco los panales de cría vacíos y dejo a las abejas construir como quieren (o les doy estampada de 4.9 mm).

Después de haber criado en eso, repita el proceso. Continúe vaciando los panales grandes.

¿Cómo vacía los panales grandes? Tenga en mente que es el proceso natural de robar miel de las abejas. Nuestro problema son los marcos de cría. Las abejas intentan mantener los nidos de cría juntos y tienen un tamaño máximo en mente. Si sigue alimentándolas en marcos pequeños en el centro del nido de cría, colóquelas en medio de panales derechos para obtener panales derechos, los llenarán de panal y huevos. Mientras los rellenan, puede añadir otro marco. El nido de cría se expande porque continúa expandiéndolo para ponerlo en los marcos. Cuando los marcos de celda grande están muy distantes del centro (normalmente en la pared exterior) o cuando están contraídos en el nido de cría en el otoño, se llenarán de miel después que la cría salga y entonces podrá cosecharla. Si puede también mueva las celdas estampadas de encima de un excluidor y espere que emerjan las abejas y entonces coloque el marco.

Por favor no confunda este problema con la regresión. Me hacen frecuentes preguntas sobre si instalar un paquete en una estampada de 5.4 mm primero ya que no pueden crear bien en estampada de 4.9mm. Si quiere volver a natural o a tamaño pequeño, *nunca* será su ventaja usar estampadas más grandes de las que ya está usando. Eso simplemente no va a funcionar. Con un paquete, perdería la oportunidad de terminar una etapa de regresión. El método de Dee Lusby es sacudir las abejas de los panales en una estampada de 4.9 mm y de nuevo en otra estampada de 4.9mm para terminar la regresión principal y entonces vaciar el panal grande hasta que todas tienen 4.9mm en el nido de cría. Las sacudidas son el método más rápido pero también el método de más estrés y cuando compra un paquete ya tiene una sacudida. Me aprovecharía de esto. Si su intención es volver a tamaño natural entonces deje de usar estampada de celda grande. El problema principal es sacar todo el panal de celda grande fuera de la colmena, así que no se complique la vida añadiéndolo.

Otro concepto equivocado es que hay pérdidas grandes en la regresión. Dee Lusby las convirtió todas a la vez, sin tratamientos y solo con sacudidas. Perdió muchas abejas en el proceso. Muchos de los que lo han intentado también perdieron muchas. Pero no necesariamente tiene que ser así.

En primer lugar, no hay estrés al dejarlas construir su propio panal. Es lo que siempre han hecho. Segundo, no es necesario hacer sacudidas, es simplemente más rápido. Tercero, no necesita quitarle el tratamiento completo a la vez. Puede monitorear los ácaros (y yo lo haría) hasta que las cosas estén estables. Mientras tanto puede usar tratamientos sin contaminantes si los números aumentan demasiado. No he visto pérdidas de Varroa por practicar regresión de esta manera ni aumentos en pérdidas por estrés y no hay necesidad de tratamientos.

Observaciones en celdas de Tamaño Natural

Primero que no hay solo un tamaño de celda o un tamaño de celda de cría obrera en una colmena. En las observaciones de Huber en los zánganos grandes de celdas más grandes ocurrió precisamente por esto y llevó a sus experimentos con tamaños de células. Desafortunadamente, ya que no tuvo estampadas, dejó solos a los diferentes tamaños, estos experimentos solo implicaron el poner huevos de obreras en celdas de zánganos, lo que, por supuesto, fracasó. Las abejas crean celdas de diferentes tamaños lo que crea abejas de diferentes tamaños. Quizás estas sub-castas sirven el propósito de la colmena con habilidades más diversas.

La primera "rotación" de abejas de una colmena (abejas agrandadas artificialmente) normalmente construye celdas de cría obrera de 5.1. Esto varía mucho, pero generalmente es el centro del nido de cría. Algunas abejas se volverán más pequeñas más rápidamente.

La siguiente generación de abejas, dada la oportunidad de construir panal, construirá panal de cría de obrera en el rango de 4.9mm a 5.1mm con algunas más pequeñas y algunas más grandes. El espacio, si es dejado a estas abejas revertidas, es típicamente de 32 mm o $1^{1}/_{4}$" en el centro del nido de cría. Las siguientes generaciones podrán ir un poco más pequeñas.

Observaciones sobre Espacios en Marcos Naturales

El espacio de 1" y ¼ coincide con las observaciones de Huber

"La colmena de hoja o de libro está compuesto por doce marcos verticales...y su espacio de quince líneas (una línea = $^1/_{12}$ de una pulgada. 15 líneas = $1^1/_4$"). Es necesario que esta última medida sea precisa."
François Huber 1789

Ancho de Panal (grosor) por Tamaño de Celda

De acuerdo con Baudoux (observe que esto es el grosor del panal mismo y no el espacio de los panales al centro)

Tamaño de Celda	Grosor de Panal
5.555 mm	22.60 mm
5.375 mm	22.20 mm
5.210 mm	21.80 mm
5.060 mm	21.40 mm
4.925 mm	21.00 mm
4.805 mm	20.60 mm
4.700 mm	20.20 mm

ABC XYZ of Bee Culture 1945 edición Pág. 126

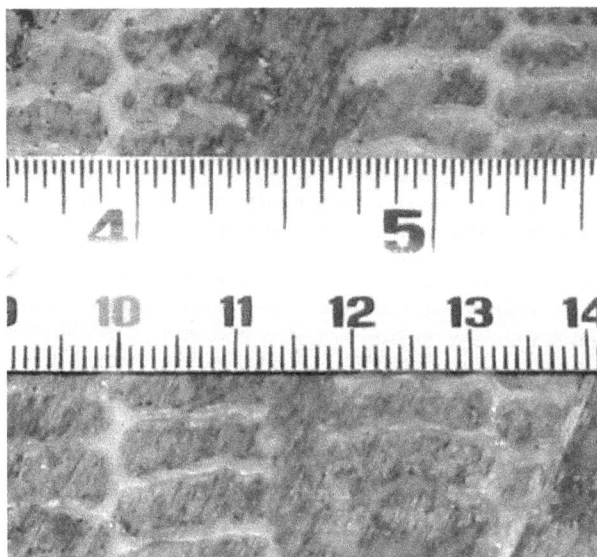

Panal Salvaje en Panal de Comedero Superior Espacio de Panal 30mm

Aquí hay un nido de cría que fue movido a un comedero superior incluso con bastante espacio en las cajas y en la cubierta interna después de quitar el panal. El espacio en un panal creado de manera natural es a veces tan pequeño como 30mm pero normalmente es de 32mm.

Antes y Después de Opérculos y Varroa
8 horas antes el momento de opercular parte por la mitad el número de Varroa infectando una celda de cría.

8 horas después de opercular parte por la mitad el número de cría de Varroa en la célula de cría.

Días aceptados para opercular y post opercular (basado en observar a las abejas en un panal de 5.4mm)

Operculada 9 días después de poner el huevo

Emerge 21 días después de poner el huevo

Observaciones de Huber

Observaciones de Huber en Operculada y Emergencia en Panales Naturales.

Tenga en mente que el día 1 no cuenta, y que para el día 20, habrán pasado 19 días. Si tiene dudas sobre esto, añada el tiempo pasado al que él se refiere. Suma a 18 días y medio. ($18^1/_2$)

"La lombriz de obreras pasa tres días en el huevo, cinco días en estado vermicular, y entonces la abeja cierra su celda con cobertura de cera. La lombriz ahora empieza a envolverse en un capullo, lo que tarda treinta y seis horas. En tres días, cambia a ninfa, y pasa seis días en esta forma. Es solo en el vigésimo (20º) de su existencia, contando desde momento en que se pone el huevo, que llega al estado de mosca."-François Huber 4 Septiembre 1791.

Mis Observaciones

Mis Observaciones en Opérculos y Emergidas en Panal de 4.95mm.

He observado en abejas Carniolas comerciales y en abejas Italianas comerciales un periodo de 24 horas menos en la pre-operculada y 24 horas más cortas en post-opérculos en celdas de 4.95mm en una colmena de observación.

Mis observaciones en 4.95 mm tamaño de celda
Operculadas 8 días después de ser puesta
Emergidos 19 días después de ser puesta

¿Por qué quiero celdas de tamaño natural?

- Menos Varroa Porque:
- Tiempo de Operculada inferior a 24 horas resulta en menos Varroa cuando está operculada.
- Tiempo de post operculada inferior a 24 horas resulta en menos Varroa llegando a madurez y copulando por emergencia.
- Más masticamiento de Varroa

Cómo conseguir celdas de tamaño natural

Colmenas de Barra Superior

Haga las barras de 32mm (1 $^1/_4$") para el área de cría

Haga las barras de 38mm (1 $^1/_2$") para el área de miel

Marcos sin estampadas.

Haga un panal guía como hizo Langstroh (vea "Langstroth's Hive and the Honey-Bee")

También es de ayuda el cortar el extremo de las barras a 32mm (1 $^1/_4$") o

Hacer tiritas en blanco de empezar

Usar una tabla empapada de salmuera y sumergirla en cera para hacer las hojas blancas. Cortar estas en tiras anchas de $^3/_4$" y colocarlas en los marcos.

Cómo conseguir celdas pequeñas

Use estampada de 4.9 mm

Use tiras de empiece de 4.9 mm

¿Qué son Celdas de Tamaño Natural?

He medido muchos panales naturales. He visto la cría de obreras en el rango de 4.6mm a 5.1mm con la mayoría en rangos de 4.7 y 4.8. No he visto ningunos con áreas mayores a 5.4mm. Así que tendría que decir:

Conclusiones:

Basado en mis medidas de panal de cría de obreras naturales:

- No hay nada artificial en las celdas de obreras de 4.9mm.
- Las celdas de obreras de 5.4 mm no siguen la norma de los nidos de cría.
- Las celdas pequeñas y naturales han sido adecuadas para mí para tener colmenas que son estables frente a los ácaros de Varroa sin tratamientos.

Preguntas Frecuentes:

P: ¿Tardan mucho tiempo en construir sus propios panales?

R: No creo que esto sea cierto. En mi observación (y otros que lo han intentado), parecen construir en plástico con más vacilación, en cera con menos vacilación, y en sus propios panales con más entusiasmo. En mi observación y en la de otros incluyendo a Jay Smith, la reina también prefiere poner huevos en esa.

P: ¿Si el tamaño de célula natural/pequeña controla el Varroa, porque se mueren todas las ferales?

R: El problema es que esta pregunta normalmente contiene varias suposiciones.

La primera suposición es que hayan muerto prácticamente todas las abejas ferales. No creo que esto sea cierto. Veo muchas abejas ferales y veo más cada año.

La segunda suposición es que cuando algunas de las abejas ferales mueren, se han muerto de infestación de ácaros de Varroa. Muchas cosas les pasan a las abejas en este país, incluyendo ácaros traqueales y virus. Estoy seguro que algunas han sobrevivido a algo de esto y es una cuestión de selección. Las que no lo pudieron aguantar, murieron.

La tercera suposición es los grandes grupos de ácaros que entran a por los ladrones no pueden hacerse con la colmena, sin importar cómo de bien pueden manejar el Varroa. Toneladas de colmenas domésticas han sufrido. Incluso si tiene una población pequeña y estable de Varroa, un flujo grande exterior puede sobrecargar una colmena.

La cuarta suposición es que un enjambre recién escapado construirá celda pequeña. Construirán algo a medio camino. Durante muchos años la mayoría de las abejas ferales eran abejas recién escapadas y en el pasado solo las que escapaban sobrevivían. Solo recientemente he visto un cambio en la población que es abejas oscuras en vez de abejas italianas parecen que son recientes. Las abejas grandes (de estampadas de 5.4mm) construyen un panal de tamaño intermedio, normalmente 5.1mm. Así que las abejas domésticas recién enjambradas no han revertido completamente y frecuentemente mueren en su primer año o el segundo.

La quinta suposición es que los apicultores de celdas pequeñas no creen que también haya un componente genético para las abejas que sobreviven Varroa. Obviamente hay abejas que son más o menos higiénicas y más o menos aptas a manejar plagas y enfermedades. Cuando una nueva enfermedad o plaga ocurre, las ferales tienen que sobrevivir sin ayuda.

La sexta suposición es que las abejas ferales murieron de repente. Las abejas han ido disminuyendo durante los últimos 50 años por mal uso de pesticidas, pérdida de hábitat y de plantas que recolección, y más recientemente por paranoia de abejas. Las personas oyen hablar de AHB y matan cualquier enjambre que ven. Varios estados han estado matando abejas ferales como política oficial.

P: Si las abejas son más pequeñas de manera natural, ¿por qué nadie lo ha notado? Además, ¿por qué los científicos de abejas dicen que son más grandes?

R: No sé por qué dicen que son más grandes, quizás viene del problema de regresión. ¿Si coge abejas de un panal de celda grande y las deja construir lo que quieran, qué van a construir? ¿Es esto lo mismo que panal natural? A veces solo tenemos diferencias en observaciones porque existen varios factores implicados.

No creo que fuese muy difícil aceptar que son naturalmente más pequeñas ya que se han tomado bastantes medidas a través de los siglos. Los escritos de Lee Lusby (disponibles en www.beesource.com) tienen referencias a muchos artículos y discusiones sobre el tamaño de las abejas y el panal y el concepto de agrandarlo. Tenemos facilidad para encontrar evidencias de que las abejas eran más pequeñas.

Encuentre los libros ABC & XYZ of Bee Culture y busque bajo el título "Tamaño de Celda".

Aquí hay algunas citas:

ABC & XYZ of Bee Culture 38th Edición Copyright 1980 página 134

"Si al apicultor promedio le preguntaran cuántas celdas, obreras y panales de zánganos había por

*pulgada, contestaría sin dudarlo, cuatro
o cinco, respectivamente. Algunos
libros de texto sobre abejas tienen ese
ratio. Aproximadamente es correcto,
suficiente para las abejas,
particularmente la reina. Las
dimensiones deben ser exactas o habrá
protesta. En 1876 cuando A.I. Root, el
autor original de este libro, construyó
su primera planta de estampadas, tenía
el molde hecho para cinco celdas
obreras a la pulgada. Aunque las abejas
construían panales preciosos de esta
estampada y la reina ponía en sus
celdas, si les daba una oportunidad
parecían preferir sus panales naturales
no hechos de estampadas.
Sospechando la razón, Mr. Root
entonces empezó a medir los pedazos
de panal natural cuando descubrió que
las celdas iniciales, cinco para la
pulgada de su primera máquina eran un
poco demasiado pequeñas. El resultado
de sus medidas fue un poco más de 19
celdas obreras a cuatro pulgadas
lineares de medida, o 4.83 celdas a una
pulgada."*

Más o menos esta misma información se encuentra en la versión de 1974 de ABC and XYZ of Bee Culture en la página 136; la versión de 1945 en la página 125; la versión de 1877 en la página 147 dice:

*"Los mejores especímenes de panales
de obreras generalmente contienen 5
celdas dentro del mismo espacio de una*

pulgada y entonces esta medida ha sido adoptada para la estampada del panel."

Todas las siguientes referencias históricas listan esa misma medida, 5 celdas por pulgada y puede ser revisada en la Colmena de Cornell y en la Colección de Honey Bee en línea:

- Beekeeping por Evertt Franklin Phillips pág. 46
- Rational Bee-keeping, Dzierzon pág. 8 y en pág. 27
- British Bee-keeper's Guide Book, T.W. Cowan pág. 11
- The Hive and the Honey Bee, L.L. Langstroth pág. 74 de 4rta edición pero está en todas las ediciones.

Esto de "5 celdas por pulgada" en ABC XYZ se sigue en todas excepto la versión de 1877 con una sección sobre "celdas grandes desarrollan abejas grandes" e información sobre investigación de Baudoux.

Veamos la matemática:

Cinco celdas por pulgada, el tamaño estándar para estampada en 1800 y la medida más comúnmente aceptada de esa era, eran cinco celdas para 25.4mm lo que es diez celdas para 50.8mm lo que es, claramente, 5.08mm por celda. Esto es 3.2mm más pequeñas que la estampada estándar de ahora.

La medida de A.I. Root de 4.83 celdas por pulgada es 5.25mm, lo que es 1.5mm más pequeña que la estampada estándar. Claro que si mide el panal encontrará mucha variedad del tamaño de celda, lo que hace más difícil de decir qué es un panal natural. Pero he medido (y fotografiado) panales de 4.7mm de Carniolas comerciales y tengo fotografías de panal de abejas en un panal natural en Pennsylvania de 4.4mm. Típicamente hay mucha variedad con el centro del nido de cría pequeño y los bordes más grandes. Encontrará mucho panal de 4.8mm a 5.2mm con la mayoría a 4.8mm en el centro y 4.9mm, 5.0mm y 5.1mm moviendo de ahí y 5.2mm en los bordes del nido de cría.

> *"Hasta finales de 1800 las abejas melíficas en Inglaterra e Irlanda se criaban en celdas de cría de 5.0mm de ancho. En los años '20 (1920-29) esto había incrementado a 5.5mm."- John B. McMullan y Mark J.F. Brown, The influence of small-cell brood combs on the morphometry of honeybees (Apis mellifera)—John B. McMullan y Mark J.F. Brown*

Huber dijo en el segundo volumen de *Huber's Observations on Bees* (vea traducción al inglés del francés de C.P. Dadant) que las celdas de obrera son líneas de $2\text{-}\frac{2}{5}$ que son iguales a 5.08mm que es idéntico a ABC XYZ of Bee Culture.

La edición 41 de ABC XYZ of Bee Culture en la Página 160 (bajo Tamaño de Celda) dice:

> *"El tamaño de celdas construidas naturalmente ha sido tema de curiosidad para apicultores y científicos desde que Swammerdam las midió en la primera década de 1600. Numerosos informes de todo el mundo indican que el diámetro de las celdas construidas naturalmente varía de 4.8 a 5.4mm. El diámetro de las celdas varía entre las áreas geográficas, pero el rango promedio no ha cambiado desde 1600 al tiempo presente."*

Y más abajo:

"el tamaño de celda referido para las abejas melificas africanizadas promedio de 4.5-5.1mm."

Marla Spivak y Eric Erickson en "Do measurements of worker cell size reliably distinguish Africanized from European honey bees (Apis mellifera L.)?" — American Bee Journal v. Abril 1992, p. 252-255 dice:

"...un rango continuo de comportamientos y medidas de tamaño de celda fue observado las siguientes colonias consideradas: 'fuertemente europeizadas' y 'fuertemente africanizadas'."

"Debido al grado alto de variación entre las poblaciones ferales y manejadas de abejas africanizadas, se enfatiza que la solución más efectiva al problema de las abejas africanizadas, en áreas donde las abejas africanizadas han establecido poblaciones permanentes, es seleccionar consistentemente las más productivas y gentiles entre la población existente de abejas melificas" —Identification and relative success of Africanized and European honey bees in Costa Rica. Spivak, M, Do measurements of worker cell size reliably distinguish Africanized from European honey bees (Apis mellifera L.)?. Spivak, M; Erickson, E.H., Jr.

En mi observación, también existe variación de cómo añadir espacio entre los marcos o variación de cómo espaciar los panales. 38mm (1" y $^1/_2$) resultará en celdas mayores que 35mm (1" y $^3/_8$) que serán mayores que 32 mm (1" y $^1/_4$). En panales con espacio natural, las abejas a veces se amontonarán en panales de hasta 30mm, en lugares con 32 mm serán las crías y los zánganos del panal en lugares de 35mm.

Entonces, ¿qué es el espacio de panal natural? Plantea el mismo problema que la pregunta sobre el tamaño de célula natural. Depende.

Pero en mi observación, si las permite hacer lo que quieran, tras unos cuantos reemplazos de panal puede encontrar cuál es su rango y cuál es la norma. La norma era (y es) no el tamaño de estampada estándar de 5.4mm celdas y tampoco el espacio estándar de panal de 35mm.

Maneras de conseguir celdas pequeñas

Cómo conseguir celdas de tamaño natural

Colmenas de Barras Superior

Conseguir barras de 32 mm ($1^1/_4$") para el área de cría.

Conseguir barras de 38 mm ($1^1/_2$") para el área de miel.

Marcos sin Estampadas

Haga una "guía al panal" como Langstroh hizo (ver "Langstroth's Hive and the Honey-Bee")

También es de ayuda cortar las barras finales a 32 mm ($1^1/_4$") o

Hacer tirillas de comienzo

Use una tabla empapada en salmuera y sumérjala en cera para hacer hojas en blanco. Córtelas en tiras de $3/_4$" de ancho y colóquelas en los marcos.

Cómo conseguir celdas pequeñas

Use 4.9 mm estampada de cera o

Honey Súper Cell (vea www.honeysupercell.com)

PermaComb o PermaPlus (5.0mm tamaño de celda)

Mann Lake PF100s o PF120s (4.95mm tamaño de celda)

Racionalizaciones sobre el Éxito de las Celdas Pequeñas

Este capítulo no es para hablar sobre mis teorías de cómo funciona la célula pequeña o de otros que la están usando, sino de las teorías de esos que quieren justificar el éxito de los apicultores con celdas pequeñas para que estén más en línea con su idea del mundo. Existen muchas teorías entre aquellos que no usan celdas pequeñas y que quieren explicar el éxito de apicultores con celda pequeña enmarcando la evidencia bajo otro punto de referencia que tenga sentido para ellos. Estudiaré unos cuantos de esos argumentos aquí.

AHB

Una explicación, que es consistente con otras creencias de estos individuos, es que los apicultores de celda pequeña deben tener abejas melíficas africanizadas. Desde que creen que las AHB construyen celdas pequeñas y las EHB no, en su modelo del mundo, eso explica tanto el tamaño de celdas y los éxitos de Varroa, así como la emergencia temprana y otros problemas con el Varroa. El problema de esta teoría es que muchos de nosotros estamos cuidando abejas en los climas de norte, donde nos dicen que las AHB no puede sobrevivir, las están vendiendo a otros que comentan cuán gentiles son nuestras abejas, las inspeccionan regularmente, sin quejas de agresividad o sospecha sobre la AHB por parte de los inspectores y claro, la mayoría de nosotros estamos recogiendo sobrevivientes locales cuando podemos, que supuestamente no podrían sobrevivir en el norte si fuesen AHB. Y he tenido muestras examinadas por solicitud de alguien estudiando genética de abejas, quien dice que no lo son. El hecho es que al menos uno de nosotros no está en el área de AHB, no estamos criando AHB y no queremos criar AHB. Si Dee Lusby u otros en áreas de AHB acabaron teniendo genes de AHB o no, es una discusión diferente, pero es irrelevante al hecho de que la mayoría de los apicultores de celda pequeña no vivimos en áreas de AHB y no estamos criando AHB y no estamos interesados en criar AHB y sin embargo nuestras abejas están sobreviviendo.

Reserva de Supervivientes

Aunque es cierto que muchos apicultores de celdas pequeñas y naturales intentan criar de supervivientes, es simplemente la manera lógica de actuar. Usted cría abejas que puedan sobrevivir donde usted se encuentra. Muchas personas hacen esto incluso si no están usando celda pequeña es por problemas de Varroa pero para sobrevivir el invierno. Típicamente las personas que usan este el argumento citan las pérdidas de Lusby mientras hacia la regresión como evidencia de que si copulaban, podrían sobrevivir el Varroa. Esto parece ser plausible si las abejas de Lusby fuesen el único ejemplo, pero no tuve pérdidas grandes en la regresión y empecé con reserva comercial y cuando hice lo mismo en celda grande, las perdí todas varias veces por Varroa. Empezando de nuevo con reserva comercial en celda pequeña no perdí ninguna por Varroa. Considerando cuantas personas están trabajando tan diligentemente para intentar criar una reserva resistente, pienso que es increíble que tantos de nosotros, apicultores de celda pequeña, hemos llegado a reservas resistentes a Varroa con poco esfuerzo. Si estas personas en realidad creen que la genética es la causa de nuestro éxito, entonces deberían estar rogándonos que les vendiéramos las reinas copuladas. Como no lo están haciendo, no creo que en realidad crean esto. Yo por supuesto no lo creo, aunque me encantaría que fuese cierto. Aumentaría el valor de mis reinas. Desde que hice la regresión y desde que se fueron los problemas con Varroa, empecé a copular mi reserva superviviente porque quiero abejas aclimatadas a mi ambiente. Tengo mejores supervivientes de invierno cuando lo hago. No veo ningún cambio en mis problemas con Varroa al hacer esto, ya que mis problemas de Varroa había desaparecido.

Fe ciega

Esto no es tanto una razón dada de que funciona, como una manera de descontar que funciona e intentar encontrar una razón por la cual la gente piensa que funciona. Parece que muchos de los detractores de celdas pequeñas piensan que el grupo entero de apicultores de celda pequeña son fanáticos religiosos de Dee Lusby sufriendo histeria en masa. La implicación es que estamos deludidos a creer que está funcionando cuando no lo está haciendo. Cualquiera de los que vienen a las reuniones orgánicas donde Dee Lusby, Dean Stiglitz, Ramona Herboldsheimer, Sam Comfort, Erik Osterlund, yo, y otros hablan, podría ver lo absurdo de esto. Lo mismo con cualquiera que participa en los grupos de apicultores de Yahoo. Tenemos observaciones diferentes y a menudo no estamos de acuerdo, como cualquier apicultor honesto. Si todos recitáramos la línea oficial, entonces esto sería una preocupación legítima, pero mientras que estamos de acuerdo en los conceptos básicos, a veces no estamos de acuerdo en detalles y todos hemos tenido experiencias diferentes probablemente causadas por nuestras ubicaciones y nuestro clima igual que nuestra suerte y casualidad. Aunque tengo un respeto enorme por todos los participantes mencionados arriba, particularmente por Dee, ya que ella y su esposo Ed fueron pioneros en este trabajo, nunca he estado completamente de acuerdo con ella o con ninguno del resto.

Las cuatro cosas en las que creo que todos estamos de acuerdo son: No tratamientos; tamaño de celda natural o pequeño; reservas locales adaptadas; y evitar la alimentación artificial. Pero mientras Sam y yo estamos bastante contentos sin estampada, Dee está más enfocada a un tamaño específico de celda. Mientras Dee alimenta con barriles de miel a sus abejas, yo no tengo ni el tiempo ni la miel para esas cosas, y si no tienen suficiente miel para su invierno, las alimento con azúcar. Mientras a Dean y a Ramona les gusta el panal natural, su experiencia ha sido que tienen que forzar a las abejas con Honey Súper Cell primero y luego revertirlas, mientras que yo he tenido la buena suerte de empezar sin estampada y revertirlas rápidamente. Esto puede estar relacionado con la genética o el tamaño de celda en las colmenas que son la fuente de mis paquetes y sus paquetes. Es difícil de decir. La idea es que no hay una "línea oficial".

Resistencia

Personalmente nunca he podido entender la resistencia al concepto de celdas pequeña o panal natural. Mientras los apicultores de celda grande están obsesionados con Varroa, yo logro mantener a mis abejas sanas. Mientras los apicultores de celda grande están buscando una solución para Varroa, yo me quedo con la reina y sigo buscando mejores maneras de hacer menos trabajo. Permito a las abejas construir los panales. Ya que dejar a las abejas construir los panales es más fácil que usar estampadas, y ya que los que hacemos esto no tenemos problemas con Varroa, creo que habría más interés en hacer lo mismo. Los detractores, por supuesto, dicen que no hay estudios o investigaciones que prueben que funciona. Todo esto, evidentemente, es irrelevante ya que no estoy teniendo problemas con Varroa. He escuchado argumentos sobre cosas que no están siendo probadas científicamente y he visto esas mismas cosas probadas después de todo. Al final todo se reduce a lo que funciona, no a lo que ha sido probado. Al final no es sobre conteo de ácaros, aunque los míos han sido casi erradicados. Es sobre supervivientes. Nadie quiere contar colmenas vivas en vez de ácaros, pero son más fáciles de contar y con más significado. Si coloca en un colmenar una celda pequeña y deja en otro celda grande, entonces parece que el último supervivientes decidiría. Si una yarda se muere y la otra funciona bien, entonces parece ser mejor decidir que contar ácaros.

Estudios de Celda Pequeña

Hay unos cuantos estudios positivos de celdas pequeñas pero también hay algunos que demuestran conteos más altos de ácaros en celda pequeña y la gente siempre pregunta por qué. No estoy seguro, ya que es inconsistente con mi experiencia, pero miremos eso. Vamos a asumir que es un estudio de corta duración (todos lo han sido) durante la cría de zánganos (todos lo han sido) y a asumir por el momento que la teoría de Dee Lusby de "pseudo-zángano" significa que con celda grande la Varroa se equivoca con las celdas grandes de obreras por celdas de zánganos y entonces los infesta más. El Varroa en las colmenas de celda grande durante este tiempo tendría menos éxito a la hora de reproducirse pero causaría más daño porque están en las celdas equivocadas (obreras). El Varroa durante ese tiempo tendría más éxito a la hora de reproducirse pero causarían menos daño a las obreras en las celdas pequeñas porque están en las celdas de zánganos. Pero más tarde en el año esto podría cambiar drásticamente cuando las obreras de celda pequeña no hayan tenido daño por el Varroa y segundo cuando los zánganos no crezcan y los ácaros, buscando celdas de zánganos (o celdas de "pseudo-zánganos) no tengan dónde ir.

Al final, como dice Dann Purvis, "No es sobre el conteo de ácaros. Es sobre supervivencia." Nadie parece estar interesado en medir eso. Lo que sé es que después de unos cuantos años el conteo de ácaros disminuye a casi nada en celdas pequeñas. Pero eso no ocurrió en los primeros tres meses.

Sin Estampada

¿Por qué uno no querría utilizar estampada?

    ¿Qué tal un panal sin contaminación química y control natural de Varroa de tamaño de celda natural? En cuanto a contaminación, algunas de mis reinas tienen tres años y siguen poniendo bien. No creo que encuentre a nadie que use químicos en su colmena con ese tipo de longevidad y salud en sus reinas. También tendrá panales con cera limpia con celdas naturales en una colmena de barra superior.

Panal en Tirillas de Comienzo, las celdas son de 4.5mm. Los marcos están espaciados a 1 $^1/_4$"

¿Cómo ir sin estampada?

Las abejas necesitan un tipo de guía para que construyan un panal derecho. Cualquier apicultor ha visto como saltan la estampada y construyen panales entre la cara del panal, así que sabemos que a veces ignoran estas pistas. Pero una pista simple como una barra superior biselados o una tira de cera o madera o incluso un panal construido a cada lado de un marco vacío funciona la mayoría del tiempo. Puede romper el calce de la barra superior, girarla de lado y pegarla y atornillarla para hacer una guía. O colocar palitos de helado o pintar los palitos en las estrías. O solamente cortar el panal viejo en un panal de cera y dejar una fila en la parte superior o al revés.

Marco sin Estampada

Hice estos al pedir marcos de Walter T. Kelley sin estrías en las barras superiores e inferiores y cortar las barras superiores en un ángulo de 45 grados en cada lado. Kelley ya las ofrece biseladas. Las abejas tienden a seguir la barra superior inclinada.

Marco sin Estampada

Marco sin Estampada Construido

Observe la foto del Marco sin Estampada Construido. Puede ver que las esquinas normalmente están abiertas, la parte inferior parece ser la última en añadirse, pero está unido por los cuatro lados y listo para ser destapado y extraído.

Marco Profundo Dadant sin Estampada (11^{1}/$_{4}$ in.)

Este es un marco profundo Dadant sin estampada con una guía de panal por todo su alrededor y una varilla de acero de $^{1}/_{16}$" como apoyo horizontal en el centro. Esto permite cortar un panal de miel en seis piezas de 4" por 4" sin perder los alambres. Langstroh también usó las guías de panal en el lado de esta manera.

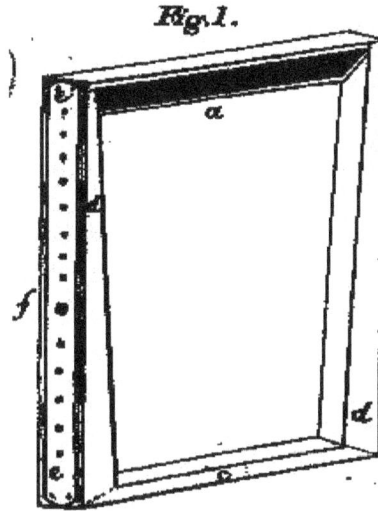

Marco de Barra Superior Biselado

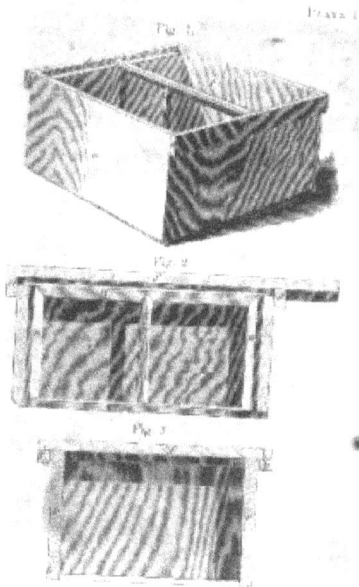

Marco Sin Estampada Langstroth

L.L. Langstroth tiene fotos de este diseño en el original "Langstroth's Hive and the Honey Bee" los cuales todavía puede comprar como reimpresión.

Marcos sin Estampada

En mi experiencia las abejas construirán sus propios panales más rápido que lo que construyen en estampadas. No soy el único en hacer la observación de que las abejas no están atraídas por la estampada.

> *"La estampada, aun compuesta de cera pura, no es intrínsecamente atractiva para las abejas. A las abejas de enjambres que se les dio la oportunidad de agruparse en estampadas o en alguna rama, no mostraron preferencia por la estampada." —The How-To-Do-It book of Beekeeping, Richard Taylor*

Referencias Históricas

La mayoría de ellas se pueden encontrar en línea en la Colmena de Cornell y la colección de Honey Bee.

> *"CÓMO ASEGURAR PANALES DERECHOS. "Las ventajas del principio de los panales móviles solo se aseguran al conseguir que todos los panales estén construidos dentro de los marcos. En cuanto a la primera introducción de marcos móviles, los apicultores frecuentemente fracasaron en su intento, a pesar de dedicarle tiempo y atención. Mr. Langstroth durante un tiempo uso tiras de panal adjuntado a la parte inferior de una barra superior del marco como guía. Esto es muy buena práctica cuando el*

panal puede ser tenido, ya que normalmente asegura el objeto dándole un comienzo a las abejas con un panal de obreras. Lo siguiente es la guía de panal triangular formada por una pieza de madera triangular sujeta a la parte inferior de la barra superior, dejando una esquina aguda hacia abajo. Esto es una ayuda valorable y está universalmente adoptada."—FACTS IN BEE KEEPING por N.H. y H.A. King 1864, pg. 97

"Si se mueven algunos de los marcos llenos, y se ponen los vacíos entre ellos, en cuanto las abejas comiencen a construir no habrá necesidad de guías de panales en los marcos vacíos, y aun así el trabajo será ejecutado con la regularidad más bella."—The Hive and the Honeybee by Rev. L.L. Langstroth 1853, pág. 227

"Barra de Panal Mejorada. —El señor Woodbury dice que este aparato ha sido muy efectivo a la hora de asegurar panales derechos cuando las guías de panales no son obtenibles. Los ángulos bajos se redondean mientras una se añade una costilla central de $^1/_8$ de pulgada de profundidad. Esta costilla central se extiende hasta $^1/_2$ por pulgada por cada extremo, donde se quita para que quepa en el agujero de la barra. Todo lo que es necesario para asegurar la formación regular de los panales, es darle una capa debajo de la superficie de la costilla central de la

cera derretida. El señor Woodbury dice "mi practica es usar barras simples, donde las guías de panales son accesibles, ya que pueden sujetarse con más facilidad a una barra simple que a una barra con estrías pero cuando las pongo en un panal sin barras siempre uso uno de los mejorados. Con este método, los panales torcidos e irregulares son desconocidos en mi colmenar." La mayoría de nuestras barras están hechas con la estría, pero si algunos de nuestros clientes prefieren los lisos, mantenemos algunos para cubrir sus requerimientos."—Alfred Neighbour, The apiary, or, Bees, bee hives, and bee culture pág. 39

"Las barras superiores fueron hechas por algunos fabricantes de colmena de tirillas de un cuarto de pulgada a tres octavos de pulgadas fortalecidas por una tirilla finita puesta en el borde de la parte inferior de la guía de panal; pero estas barras son demasiado livianas y colgarán cuando estén llenas de miel o de cría y miel..."-Frank Benton, The honey bee: a manual of instruction in apiculture pág. 42
"Guía de Panal. —Generalmente un borde de madera, o una tirilla de panal en la parte superior del marco o caja, en donde se puede construir el panal... Como la guía de panal es 9-16, y el corte está en la parte final de la barra $^{3}/_{4}$ tenemos 3-16 restantes para

madera entera de la barra superior, como en A, y la tabla debería estar colocada, como para dejar esta cantidad de madera no cortada. Incluso si la estampada es ajustada en los marcos con cera derretida como muchos hacen, tendría una guía de panal porque añade mucho a la fuerza del marco y elimina la necesidad de tener una barra superior muy pesada. Las abejas tendrán, con el paso del tiempo, la oportunidad de construir las colmenas encima de la guía de la colmena y usar las celdas encima de la cría de miel."— A.I. Root, ABC of Bee Culture 1879 edición pág. 251

"Una guía de panal adecuada es un borde afilado o una esquina del marco, de la cual depende el panal, las abejas normalmente escogen seguir este borde; a veces se usan porciones del panal para ese mismo propósito."—J.S. Harbison, The bee-keeper's directory, pie de página al final de la página 280 y 281.

Preguntas Frecuentes

¿Cajas de marcos vacíos?

P: ¿Quiere decir que simplemente puedo poner marcos vacíos en la colmena?

R: No. Las abejas necesitan un tipo de guía.

¿Qué es una guía?

P: ¿Qué es una guía de panal?

R: Puede ser una variedad de cosas. Puede usar un marco vacío sin añadirle nada si tiene un panal de cría construido a cada lado ya que el panal de cría actuaría como guía. Puede colocar palitos de helado en las estrías para hacer unas tirillas de madera o cortar un pedazo de madera para hacer la tirilla de madera de comienzo. Puede girar el trozo y pegarlo. Puede cortar una pieza triangular y ponerla en el fondo de la barra superior. Puede comprar molde chaflán y cortarlo y ponerlo en la parte inferior de la barra superior. Puede cortar las barras superiores en un biselado. Puede hacer una hoja de cera vacía y cortarla en trozos de $3/4$" y ponerla en las estrías de la barra superior y ponerle cera ahí. Puede cortar los trozos de estampada regular en trozos de $3/4$" y ponerle cera en la estrías o clavarla con el listón. Si el marco ya tenía panal en él, puede dejarlo en las filas superiores de celdas de la barra superior como una guía. Cualquiera de estas opciones funciona bien.

¿Mejor guía?

P: ¿Que guía de panal le gusta más?

R: Me gustan la mayoría, pero me gusta la durabilidad del biselado de la barra superior y creo que el panal se adjunta mejor. Después de esa opción, me gusta el trozo de madera. Por último me gustan los trozos de comienzo ya que a veces se calientan y se caen si las abejas no lo han usado todavía. Pero también alimento en los marcos vacíos en los nidos de cría todo el tiempo ya que tengo muchos marcos viejos por todas partes. Lo peor de la guía de panal es llenarle la estría con solo una cuenca de cera. La cera en la estría es solamente una sugerencia y para nada una guía buena. Necesita algo que sobresalga de manera significativa. $1/4$" es bueno.

¿Extracto?

P: ¿Puedo extraerlos?

R: Sí. Los extraigo todo el tiempo. Solo me aseguro que estén unidos por todos los cuatro lados y la cera no sea tan nueva como para que siga siendo suave como plastilina. Una vez la cera ha madurado y se une el panal a los cuatro lados, se extrae bien. Claro siempre debe ser cuidadoso con cualquier panal de cera (con alambre o sin él) al extraer.

¿Alambre?

P: ¿Necesito ponerle alambre?

R: No uso alambre pero tampoco uso profundos.

P: ¿Puedo usar alambre en ellos?

R: Por supuesto. Las abejas incorporarán el alambre al panal. Claro que necesita que esté nivelado a la colmena, pero esto lo hace más obvio con el alambre en el panal. El alambre es probablemente más útil cuando usamos profundos que medianos. Yo uso todos los míos medianos.

¿Encerarlos?

P: ¿Necesito encerarlos?

R: Creo que la cera es contra-producente. Es más trabajo, se cae con frecuencia, y nunca se adhiere a la barra tan bien como las abejas adherirían su propio panal. No solo NO recomiendo que las encere, recomiendo que no las enceres.

¿La caja completa?

P: ¿Puedo poner una caja completa con marcos sin estampada en una colmena?

R: Asumiendo que nos referimos a guías de panales, sí, se puede. Normalmente esto funciona bien. A veces debido a la falta de un panal para usar como "escalera" para subir a las barras superiores, las abejas empiezan a construir el panal desde la barra posterior. Por esta razón prefiero tener un marco de panal ya construido o una hoja de estampada en un alza añadido. Esto no es un problema a la hora de instalar un paquete. Otra razón para un panal, es que es un buen seguro conseguir que los panales empiecen en la dirección correcta. Otra solución para que empiecen a construir el panal, es poner la caja vacía debajo de la caja actual para que puedan trabajar hacia abajo.

¿Lo dañarán?

P: ¿No lo dañarán las abejas sin estampada?

R: A veces. Pero a veces lo dañarán aun con la cera y más frecuentemente con el plástico. No he visto más panales malos sin estampada que con estampada de plástico. Parte de esto parece ser genético ya que algunas colmenas construyen un buen panal aun cuando todo va mal. Otras colmenas construyen malos panales aun cuando usted hace todo bien y simplemente repite los "errores" cuando las quita.

Lo he dicho antes, pero merece ser repetido. Lo más importante de entender es que con cualquier panal de colmena natural las abejas construirían el próximo panal paralelo al actual, un buen panal lleva a otro panal bueno, de la misma manera que un mal panal lleva a otro malo. No puede dejar de prestarle atención a cómo empiezan. La causa más común de un panal torcido es dejar la jaula de la reina dentro, ya que siempre empiezan desde ahí y entonces se empieza a dañar desde ahí. No puedo creer cuántas personas quieren actuar con precaución y colgar la jaula de la reina. Obviamente no entienden que es casi una garantía de fracaso. Una vez tenga un panal torcido, lo más importante es asegurarse de que el último panal está derecho ya que esto será siempre la guía para el próximo panal. No puede tener esperanza en que lo arreglarán por si solas. No lo harán. Usted tiene que hacer que lo arreglen.

Esto no tiene nada que ver con alambres o no alambres. Nada que ver con marcos o no marcos. Tiene que ver con que el panal esté derecho.

¿Más lento?

P: ¿No atrasará a las abejas tener que ponerlas a construir su propio panal?

R: En mi experiencia, y en la de muchos otros que lo han intentado también, las abejas construirán su propio panal mucho más rápido de lo que construyen en estampada. Usar estampada las atrasa de muchas maneras. Primero construirán estampada más lento. Segundo, la estampada está contaminada con Fluvalinate y Coumaphos. Tercero, a no ser que use estampada de celda pequeña, estaría dándole celdas más grandes de lo que quieran y dándole ventaja a los Varroas.

Principiantes

P: ¿Es una buena idea para un principiante usar estampada?

R: En mi opinión es más fácil para un principiante que no tiene hábitos ajustarse a sin estampadas. Es mucho más difícil para el apicultor con experiencia ajustarse a mantener sus colmenas perfectamente niveladas, no darle vueltas al panal, no sacudir las abejas de un panal que esta nuevo todavía y no bien ajustado, etc. Los principiantes frecuentemente romperán un panal y aprenderán su lección. Los apicultores con experiencia seguirán cayendo en sus viejos hábitos y romperán panales durante un tiempo hasta que por fin el hábito nuevo surta efecto.

¿Si lo dañan?

P: ¿Qué pasa si lo dañan todo?

R: Es dudoso pero posible que lo hagan. He visto esto pasar más frecuentemente cuando una caja llena de marcos con estampada de cera se derrumba con el calor. Supongo que esto parece ser mucho más alarmante para alguien que nunca ha hecho un corte. Si alguna vez ha cortado todos los panales de una colmena silvestre y la ha amarrado a los marcos, entonces ya sabe qué hacer. Puede cortar los panales silvestres y ponerlos en un marco vacío y usar bandas elásticas o hilo para mantenerlas sujetadas al marco. Las abejas se encargarán del resto. Esto es, por norma general, lo que se hace con estampadas de plástico y es lo más difícil de arreglar.

Dimensiones

P: ¿Si hago mis propias dimensiones qué deben ser?

R: Puede hacerlas de marcos estándar, pero prefiero hacerlas con barras finales más pequeñas y barras superiores un poco más pequeñas. Vea el capítulo de Marcos Estrechos.

Marcos Estrechos

Observaciones de Espacios de Marcos Naturales

Espacio de 1" y $^1/_4$" de acuerdo con las observaciones de Huber

*"La colmena de hoja o de libro está formada por doce marcos verticales... y el espacio de quince líneas (una línea = $^1/_{12}$ de una pulgada. 15 líneas = $1^1/_4$").
Es necesario que esta última medida sea precisa." François Huber 1806*

Nido de cría movido en un comedero superior. Cubierta Interior tras quitar el panal. El espacio en panal de cría creado de manera natural es a veces tan pequeño como $1^1/_8$" (30mm) pero típicamente $1^1/_4$" (32mm).

Ancho de Panal de Tamaño de Celda

De acuerdo con Baudoux (observe que esto es el grosor del panal en sí y no el espacio de panales en los centros)

Tamaño de Celda	Grosor de Panal
5.555 mm	22.60 mm
5.375 mm	22.20 mm
5.210 mm	21.80 mm
5.060 mm	21.40 mm
4.925 mm	21.00 mm
4.805 mm	20.60 mm
4.700 mm	20.20 mm

ABC XYZ of Bee Culture 1945 edición Pág. 126

Referencias históricas de un espacio de marco estrecho

"...se ponen a una distancia usual, para que los marcos sean de $1^9/_{20}$ pulgadas de centro a centro; pero si lo deseado es que evite la producción de cría de zángano, los fines de los marcos se ponen hacia atrás como muestra B, y la distancia de $1^1/_4$ pulgada de centro a centro se puede mantener." - T.W. Cowan, British bee-keeper's Guide Book pág. 44

"Al medir los panales en una colmena hechas de manera regular, he encontrado el siguiente resultado, cinco panales de obreras ocupadas en un espacio de cinco pulgadas y media, el espacio entre cada tres octavas de pulgadas, y permitiendo el mismo ancho en las partes exteriores, igual a seis pulgadas y un cuarto como el

diámetro propio de una caja en la que puedan construir cinco panales de obreras... El diámetro promedio de panales de obreras es de cuatro quintos de una pulgada y de los panales de zánganos, una pulgada y un octavo."—T.B. Miner, The American bee keeper's manual, pág. 325

Si le quita los $^3/_8$" extra en la última será 5" y $^7/_8$" para cinco panales divididos por cinco es 1.175" o 1" y $^3/_{16}$" en el centro de cada panal.

"Marco. — Como he mencionado antes, cada colmena de reserva tiene diez de estos marcos, cada uno de 13 pulgadas de largo por 7 pulgadas y $^1/_4$ de alto con $^5/_8$ de pulgada de alto, con una proyección de una pulgada al frente o detrás. El ancho tanto de la barra como del marco es $^7/_8$ de pulgada; esto es menos de $^1/_4$ de pulgada que la barra recomendada para colmenares mayores. Mr. Woodbury, cuya autoridad en los planes modernos de cuidado de abejas es imponente-encuentra que las $^7/_8$ de pulgaa de la barra son una mejora, porque con ellos, los panales están más cerca y juntos, y requieren menos abejas para cubrir la cría. Entonces también en el mismo espacio de ocho barras ocupadas los marcos más estrechos admiten una barra adicional, para que al estas, se usen las acomodaciones aumentadas para la cría y el almacenamiento de

miel." -Alfred Neighbour, The Apiary, or, Bees, Bee Hives, and Bee Culture... "Creo que una conclusión en teoría que un experimento prueba ser un hecho en práctica, con los marcos de $^7/_8$ de pulgada de ancho, espaciados solo por un espacio de abeja en medio, las abejas llenarán todas las celdas de arriba a abajo con cría, dado que las celdas más profundas o espacio más ancho, se usan en su cámara de almacenamiento. Esto no es teoría o adivinanza. En experimentos cubriendo un término de años. He encontrado los mismos resultados, sin variación, en cada momento. Ya que esto es un hecho, entonces ¿qué sigue? En contestación diré que la cría es criada en la cámara de cría- el excedente se almacena donde debe estar, y no se construyen panales y no solo esto, sino que la cría de zánganos está cerca, el exceso de enjambre se evita fácilmente y de hecho el trabajo entero de apicultura se reduce a un mínimo, lo único requerido es empezar las hojas de panales solo $^7/_8$ de pulgada de ancho para que no puedan construir más profundo. Confío en que me haya hecho entender; sé que si el plan se sigue según lo dispuesto, la apicultura será una actividad más fácil y con un progreso rápido de aquí en adelante."— "Which are Better, the Wide or Narrow Frames?" por J.E. Pond, American Bee

Journal: Volumen 26, Número 9 Marzo 1, 1890 No. 9. pág. 141

Observe: 7/8" más 3/8" (máx. espacio de abeja) hace 11/4". 7/8" más 1/4" (mín. espacio de abeja) hace 11/8".

"Pero aquellos que le han prestado especial atención al tema, intentando ambos espacios, están de acuerdo casi uniformemente en que la distancia correcta es 1 pulgada y $^{3}/_{8}$ o con un poco de diferencia y algunos usan exitosamente un espacio de 1 pulgada y $^{1}/_{4}$." —ABC and XYZ of Bee Culture by Ernest Rob Root Copyright 1917, Pág. 669

"Con tantos principiantes queriendo saber sobre marcos profundos de once en una cámara de cría Langstroh con marco profundo de diez tendré que entrar en más detalle. Pero primero esta carta de Anchorage, Alaska. Hasta tan al norte puedes mantener abejas. Él escribe, soy un apicultor principiante con experiencia de una temporada con dos colmenas. Un buen amigo está en el mismo barco, leyó uno de sus artículos sobre "Pinchar" a las abejas y lo intentó con una de sus colmenas, de esa manera resultó una colmena llena de abejas y de miel. Este año tenemos ocho colmenas con marcos de once en la cámara de cría."

"Si usted también quiere tener un marco de once en la cámara de cría haga esto. Al armar sus marcos además

de usar clavos use pegamento. Es una manera permanente. Asegúrese de que sus marcos son del tipo de estrías de barra superior e inferior. Después de montar los marcos, coloque el final de las barras a cada lado para que sean del mismo grosor que la barra superior. Ahora introduzca las grapas. Como mencioné el mes pasado hágalo al cortar clips de papel por la mitad. Cuestan poco y no parten la madera. Coloque las grapas en la madera hasta que sobresalgan un cuarto de pulgada. Todas las grapas deben estar en el mismo lado. Esto evita que le dé vueltas a un marco alrededor de un nido de cría. Es mala práctica y molesta el arreglo en el nido de cría. Ya está hecho, pero lleva a que la cría se enfrié y molesta el ciclo de poner de la reina. Estoy hablando a principiantes pero aquellos con experiencia no deberían llevar a cabo esta mala práctica. Como para la estampada, si usa estampada de plástico solo engánchelos en el marco y estará listo."— Charles Koover,Bee Culture, Abril 1979, From the West Column.

El grosor estándar del marco en marcos de Hoffman es 1" y $^3/_8$". Esto quiere decir que de centro a centro los panales tienen un espacio de 1" y $^3/_8$" entre sí. Esto hace el panal 1" de grueso y un espacio de abejas entre los panales de $^3/_8$". Este espacio funciona bastante bien pero los apicultores generalmente ponen espacio entre los marcos en las alzas como a 1" y $^1/_2$" o algo más. El 1″ y $^3/_8$″ ya era un acuerdo entre almacenamiento de miel, nido de cría de zángano y panal de cría de obrera. El panal de cría de obreras naturales están espaciados a 1″ y $^1/_4$″ mientras que los panales de zánganos naturales son más como 1″ y $^3/_8$″ y el espacio de almacenamiento de miel típicamente es de 1″ y $^1/_2$″ o más. (1″ y $^1/_4$″=32mm, 1″ y $^3/_8$″ = 35mm y 1″ y $^1/_2$″=38mm)

Espaciar marcos a 32mm($1^1/_4$″) tiene ventajas

Entre ellas:
- Menos panal de zánganos.
- Menos marcos de cría en una caja.
- Más marcos de cría pueden ser cubiertos con abejas para mantenerlos calientes ya que la capa de abejas es la única igual de profunda en vez de dos.
- De acuerdo a la investigación de los años '70 en Rusia, había menos Nosema.
- Es más natural espaciarlos para celdas más pequeñas.
- Incita a las abejas a construir celdas más pequeñas. El espacio pequeño contribuye a ver el panal sobre él como un panal de obreros.

Ideas equivocadas frecuentes:

- Que 1″ y $^1/_4$″ (32mm) es solo correcta para Abejas Melíficas Africanizadas. He dejado Abejas Melíficas Europeas construir su propio panal y le dan espacio de panal de cría obrera tan pequeño como 1″ y $^1/_8$″ (30mm) pero típicamente 1″ y $^1/_4$″ para el centro de un nido de cría. Más ancho en los bordes exteriores cuando quieren zánganos e incluso más anchos cuando quieren almacenar miel.
- Que sus marcos no serán intercambiables con marcos de 1″ y $^3/_8$″. Yo los intercambio todo el tiempo. Muchas de estas referencias históricas mostradas arriba demuestran que las personas

normalmente dan un espacio más estrecho en el centro y más ancho en los bordes exteriores. No hay nada que lo detenga de poner un marco de 1″ y $^3/_8$″ en medio de marcos de 1″ y $^1/_4$″ o viceversa.

- Que simplemente no importa. Bueno, probablemente no importa mucho, pero vea las ventajas arriba.

Maneras de conseguir marcos estrechos

- Asumiendo que no hay clavos en las partes exteriores del extremo de las barras, puede cepillar las barras finales de los marcos regulares hasta que tengan un ancho de $1^1/_4$″. Si hace esto antes de montar los marcos, puede también cortar la barra superior hasta 1′ de ancho en una tabla de sierra.
- Puede hacer o comprar marcos hechos desde el principio. Tanto al ajustar las dimensiones y construyendo marcos Hoffman como construyendo marcos estilo Killion y simplemente cambiando el espacio (vea "Honey in the Comb" by Carl Killion o ediciones más tardes Eugene Killion).
- Puede intercalar PermaComb (el cual no tiene espacios) con panales regulares Hoffman y entonces espaciarlas un poco más con la mano.
- Puede construir marcos de Koover (vea los Gleanings de los '70 en artículos en Bee Culture o planes en nordykebeefarm.com)

Preguntas Frecuentes

P: ¿No estarán demasiado cerca las barras si cepillo las barras finales?

R: Un poco, pero puede manejarlas. Se limitan bastante cuando llega a $^3/_{16}$″ entre las barras superiores, pero las abejas pueden pasar por un agujero de $^5/_{32}$″. Prefiero tener más espacio pero no suficiente para cortar las barras superiores en marcos regulares. Las prefiero tanto que las hago más pequeñas cuando hago marcos o las pido más pequeñas si contrato alguien para que las haga.

P: ¿Por qué no poner marcos de 9 en la caja de cría de un marco de 10? ¿Eso no mantendrá las cosas iguales (ya que quiero poner nueve en mis alzas) y les dará más espacio para que no se enjambren y no las apriete sacando los marcos?

R: En mi experiencia apretará más abejas con este arreglo (9 en una caja de 10) porque la superficie del panal no estará nivelada debido a que el grosor de cría sea consistente mientras el grosor del almacenamiento de la miel varíe. Esto significa que el marco espaciado de nueve en una caja de marco de diez tiene una superficie no nivelada. Esa superficie no nivelada es más probable que capture las abejas entre dos partes sobresalientes y las apriete cuando no estén niveladas. Además, cubre más abejas y mantiene caliente la misma cantidad de cría cuando tiene 9 marcos en vez de 10 o 11.

> *"...si el espacio no es suficiente, las abejas acortan las celdas en un lado del panal, y por ende hacen que ese lado sea inútil, y si se pone más del ancho normal, requiere una cantidad más grande de abejas para cubrir la cría, como también para subir la temperatura para construir el panal. Segundo, cuando los panales están demasiado espaciados, las abejas mientras llenan sus almacenes, alargan las celdas y hacen el panal más grueso e irregular- el uso de un cuchillo es el único remedio para reducirlas a su grosor correcto."—J.S. Harbison, The bee-keeper's directory pág. 32*

Ciclos Anuales

La apicultura, como cualquier agricultura, sigue las temporadas. Es cíclica por naturaleza el mayor ciclo es el año. Los ciclos más pequeños son los ciclos de cría de obreras de 21 días, etc., pero el panorama general de la apicultura es el año.

En mi perspectiva el año del apicultor empieza, al igual que para las abejas, al preparar la colonia para el invierno. Una colonia que tiene un buen comienzo para sobrevivir el invierno y prosperar a principios de primavera tiene un buen comienzo para el año.

Mi perspectiva, por supuesto, será coloreada por mis experiencias en el clima frio del norte. Puede que necesite ajustar cosas para su clima.

Invierno

Desde el punto de vista de un apicultor, el invierno empieza en la primera helada. Desde este momento en adelante, las abejas no recolectarán más recursos. No recolectarán néctar. No recolectarán polen. Antes de que esto ocurra necesitan estar en buena forma. Algunos inviernos empiezan temprano y no hay oportunidades para prepararse.

Abejas

Básicamente para el invierno necesitan tener suficiente cantidad de abejas. Si les falta esto deben entonces ser bastante cuidadas o combinadas con una colmena débil para hacer una colmena fuerte para el invierno. Esto varía por raza de abeja y por clima. Aquí con las italianas quisiera por lo menos un agrupamiento del tamaño de un balón de baloncesto. Con las Carnis, un agrupamiento del tamaño de un balón de fútbol. Y con las ferales algo entre un balón de fútbol y una pelota de béisbol.

Abastecimientos

Deben tener suficiente comida para pasar el invierno. Intento dejarlas la suficiente, pero a veces con una escasez o un flujo débil del otoño puede acabar livianas. Aquí en Greenwood, Nebraska con las Italianas se necesita una colmena que pese alrededor de 150 libras. Con las ferales hace falta una colmena de 90 libras. Una colmena liviana puede ser alimentada con sirope o se puede colocar azúcar en un periódico en las barras superiores para maquillar el déficit. Algunas personas alimentan con polen o sustituto en otoño. El sirope del otoño normalmente es 2:1 (azúcar: agua).

Arreglo para el invierno

No deberían tener un excluidor de reina y si tuviesen una entrada de fondo entonces deberían tener una guardia de ratón. Una entrada reducida es ventajosa para prevenir el robo. Necesitan tener un tipo de entrada superior.

Primavera

La primavera para el apicultor empieza cuando florecen los arces. Aquí donde vivo eso es a finales de febrero o principios de marzo. Esto es cuando las abejas empiezan a criar. Es importante en este punto que el abastecimiento de polen no se interrumpa ya que esto también puede interrumpir la cría. Los pastelillos de polen son una solución común para este problema. Mezcle polen con miel para hacer esta masa y enróllelos entre papel de cera para hacer los pastelillos. O déjelos como alimento en una colmena abierta. Alimente 1:1 o 2:1 sirope si estuviese ligera de abastecimientos. En un día caliente haga una inspección completa y revise huevos y crías. Marque las que no tengan reina o reemplácele la reina o combínelas. Limpie las tablas de fondo e inspeccione por ácaros de Varroa. Si está usando manejo de néctar de Walt Wright, es hora de cambiar a un plano de damero. Si no lo están usando, necesita echarles un vistazo para evitar enjambres tempranos. Cuando el clima empiece a calentar lo suficiente, abra el nido de cría para poner algunos marcos vacíos en medio del nido de cría. Si es una colmena con muchas abejas, dos o tres marcos. Si es una colmena moderada, uno. Si es una colmena débil, déjela quieta. No añada mucho espacio si el clima todavía está frio. Mucho espacio añade estrés. La colmena está tratando de construir lo suficiente para enjambrar antes del flujo principal. La cría ha empezado. La cría de zánganos empezará pronto.

Verano

El verano, desde el punto de vista del apicultor es cuando empieza la temporada de enjambre, o solo unas pocas semanas después del flujo. El flujo es cuando se empieza a ver cera blanca y nuevos panales. Es un tiempo de velar por las preparaciones de los enjambres (llenando el nido de cría) y mantener el nido de cría abierto. Si las preparaciones del enjambre han progresado a celdas de enjambre, entonces haga divisiones para administrar a las reinas. Añada alzas para almacenamiento de miel. Para este punto, demasiado espacio no debe ser un problema así que apílelos en las colmenas fuertes. Esto sería de mediados a finales de mayo. Si quiere cortar divisiones o confinar a la reina para una mejor cosecha, o para ayudar con Varroa éste sería el momento. Dos semanas antes del flujo principal sería un momento casi perfecto.

Otoño

El otoño desde el punto de vista de un apicultor, es cuando el flujo principal del verano se ha terminado y es momento de cosechar la miel. Las flores con el néctar más oscuro y fuerte florecerán pronto- vara de oro, girasoles, persicaria, áster, perdices, y achicoria.

Es un buen momento para reemplazar a la reina ya que las reinas copulan mejor y están más disponibles. También es un buen momento para cría reinas, a no ser que haya una sequía. Hacia el final del otoño es cuando se establecen para el invierno. Ponga protección para ratones. Quite los excluidores. Quite las cajas vacías. Quite las entradas. Iguale los abastecimientos o alimente. En otras palabras, de nuevo nos preparamos para el invierno.

Invernar a las Abejas

He vacilado en escribir sobre invernar a las abejas y hasta ahora he resistido la tentación porque invernar está muy relacionado con la ubicación. Pero es un problema crítico y recibo preguntas a menudo así que quisiera decir lo que pienso de muchos de los problemas. Por favor lea esto con *la ubicación* en mente. Intentaré cubrir todo lo que hago en mi ubicación (Sureste de Nebraska) en detalle y por qué hago lo que hago, pero eso no significa que sea lo mejor para su ubicación o que otros métodos puede que no funcionen en otras o incluso en mi propia ubicación.

Dividiré esto entre los temas o manipulaciones que se discuten frecuentemente tanto si yo lo practico como si no.

Otra cosa que importa es la raza o el pedigrí. Las mías son todas satas, pero van desde marrón a negras y son crías de reservas supervivientes del norte.

Dividiré todo por elementos y acciones:

Protección contra Ratones

Las preguntas típicas son qué usar y cuándo usarlo. Solo tengo entradas superiores así que las protecciones contra ratones ya no son un problema. Cuando tenía entradas inferiores usaba malla de ferretería de $1/4''$ como protección contra ratones, pero lo consideraría si todavía tuviese entradas inferiores, un aparato popular aquí en el sureste de Nebraska. El aparato es una pieza de 3" a 4" de ancho de tabla de madera de $3/8''$ cortada para que quepa por el ancho de la entrada y tres listones cortados a 3" o 4" de ancho de tabla de madera. Estos lados en la entrada la reducen a $3/8''$ y forman un bafle para que el viento no lo derribe. Las personas que lo usan dicen que no hay problemas con ratones ya que el agujero de $^3/_8''$ con varias pulgadas de largo parece disuadir a los ratones. No hacen caso a las abejas en todo el año.

De vez en cuando, intento mantenerlo hasta un poco después de la primera helada. Aquí tenemos un poco de clima caliente después de la primera helada, así que los ratones no se mueven hasta que hace frio durante unos días. Puede que lo necesite antes, o los ratones podrían estar ya en la colmena. Otra cosa buena de tener una entrada de bafle es que puede dejarla todo el año y no necesita preocuparse de quitarla y de tener que volver a ponerla después.

Excluidores de Reina

No uso excluidores pero cuando lo hacía, los quitaba antes del invierno ya que pueden causar que la reina se estanque debajo del excluidor cuando las abejas suban. El excluidor no hará que las abejas dejen de subir, pero hará que la reina no se una a ellas. Puede almacenarlo en la parte superior de la cubierta interior o en la parte superior de la colmena, pero no la deje entre cajas.

Tablas de Fondo de Filtro (SBB)

Las tengo en la mitad de mis colmenas. Si el pedestal es lo bastante corto y una gran cantidad de hierba bloquea el viento, a veces quito la bandeja pero normalmente la pongo. Algunas personas en algunos climas parecen pensar que es bueno dejarla abierta el año entero, pero no creo que funcione bien en un clima como el mío. Tampoco pienso que el SSB ayude mucho con el Varroa pero si ayuda con la ventilación en verano y ayuda a mantener la tabla de fondo seca en invierno. Por otro lado una tabla de fondo sólida puede funcionar también como un comedero y una cubierta.

Envoltura

No las envuelvo. Lo intenté una vez pero parecía sellarlas en la humedad y causaba que las abejas permanecieran mojadas todo el invierno, así que dejé de hacerlo. Si lo intentara de nuevo, cosa que dudo, pondría madera en todas las esquinas para crear un espacio de aire entre la madera y la envoltura.

Agrupar las colmenas juntas

Coloco las colmenas en pedestales que aguantan dos filas de siete colmenas (ocho marcos). Básicamente son dos tratadas de ocho pies de largo por cuatro con cuatro que termina sobre ellos así que el pedestal entero tiene 99" de largo (8'3") debido a las piezas finales. Los rieles (piezas de ocho pies de largo) son tal que las exteriores tienen 20" desde el centro y las interiores tienen 20" desde el exterior. Esto permite que las colmenas (que son $19^{7}/_{8}$") salgan hacia fuera en verano para maximizar la conveniencia al manipularlas y hacia atrás en invierno para maximizar el área expuesta. Así que durante el invierno 10 de las colmenas están tocándose por tres lados y el cuarto en la parte fuera está tocando por dos lados. Esto minimiza las paredes expuestas. Parecido a juntarlas para que se calienten.

Alimentar a las Abejas

Contrariamente a la opinión popular, alimentar con miel o sirope en invierno no funciona en climas del norte. Una vez el sirope no suba por encima de 50º F durante el día (y tarda un tiempo en calentarse después de una noche fría) las abejas no lo tomarán. El momento para alimentar de ser necesario es septiembre. Si es necesario y si tiene suerte podría continuar alimentando hasta octubre algunos años. Las preguntas parecen ser qué concentración y cuánto.

Cuando alimento con miel, no le añado agua en absoluto. Aguarla hace que se dañe pronto y no puedo estar gastando miel. Cuando alimento con sirope (porque no tengo miel o no quiero alimentarla con la que acabo de cosechar) la concentración no debe ser menos de 5:3 ni por encima de 2:1. Más espeso es mejor ya que requiere menos evaporación pero es difícil conseguir disolver 2:1.

Cuánto no es la pregunta correcta. La pregunta correcta es "¿cuál es el peso meta?" Para una agrupación grande en cuatro cajas de ocho marcos medianos (o dos cajas profundas de diez marcos) deben estar entre 100 y 150 libras. En otras palabras si la colmena pesa 100 libras, alimentaria o no, pero si pesa 150 libras no lo haría. Si pesa 75 libras intentaría alimentar 75 libras de miel o sirope. Una vez alcanzase el peso meta, pararía.

Mi plan de manejo es dejarles suficiente miel y robar miel tapada de otras colmenas si están livianas. Pero en años donde el flujo de otoño falla, tengo que alimentarlas. Me gusta esperar hasta que el clima se pone frio antes de cosechar ya que resuelve ciertos problemas. 1) no hay polillas de cera por la cual preocuparse. 2) las abejas se agrupan abajo así que no hay abejas que quitar de los alzas. 3) puedo decidir mejor qué dejar y qué coger si el flujo de otoño ha tenido lugar o no. Otra opción para una colmena liviana si no es muy liviana es alimentarla con azúcar seca. La desventaja es que si el azúcar no se almacena como sirope, es más como una ración de emergencia, pero la ventaja es que no tendrá que hacer sirope, comprar comederos, etc. Pero no tener que almacenarla también es una ventaja. Si no lo necesitan, no tiene que tener sirope almacenado en sus panales. Solo ponga una caja vacía en la colmena con algún periódico en las barras superiores y échele azúcar a la parte superior del periódico. Yo lo mojo un poco para que forme una masa y mojo el borde para que vean que es comida. Si la colmena solo está un poco ligera, es un buen seguro. Pero si está muy ligera, pienso que necesitan almacenamiento tapado y las alimento con miel o sirope.

Una tabla de fondo sólida puede ser convertida en un comedero. Esto tiene sentido para mí porque alimentar no está en mi plan de manejo normal, dejar miel si lo está. Pero, ¿por qué comprar alimento para todas sus colmenas si alimentar no es su situación normal? Este no es el mejor comedero pero es el más barato (básicamente gratis). Si necesito alimentar, no necesito comprar un comedero para la colmena. Aguantan lo mismo que un comedero de marco.

Por estos lares, las tablas de dulce son populares, pero el azúcar seca en la parte superior es fácil ya que no tiene que hacer las tablas y hacer el dulce. Solo usar sus cajas estándares y azúcar. También he rociado el sirope en el panal para darle algo que ayude a una colmena liviana.

Aislamiento

A veces aíslo las partes de arriba y a veces no. Dejé de aislar todo lo demás. Creo que es buena idea aislar la parte superior, pero no creo que siempre se pueda hacer. Como yo manejo una parte superior simple con una entrada superior cuando hago aislamiento es solo con una pieza de poliestireno en la parte superior de la cubierta con un ladrillo encima. Esto reducirá la condensación en la parte superior y en la entrada superior. Cualquier grosor de poliestireno servirá. El problema principal es la condensación de la tapa. Cuando he intentado aislar la colmena entera, la humedad entre el aislamiento y la colmena se convirtieron en problema.

Entrada Superior

Creo que es esencial reducir la condensación en mi clima. No era necesario cuando vivía en el oeste de Nebraska que tiene un clima mucho más seco. No tiene que ser una entrada superior grande, una pequeña sirve. La ranura que viene en una cubierta interior está bien. Esto también proporciona a las abejas una salida para vuelos de limpieza en días de nieve templados cuando la entrada inferior (que yo no tengo) esté bloqueada por la nieve. Tengo solo entradas superiores y ningunas en el fondo.

Donde está el agrupamiento

Normalmente en mi zona está en la caja superior entrando y saliendo del invierno con o sin una entrada superior. A veces no, pero parece ser la norma a pesar de lo que dicen los libros. Los dejo donde están pero no intento hacerlo donde creo que deben estar. Normalmente pasan el invierno entero ahí. Las muevo de un lado a otro en una colmena horizontal, para que no se vayan a un lado y se mueran de hambre teniendo reservas en el otro lado.

¿Cómo de fuerte?

Esta pregunta surge mucho. Solía combinar colmenas débiles y casi nunca he perdido una colmena en invierno. Desde que empecé a invernar los núcleos me he dado cuenta cuán bien una colmena pequeña funciona si sobrevive el invierno. Así que he invernado agrupamientos mucho más pequeños. También si tiene reinas locales, en vez de reinas del sur, son más exitosas que las abejas de colores más claros. Así que aunque nunca he visto agrupamientos del tamaño de una pelota de béisbol de un paquete de italianas del sur sobrevivir el invierno, lo he visto de ese tamaño de ferales carniolas e incluso de italianas del norte. Esto funciona en invierno en un día frío (un agrupamiento apretado). Hay cierta escasez en el otoño y si son de este tamaño en Septiembre y no hay flujo y no están criando, entonces probablemente no sobrevivirán. Una colmena fuerte italiana entrando al invierno sería un agrupamiento del tamaño de un balón de baloncesto, y normalmente son más parecidas a una pelota de futbol o más pequeñas, y las supervivientes ferales serían más pequeñas.

Reductor de Entrada

Me gustan en todas las colmenas. En las colmenas fuertes crean un tapón en caso de caos por robo lo que haría que las cosas fuesen más despacio y en una colmena débil hace espacio para hacer guardia. En todas las colmenas crean menos brisa que en una entrada amplia. De hecho cuando se me ha olvidado abrir un reductor en la primavera, aun en las colmenas fuertes con el tapón parecen tener más éxito que con la entrada ancha. Trato de acordarme de abrirla a las colmenas fuertes para el flujo principal.

Polen

En años recientes he empezado a alimentar con polen en otoño durante una escasez para que estén bien preparadas con polen para el invierno y tengan un turno extra de cría antes del invierno. No hay razón por la cual hacer esto si el polen verdadero está entrando. Les doy polen verdadero si tengo suficiente. A veces lo mezclo 50/50 con sustituto o harina de soja cuando estoy desesperado y no tengo suficiente. Nunca lo mezclo con menos de 50% de polen real. Puede atraparlo usted mismo o comprarlo de uno de los proveedores como Brushy Mt. Las alimento en el abierto. Lo pongo sobre una SBB encima de una tabla de fondo sólida en una colmena vacía. Esto sería en Septiembre generalmente.

Cortavientos

Algunas personas usan balas de paja como cortavientos. Odio los ratones y me parecen un sitio perfecto para los nidos de ratones, por eso no los uso. Pero si puede evitar los ratones de alguna manera, podrían funcionar. Supongo que también uno podría usar una verja y nieve para cortar el viento o cualquier tipo de verja. Mel Desselkoen usa un círculo de hojas de metal alrededor de cuatro colmenas para hacer un cortaviento. Esto parece un buen arreglo pero requiere comprar el metal, y guardarlo durante el resto del año y entonces volver a arreglarlo en el otoño.

Cajas de Ocho Marcos

Encuentro que las cajas de ocho marcos invernan mejor que las cajas de marcos de diez. El ancho es más del tamaño de un árbol y el tamaño de un agrupamiento, así que dejan menos comida atrás. Esto no quiere decir que las abejas no invernen en cajas de marcos de diez, solo que parece que lo hacen mejor en cajas de marcos de ocho.

Cajas Medianas

Encuentro que cajas medianas invernan mejor que las profundas ya que hay mejores comunicaciones entre marcos por el agujero entre las cajas. Si imagina lo que hay en la colmena cuando las abejas se agrupan en el invierno, hay colmenas haciendo paredes entre partes del agrupamiento. Con un enfriamiento repentino, un grupo de abejas pueden quedar atrapadas al otro lado de la colmena profunda cuando el agrupamiento se contraiga ya que no podrán ir arriba o abajo, donde con el agrupamiento medio normalmente vaya el agujero entre las cajas proporcionando comunicación entre los marcos a través de la colmena. De nuevo, esto no quiere decir que no pueda invernarlas entre las profundas, solo que parecen funcionar mejor en los medianos.

Marcos Estrechos

Encuentro que invernan mejor en marcos estrechos (1" y $^1/_4$" en el centro en vez del estándar de 1" y $^3/_8$" en el centro o el arreglo de marcos de 9 en una caja de marcos de 10 que es como 1" y $^1/_2$" en el centro) porque necesitas menos abejas en invierno para cubrir y mantener la cría caliente que los agujeros grandes. De nuevo no quiere decir que no pueda invernarlas en marcos de 1" y $^3/_8$", solo que funcionan mejor, construyen más temprano, se enfrían menos y tienen menos cría calcificada en marcos estrechos.

Invernar Núcleos

He intentado invernar núcleos todos los inviernos desde 2004. No puedo decir que sea muy bueno en eso, pero cuando logro invernar núcleos son mis mejores colmenas para el año siguiente. He intentado muchas cosas, desde envolturas, calentamiento, alimentación de sirope todo el invierno, etc. He llegado a estas conclusiones. Primero, las envolturas solo las hace más mojadas. Alimentar con sirope todo el invierno también. Aislar la parte de arriba y de abajo también fue de ayuda. Un calentador si no es demasiado caliente, en el medio del arreglo fue de ayuda, excepto que cada año alguien lo desenchufa en medio de un enfriamiento repentino, así que no ha ayudado. Mis núcleos son un poco raros ya que los combino con núcleos copulados o reemplazo de reinas y divisiones de mis colmenas livianas. He concluido que un error que he estado haciendo es que necesito combinarlos lo suficientemente temprano como para que ellos se reorganicen como su propia colmena antes de que el frio empiece. Lo que significa para finales de julio o primeros de agosto. Esto también las deja guardar reservas y las arregla como quieren. Pero asumiendo que está haciendo divisiones de sus colmenas débiles y reemplazando a la reina la misma regla funciona. Quiere que tengan tiempo para organizarse como colonia. Me gusta el azúcar por encima más y más que alimentarlas con sirope por el problema de la humedad. Pero si alimenta temprano no es un problema tan grande. En vez de gastar mucho tiempo empiece a hacer equipo para invernar núcleos. Creo que es más práctico investigar cómo invernarlos en su propio equipo. Esto tiene más sentido cuando su caja típica es del tamaño de marco profundo de cinco (mis cajas medianas de ocho marcos son exactamente de ese volumen) pero odio tener equipo especializado alrededor cuando tengo equipo que es multipropósito. Mis comederos de tablas de fondo funcionan bien para invernar núcleos cuando puede apilar los núcleos y ver si necesita que se alimenten sin tener que quitarlos de las pilas.

Bancar reinas

He intentado invernar un banco de reina. No he tenido mucha suerte con esto, pero estas son las cosas que me han ayudado. Las tiene que mantener lo suficientemente calientes como para que se agrupen o se contraerán hasta tal punto que muchas de las reinas morirán. La mejor manera que he encontrado es hacer un calentador terrario debajo del banco. También tiene que re-poblar la colmena a mitad del invierno. Esto significa sacrificar uno de los núcleos o robarle unas abejas a alguna colmena muy fuerte. Si saca un marco que está cubierto en abejas, pero no muy cerca del centro tiene una mejor oportunidad de no capturar la reina y entonces añadir un marco al banco de reina. Si consigue que la mitad de las reinas sobrevivan el invierno, entonces habrá tenido éxito. Pero si lo hace, tendrá un grupo de reinas en primavera para colmenas sin reinas, divisiones, y para vender en un momento donde la demanda es alta.

Invernar en el Interior

No lo he intentado con otra colmena que no sea la colmena de observación que inverno. He hablado con personas que lo han intentado y es más difícil de lo que uno piensa. Las abejas necesitan vuelos de limpieza de vez en cuando así que necesitan estar libres para volar. Necesitan temperaturas cerca de 30° a 40° F para mantenerse inactivas para que no gasten todos sus abastecimientos y se quemen por toda la actividad (las abejas inactivas viven más tiempo que las activas). La ventilación y mantener a las abejas frescas parecen ser mayores problemas con este método, que mantenerlas calientes.

Invernar Colmenas de Observación

He invernado colmenas de observación muchas veces. El problema principal aquí es asegurarse de que estén lo suficientemente fuertes para pasar el invierno. Tenga una manera de alimentarlas con sirope. Tenga una manera de alimentarlas con polen. No las sobrealimente con polen. Asegúrese de que están volando libres (revise el tubo para asegurarse de que no se ha tapado con abejas muertas y polen). No, todas las abejas no se irán volando y morirán porque están calientes y confundidas con el clima exterior. Siempre morirán algunas, es lo normal. Normalmente son conscientes del clima exterior. Si están demasiado débiles en primavera tendrá que ayudarlas con algunas abejas. Unas cuantas abejas en una caja pequeña conectada al tubo generalmente resultará en esas abejas moviéndose por la colmena sin tener que sacarlas fuera y abrirlas.

Manejo de Primavera

Atado al Clima

Después de invernar, este parece ser el siguiente tema de discusión. Y después de invernar, parece ser lo más atado al clima. Solamente puedo compartir con confianza lo que he experimentado en mi clima. La mayoría de los lugares en donde he tenido abejas es similar (inviernos fríos etc.) pero algunos eran un poco más fríos (Laramie) y algunos un poco más secos (Laramie, Brighton y Mitchell). Pero todo en la mayoría de mi experiencia es entre la franja de Nebraska o el sureste de Nebraska, así que tenga eso en mente.

Alimentar a las Abejas

La primavera es un momento muy volátil e impredecible aquí. Podríamos tener temperatura caliente y con sol y polen de árbol tan temprano como a finales de febrero pero a veces permanece frío hasta abril. Nuestra primera disponibilidad actual de néctar de cualquier tamaño es la fruta temprana de árboles en algún momento desde principios hasta finales de abril, mediados de abril lo más probable. Lo que parece empezar el abastecimiento de la primavera es el polen. Alimentar con sirope es problemático. Si alimenta con sirope en febrero o marzo (si aún está lo suficientemente caliente) y decide hacer mucha cría y entonces tiene una helada (bajo cero no sería algo raro por aquí) entonces se podrían morir al tratar de mantener su cría caliente. Por otro lado si no empiezan antes del flujo natural a mediados de abril no construirán lo suficiente como para tener una buena cosecha. Me gusta asegurarme de que tengan polen o abastecimientos. El azúcar seca puede ayudar en la hambruna. Si el clima se mantiene lo suficientemente caliente y están demasiado livianas, le daría sirope. Si pudiese quedarme con 2:1 o 5:3 y no 1:1. 1:1 sería demasiada humedad en la colmena y no las mantendría bien. Así que mi manejo de primavera principal hasta el momento del primer florecimiento es asegurarme de que tienen polen y no se mueren de hambre por falta de miel. Una vez empieza el flujo temprano, no hay necesidad de alimentar pero si se mantiene lluvioso o por periodos largos, podría ser necesario. Mis comederos de tablas profundas son lo suficientemente fáciles de alimentar así. Solo ponga los tapones y llene con sirope aunque esté lloviendo. Ayuda a tener una cobertura para mantener la lluvia fuera del sirope si está lloviendo con fuerza, pero si esta lloviznando, 2:1 funcionaria bien y si se diluye las abejas todavía estarían interesadas, hasta 1:2 o más.

Control de Enjambre

El siguiente problema en primavera es el enjambre. Por supuesto mantenga suficientes alzas para que no se queden sin espacio. Pero en mi experiencia, esto no es suficiente para parar el enjambre. Necesita una manera de convencerlas de que las preparaciones del enjambre no son necesarias. Si mis abejas tienen miel en los almacenes, como parece que las abejas de Walt Wright en Tennessee tienen, entonces creo que haría Manejo de Néctar/ Damero/ Checkerboarding. Pero como las mías están virtualmente siempre en una caja superior y no tengo miel operculada para "checkerboard" encima de ellas, intento mantener el nido de cría abierto. En abril normalmente son demasiado pequeñas para enjambrar, pero si empiezan, pongo muchas cajas encima. Solamente parecen tratar de enjambrar en abril por superpoblación. En mayo es cuando tengo que luchar para evitar el enjambre en mi ubicación. Lo ideal es mantenerlas sin enjambrar sin dividirlas para que tengan una fuerza obrera máxima para hacer miel. Para hacer esto, recomiendo mantener el nido de cría abierto. "Checkerboarding" está bien para esto, pero no me parece tener las mismas condiciones para que esto funcione. Así que si una colmena esta fuerte temprano en mayo, abro el nido de colmena. Hago esto con marcos vacíos. No estampada. Solo marcos vacíos. Pongo estas en medio del nido de cría y rápidamente construyen y los llenan con cría. Cuántas depende de la fuerza de la colmena. Pero si las noches ya no son frías y pueden llenar el agujero donde quería poner el marco vacío con abejas, entonces necesito poner otro. El máximo, el cual solo se debe poner en una colmena fuerte es un marco vacío en cada otro marco. El mínimo es un marco.

Para más información sobre prevención de enjambre vea el capítulo *Control de Enjambre.*

Divisiones

Si quiere más abejas y la miel no es su prioridad entonces haga divisiones. A veces en días calientes en abril intentaré llegar hasta la tabla del fondo y limpiarla mientras miro la colmena para revisar la cría, los huevos, etc., para asegurarme que las cosas estén bien. Aparte de esto juzgo la fuerza y el ratio de cómo la población está aumentando. Hasta que aprenda a hacer esta predicción a la vista, busque celdas de enjambre. Normalmente puede girar una caja y encontrarlas colgando desde el fondo de los marcos. A la larga, esto le dará una idea de cuánta masa crítica hace que se enjambren y podrá juzgarla mejor para intervenir. Si tiene celdas de enjambre puede haber perdido la oportunidad de una cosecha grande, y ahora necesita preocuparse de hacer divisiones.

Ajustar las Alzas

Claro que necesita añadir alzas. No querrá hacer esto cuando la colmena esté sufriendo y el clima sea frío pero una vez estén construyendo necesitará añadirlos. Doblar el espacio de la colmena es mi meta. Si son dos cajas llenas, añado cuatro cajas. Claro que finalmente puede en un año de cosecha crecer tan grande que no pueda hacer esto más, pero es una buena manera para intentar no quedarse sin espacio sin darle más espacio que el que pueden manejar.

Obreras Ponedoras

Causa

Cuando la colmena está huérfana y por ende sin cría, durante varias semanas a veces algunas obreras desarrollan la habilidad de poner huevos. No es la falta de reina sino la falta de cría. Pero la falta de cría es causada por la falta de reina. Estas son normalmente haploides (estériles con medio set de cromosomas) y se desarrollaran en zánganos.

Síntomas

Las obreras ponedoras ponen huevos en celdas de obreras, además de celdas de zánganos y normalmente ponen varios en cada celda. Las obreras ponedoras por norma general, están al lado de la celda en vez de en el fondo excepto en las celdas de zángano. Una colmena con muchos zánganos es un síntoma de obreras ponedoras al igual que los huevos en la celda y encima del polen.

A veces la reina, cuando empieza un tiempo de no poner, pondrá el doble de huevos pero suele parar después de un día o dos. Las obreras ponedoras pondrán tres o cuatro o más en una celda en casi todas las celdas. La dificultad es que las abejas piensan que tienen reina (las obreras ponedoras) y no aceptarán otra. Las obreras ponedoras son virtualmente imposibles de encontrar. He encontrado una en un núcleo de dos marcos al estudiar cada abeja hasta que vi una, pero esto no es práctico en una colmena llena ya que serían demasiadas abejas y demasiadas obreras ponedoras.

Soluciones

Lo más simple, menos viajes al colmenar
Sacúdalo y olvídese

En mi opinión hay solo dos soluciones prácticas. La solución más simple si tiene varias colmenas y especialmente si la colmena de la obrera ponedora requiere un viaje largo, es sacudir todas las abejas delante de otras colmenas y divide todos los panales en las otras colmenas. Este es mi método preferido para un colmenar o una colmena pequeña. No gaste su dinero y su tiempo intentando reemplazar a una reina en una colmena que vaya a rechazarla. Este es un método de menos tiempo en intervenciones y con un resultado más predecible.

Si de verdad quiere tener muchas colmenas, sacuda algunos marcos varias semanas antes de la sacudida y divídalo con alguna cría de todas o de algunas de sus colmenas. Un marco de cría abierta y emergente y miel y polen de cada uno tendrá una división buena.

Más exitoso pero más viajes al colmenar
Deles cría abierta

El único método práctico en mi opinión es añadir un marco de cría abierto cada semana hasta que críen una reina. Normalmente hacia el segundo o tercer marco de cría abierta empezarán las celdas de reina. Esto es bastante simple cuando la colmena está en su patio. Pero no es tan fácil cuando la colmena está en un colmenar a 60 millas de distancia.

Otros métodos menos exitosos y más tediosos

Haría cualquiera de las opciones mencionadas arriba, pero si quiere conocer cada método posible que he intentado, aquí hay cosas que he hecho que a veces han funcionado. Observe que algunas cosas parecen ser variaciones del mismo tema.

1) Si tiene varias colmenas de obreras ponedoras débiles y al menos una fuerte con reina, ponga todas las colmenas de obreras ponedoras en la colmena fuerte con reina. La confusión resultante entre varias colmenas normalmente se arregla en una colmena con reina.

2) Cualquier arreglo donde una colmena con reina está al otro lado del filtro para que las feromonas de cría lleguen hasta las obreras ponedoras durante dos o tres semanas trabajará para reprimirlas y entonces cualquier método de introducción funcionará para conseguir una reina.

3) Coloque una celda de reina (en un marco de una colmena tratando de enjambrar o una que usted ha hecho con técnicas de cría de reina). A veces permitirán a la reina emerger. Otras veces la destrozarán.

4) Coloque una reina virgen. Solo ahúme y suéltela. Unas veces la aceptarán. Otras, la ayudarán.

5) Coloque un marco de cría emergente con una reina en la jaula en la colmena de la obrera ponedora. Cuando ya no muerdan la jaula y maten a los asistentes emergentes, entonces suelte a la reina. Esto normalmente funciona. A veces matarán la reina.

Más información sobre obreras ponedoras

Feromonas de Cría

Son las feromonas de la cría abierta las que reprimen el desarrollo de las obreras ponedoras, pero algunas lo hacen de todas maneras. No es la feromona de la reina como muchos libros viejos sugieren.

Vea la página 11 de Wisdom of the hive:

"las feromonas de la reina no son suficientes para inhibir los ovarios de las obreras. En su lugar, inhiben a las obreras de criar reinas adicionales.

> *Está claro que las feromonas que proporcionan el estímulo a las obreras de no poner huevos viene principalmente de la cría, no de la reina (revisado en Seeling 1985; vea también Willis, Winston, y Slessor 1990)."*

Siempre hay múltiples obreras ponedoras en la colmena con reina.

"Las Abejas Anarquistas" siempre están presentes pero normalmente en números tan bajos que no causan problemas y simplemente son veladas por las obreras a no ser que necesiten zánganos. El número es siempre bajo a no ser que se reprima el desarrollo de ovarios.

Vea la página 9 de "The Wisdom of the Hive"

> *"Todos los estudios hasta la fecha indican números inferiores al 1% de obreras que han desarrollado los ovarios suficientemente para poner huevos (revisado en Ratnieks 1993; vea también Visscher 1995a). Por ejemplo, Ratnieks diseccionó 10,634 abejas obreras de 21 colonias y encontró que solo 7 tenían huevos moderadamente desarrollados (la mitad del tamaño de un huevo completo) y que solo una había desarrollado el huevo completamente en su cuerpo."*

Si hace cuentas, en una colmena normal exitosa de 100,000 abejas eso son 70 obreras ponedoras. En una colmena de obreras ponedoras será mucho más alto.

Más que Abejas

Una colonia de abejas melificas es más que solo abejas. Existe una ecología completa desde microscópica a grande, hay muchos simbióticos más relaciones benignas en la ecología de la colonia de abejas. Incluso esas relaciones benignas muchas veces derrotan a los organismos patológicos.

Macro y Micro fauna

Por ejemplo, hay más de 32 tipos de ácaros que viven en armonía con las abejas. Cuando se les permite vivir (en vez de ser matadas por los acaricidas) hay insectos en la colmena que se los comen, como el seudoescorpión que también se comen los ácaros malignos.

Un examen de colonias ferales demuestra en la arena macroscópica que la colonia está llena de formas de vida tan diversa como ácaros, escarabajos, hormigas, y cucarachas.

Micro flora

Existen muchas especies de micro flora que viven en las abejas y en la colonia. Estas varían de hongo, pasando por bacteria hasta levadura. Muchas son necesarias para la digestión de polen o el mantenimiento del sistema digestivo saludable o el mantenimiento de un sistema digestivo al derrotar a los patógenos que de otra manera invadirían. Aun las que parecen benignas e incluso algunas levemente patológicas tienen un propósito beneficioso al suplantar a las fatales.

Muchos del género Lactobacillus son necesarios para digerir propiamente el polen y muchos del género Bifidobacterium y Gluconacetobacter son beneficiales para derrotar al Nosema y otros patógenos y probablemente contribuir incluso a la digestión.

¿Patógenos?

Aun los organismos patogénicos como el Aspergillus fumigatus que causa cría empedrada, suplantan a peores patógenos, en este caso Nosema. O Ascosphaera apis que causa Cría Calcificada pero previene el Loque Europeo.

Alterar el Equilibrio

¿Cuánto alteramos el equilibrio de este rico ecosistema cuando aplicamos anti-bacterianos como el tylan o la terramicina y anti-hongos como el Fumidil? Incluso los aceites esenciales y ácidos orgánicos tienen efectos anti-bacterianos y anti-hongos. Por lo tanto, matamos muchos ácaros e insectos con acaricidas.

Después de alterar totalmente esta compleja sociedad de organismos diversos sin tener en cuenta el beneficio, y contaminar la cera que re-utilizamos y ponemos en las colmenas como estampada, nos sorprendemos al encontrar que las abejas están fracasando. ¡Bajo estas circunstancias me sorprendería encontrarlas floreciendo!

Para más información

Intente una búsqueda en internet sobre las siguientes frases y lea algo de los resultados:

abejas micro flora (10,900 resultados)
abejas "ácaros simbióticos" (30 resultados)
abejas bacteria simbiótica (25,100 resultados)

Aquí hay varias de las cepas y grupos específicos que quizás quiera estudiar más a fondo:

Bifidobacterium sp.
Lactobacillus sp.
Bartonella sp.
Gluconacetobacter sp.
Simonsiella sp.

Matemática de Abeja

Todos los números del ciclo de vida de las abejas pueden parecer irrelevantes, así que veamos una gráfica y hablemos de para qué sirven estos números.

Días

Casta	Empollada	Operculada	Emerge nte		
Reina	$3^1/_2$	8 +-1	16 +-1	Ponedora	28 +-5
Obrera	$3^1/_2$	9 +-1	20 +-1	Recolectora	42 +-7
Zangano	$3^1/_2$	10 +-1	24 +-1	Volando DCA	38 +-5

Si encuentra huevos pero no tiene reina, ¿hace cuánto sabe que no hay reina? Por lo menos había una hace tres días y posiblemente hay una ahora.

Si acaba de encontrar larva recién empolladla y cría abierta pero no huevos ¿cuándo había una reina? Hace cuatro días.

Si coloca un excluidor entre dos cajas y no vuelve en cuatro días y encuentra huevos en una y en la otra no, ¿qué sabe? Que la reina es la que tiene los huevos.

Si encuentra una célula de reina operculada, ¿hace cuántos días habrá emergido? 9 días, aunque probablemente ocho.

Si encuentra una célula tapada de reina, ¿cuánto tiempo antes empieza a ver huevos de esa reina? Probablemente 20 días. Posiblemente tantos como 29.

Si mató o perdió una reina, ¿cuándo volverá a tener una reina ponedora de nuevo? Probablemente en 24 días.

Si empieza desde larva, ¿cuánto tiempo necesita para transferir la larva a un núcleo de copulación? 10 días. (El día 14 desde que fue puesto)

Si confina a la reina para conseguir la larva, ¿cuánto tiempo pasará antes de injertar? Cuatro días.

Si confina a la reina para conseguir la larva, ¿cuánto tiempo pasará antes de que tenga una reina ponedora? 28 días.

Razas de Abejas

Italiana

Apis mellifera ligustica. Esta es la abeja más popular en Norte América. Estas, como todas las abejas comerciales, son gentiles y buenas productoras. Utilizan menos propóleo que las abejas más oscuras. Normalmente tienen bandas en su abdomen de color marrón o amarillo. Su debilidad más grande es que son propensas a robar y escapar. La mayoría de estas (como las reinas) se crían en el sur, pero puede encontrar algunos criadores norteños.

Starline

Estas son italianas hibridas. Dos tipos de italianas se mantienen separadas y la reina Starline es el híbrido de las dos. Son muy prolíficas y productivas pero reinas siguientes (emergidas y enjambres) son decepcionantes. Si compra Starlines todos los años para reemplazar a las reinas le darán un buen servicio. Desafortunadamente no conozco si hay algunas disponibles. Solían venir de Nueva York y antes de eso, de Dadant.

Cordovans

Estas son una subespecie de italianas. En teoría podría tener Cordovans en cualquier raza, ya que técnicamente es solo un color, pero las que venden en Norte América que he visto son todas italianas. Son un poco más gentiles y más propensas a robar y muy atractivas. No tienen negro y se ven muy amarillas a primera vista. Al verlas más de cerca donde las italianas normalmente tienen patas y cabeza negra, estas tienen patas y cabeza violeta y marrón.

Caucásicas

Apis mellifera caucásica. Son gris plateadas a marrón oscuro. Desarrollan propóleo de manera extensa. Es un propóleo pegajoso. Construyen lentamente en primavera, más lento que las italianas. Son menos propensas a robar. En teoría son menos productivas que las italianas. Creo que en promedio tienen la misma productividad que las italianas pero como roban menos, usted consigue menos colmenas florecientes que han robado a sus vecinos.

Carniolas

Apis mellifera carnica. Estas son marrón oscuro a negro. Vuelan en temperaturas más frías y en teoría son mejores en climas norteños. Tienen reputación de ser menos productivas que las italianas pero no he tenido esa experiencia. Las que he tenido son muy productivas y muy frugales en el invierno. Invernan en agrupamientos pequeños y terminan de hacer crías cuando hay escasez.

Midnite

Estas son parecidas a las Caucásicas, como las Starline son a las italianas. Al principio eran dos líneas de caucásicas que fueron usadas para hacer un cruce de F1. Después cuando las líneas fueron difíciles de mantener, fueron una línea carniola y una línea caucásica. Tienen ese vigor de híbridas que desaparecen en la generación de reina. York las vendía y antes que él, Dadant. No sé donde pueden estar disponibles ahora.

Rusas

Apis mellifera acervorum o carpatica o caucásica o cárnica. Algunos incluso dicen que están cruzadas con Apis ceranae (muy dudoso). Vienen de una región de Rusia llamada Primorksy. Se usaban para criar abejas resistentes a los ácaros porque los ácaros las sobrevivían Son un poco defensivas, pero de manera extraña. Tienden a chocar mucho pero no necesariamente a picar. Cualquier cruce inicial de una raza puede ser vicioso y no hay excepción. Son guardianas pero no normalmente "corredoras" (tienden a correr en el panal cuando no puede encontrar la reina o trabajar con ellas bien). El enjambre y la productividad son un poco menos predecibles. Las características no son fijas. La frugalidad es similar a las carniolas. Fueron traídas a Estados Unidos de América por el USDA (Departamento de Agricultura de Estados Unidos) en junio de 1997, estudiadas en una isla en Luisiana y después examinadas en otros estados en 1999. Estuvieron disponibles al público general en 2000.

Buckfast

Estas son una mezcla de abejas desarrolladas por el Hermano Adam de Buckfast Abbey. Las he tenido durante años. Son gentiles. Construyen rápidamente en primavera, producen increíbles cosechas, y bajan la población en otoño. Son como las italianas en cuanto al robo. Son resistentes a los ácaros traqueales. Son más frugales que las italianas, pero no mucho más que las carniolas.

Abejas alemanas o inglesas nativas

Apis mellifera mellifera. Estas son las abejas nativas de Inglaterra o Alemania. Tienen las mismas características que otras abejas oscuras. Funcionan en clima frío y húmedo. Tienden a ser "corredoras" (excitables en los panales) y un poco dadas al enjambre, pero también se adaptaban bien al clima norteño. Algunas de las que estaban aquí en Estados Unidos no eran manejables debido a su temperamento posiblemente por cruces con las italianas.

LUS

Abejas pequeñas negras similares a las carniolas o italianas en producción y temperamento pero tienen resistencia de ácaro y la habilidad de las obreras ponedoras de criar una reina nueva. Esta habilidad se llama Telitoquia. Algunos estudios fueron hechos por el USDA en los '80 y los '90.

Abejas Melíficas Africanizadas (AHB)

He escuchado estas llamadas Apis mellifera scutelata pero Scutelata son abejas africanas del Capo. Dr. Kerr, quien las procreo pensó que eran Adansonii. AHB son una mezcla de abejas africanas (scutelata) e italianas. Son creadas en un intento de aumentar la producción de abejas. La USDA crió estas en Baton Rouge de reservas obtenidas de Kerr desde julio 1942 hasta 1961. De las grabaciones que he visto parece que el USDA envió estas reinas a Estados Unidos, 1,500 abejas al ano desde julio de 1949 hasta julio de 1961. Los brasileños también estaban experimentando con ellas y la migración de esas abejas se ha seguido en las noticias durante un tiempo. Son abejas extremadamente productivas que son extremadamente defensivas. Si tiene una colmena lo suficientemente agresiva que cree que tiene AHB, necesita reemplazarla. Tener abejas agresivas donde pueden causar un peligro a personas es irresponsable. Debe reemplazar a la reina para que nadie salga herido.

Mover Abejas

Mover las colmenas dos pies

Si quiere mover la colmena dos pies, solo apile las cajas en una tabla (superior, o de fondo, etc.) y re-apílelas en una ubicación nueva. Apílelas y re-apílelas para que estén en el orden correcto.

Mover las colmenas más de dos pies

Si quiere mover las colmenas más de dos pies, necesita fijar las colmenas juntas para el viaje y necesita cargarlas. Puesto que yo normalmente hago esto, daré instrucciones de cómo hacerlo.

Hago esto cuando las abejas están volando. Primero coloco mi transportación tan cera como puedo de la colmena. Directamente detrás es mejor. Tengo un remolque pequeño que uso a menudo, pero una camioneta funcionaria mejor. Coloco una tabla de fondo en el remolque donde creo que quiero que esté la colmena. Coloco una correa debajo para poder fijar las colmenas juntas. Puede comprar una pequeña en una ferretería pero también las venden los proveedores de abejas. Apilo las cajas en las tablas de fondo según las saco. Esto deja las colmenas en orden inverso que serán invertidas al descargarlas. Una vez que todas las cajas están ahí, necesita clavarlas a las cajas de alguna manera. Venden grapas de 2' que puede usar o puede cortar cuadrados de madera ($2^1/_2$") y clavarlas entre las partes de la colmena para que permanezcan juntas. Corte una pieza de rejilla de ferretería #8 del largo de la entrada y dóblelo en un ángulo de 90. Debe quedar lo suficientemente ajustado para que las abejas permanezcan ahí. Deje la entrada abierta hasta que esté listo para salir.

Átelas juntas y de tal manera que las colmenas no puedan moverse o caerse con alguna parada repentina.

Lo siguiente que tiene que tener en cuenta es su situación. Si tiene otras colmenas en esta ubicación y si la colmena que está moviendo pudiera perder abejas recolectoras sin dañarla demasiado, ciérrela y váyase. Las recolectoras retornantes encontrarán otra colmena. Si esta es su única colmena o si está preocupado por perder recolectoras, entonces espere a que oscurezca, cierre y váyase.

Cuando llegue a su nueva ubicación, si ya hay luz del día, descárguelas poniendo una tabla de fondo en una nueva ubicación, quite las grapas o madera y apile las cajas. Si está oscuro, espere a la luz del día y haga lo mismo.

Ponga una rama delante de la entrada para que cualquier abeja que salga la vea. Un árbol joven con hojas funciona bien porque tienen que volar por entre las hojas. Hace que se paren, presten atención y se reorienten. Esto es útil para cualquier distancia de mudanza.

Otras variaciones de esto son una tabla (mencionado en el libro de Dadant The Hive and the Honey Bee) o taponar la entrada con hierba, como se mensiona en muchos lugares.

> *"Las abejas que son movidas menos de una milla son más dadas a regresar a su antigua ubicación. Esto puede ser minimizado al tirar hierba en la entrada para forzarlas a que presten atención al salir por primera vez de la colmena en su nueva ubicación" —The How-To-Do-It book of Beekeeping, Richard Taylor*

Más de 2 pies y menos de 2 millas

Este tema es aparentemente lleno de controversia. Hay un refrán viejo que dice que mueve una colmena 2 pies o 2 millas. Normalmente necesito moverla 100 yardas más o menos. Nunca he visto que sea un problema. Muevo las colmenas poco ya que cada vez que se mueven aun dos pies, las molestas. Pero si necesito moverlas, las muevo. No me inventé todos los conceptos aquí listados, pero algunos los he refinado para mis necesidades. Esta es mi técnica.

Se me ocurre que muchos de estos detalles son intuitivos, obvio para mí pero no tanto para un aprendiz. Aquí hay una descripción detallada de cómo muevo las colmenas. Esto es asumiendo que la colmena es muy pesada para moverla de una pieza o no tengo la ayuda necesaria. Pero si funciona bien, ni pienso en usar otro método. Pero si tiene ayuda y la puede levantar, puede bloquear la entrada y moverla toda a la vez de noche y poner una rama en la entrada. Cada vez que le digo esta versión de este método, alguien me dice "2 pies o 2 millas" y me dice que no se puede hacer y solo puede moverlas dos pies o perderá todas las abejas. He hecho esto muchas veces sin perder obreras y no tuve agrupamientos de abejas en la anigua ubicación en la segunda noche.

Mover colmenas 100 yardas o menos usted solo.

Conceptos
Reorientación

Cuando las abejas vuelan de la colmena, normalmente no prestan atención a donde están. Saben dónde viven y no se dan cuenta de la salida. Cuando vuelan de vuelta, buscan puntos de referencia y los siguen hasta que llegan a su casa. Se orientan cuando salieron por primera vez cuando era abejas jóvenes, pero sólo ciertas condiciones hacen que se reorienten de nuevo. Una es el confinamiento. Cualquier confinamiento causará reorientación. 72 horas provoca una reorientación máxima. Es difícil notar la diferencia para períodos de tiempo superiores. Un bloqueo en la salida causa reorientación. Las personas a veces tapan la entrada con hierba. Esto combina el acto de moverla, que causa reorientación, con un confinamiento que también causa reorientación. Una obstrucción obvia que las haga desviarse, causará reorientación. Una rama o tabla delante de la entrada las hará volar alrededor y las forzará a prestar atención a donde están. Algunos apicultores con experiencia simplemente le darían golpes a la colmena para indicarles a las abejas que algo ha pasado y que tienen que prestar atención.

Piloto automático

Cuando una abeja vuelve a la colmen tiende a estar en piloto automático. Es como conducir de nuevo a casa después del trabajo. Uno no piensa dónde tiene que girar, uno simplemente gira. Si no se han reorientado, verán los puntos de referencia e intentarán volver a la colmena vieja y no sabrán dónde ir. Si se han reorientado volarán a la vieja ubicación pero al ver que la colmena no está ahí, se acordarán y volarán a la nueva ubicación.

Encontrar la colmena nueva

Asumiendo que no se han reorientado y que tienen que averiguar dónde está la colmena nueva, lo único que tienen que hacer es volar en espiral hasta que huelan la colmena. La probabilidad de que se muden a la primera colmena que encuentren es alta. El tiempo que tarden en encontrar las nuevas ubicaciones es exponencial a la distancia. En otras palabras está el doble de lejos, les llevará cuatro veces más tiempo encontrarlo.

Clima

Tenga en mente que el clima frio puede complicar las cosas de maneras contradictorias. Por un lado si han estado confinadas durante 72 horas y las mueve, es muy probable que se reorienten. Por otro lado, si vuelan a la antigua ubicación tienen que encontrar la colmena de nuevo antes de que se enfríen demasiado o se mueran.

Dejar una caja

Dejar una caja en la antigua ubicación es otra de esas cosas complicadas. Si deja una desde el principio volverán y se quedaran allí. Si no deja nada en la antigua ubicación, la buscarán en la ubicación nueva pero se pueden quedar estancadas en la antigua ubicación. Si espera hasta que esté oscuro para poner la caja ahí, las motivará a encontrar una localización nueva, pero les dará algún sitio donde ir. Puede moverlo a una localización nueva y en clima caliente dejarla delante de la colmena. En frio clima tendrá que poner la caja en alto, pero no es algo agradable de hacer en la oscuridad.

Materiales:

- Segunda tabla de fondo. Si no tiene una, alguna tabla lo suficientemente grande para poner las colmenas será suficiente.
- Tercera tabla de fondo.
- Una tela de trébol es útil pero no necesaria. Si no tiene una, alguna tabla lo suficientemente grande para poner la colmena será suficiente.
- Segunda tapa. Si no tiene una, utilice cualquier tabla lo suficientemente grande como para poner la colmena encima.
- Ahumadero.
- Velo.
- Guantes (opcional pero buenos)
- Traje de Abeja (opcional pero bueno)
- Una rama que sobresalga bien e interrumpa el vuelo de las abejas que salen de la colmena.

Método

Vístase a su nivel de comodidad. Recuerde que no manipulamos marcos así que los guantes no son una desventaja grande.

Normalmente echo una bocanada de humo en la entrada, entonces saco la tapa y echo una bocanada en la cubierta interior (a no ser que usted no tenga cubierta interna).

Entonces echo cuatro o cinco bocanadas de humo en la entrada y espero un minuto. Hago esto hasta que vea un poco de humo en la parte superior. Esto es más humo del que normalmente uso pero estaremos reorganizando esta colmena dos veces y necesito calmarla completamente. Si se ponen agresivas o las está moviendo una colmena fuerte y grande y está tardando demasiado, puede echarle más humo de vez en cuando.

Espere tres minutos antes de abrir la colmena.

Coloque la segunda tabla de fondo al lado de la colmena. Saque la parte superior de arriba, la tapa, y todo y póngalos en la tabla de fondo. Quite la tapa y mueva la caja de la antigua ubicación a la tabla de fondo nueva hasta llegar a la última caja. No necesita re-apilar la última porque la estamos moviendo primero. Ahora ha revertido el orden de las cajas para que cuando las mueva a la nueva ubicación estén en el orden correcto.

Ponga la tapa segunda en la pila de cajas para mantener a las abejas calmadas y la tapa en la última caja de cría para que no vuelen en su cara. Cargue la última caja de cría con la tapa y la tabla de fondo a la nueva ubicación.

Ponga la rama en la parte delantera para que las abejas tengan que volar a través la rama. No tiene que ser tan gruesa como para que tengan problemas para salir, pero lo suficiente para que tengan que verla. Esto hará que se reorienten cuando se vayan. Si las observa las veré circular alrededor de la colmena, después harán círculos mayores hasta que hayan situado a la colmena en su mapa mental del mundo. Puesto ha movido la colmena a una ubicación nueva y que el lugar está dentro de su mundo conocido, lo harán rápidamente.

Quite la tapa, si quiere usar una cobertura de tela, póngala en una caja de cría. Ayudaría a calmar las abejas pero tiene que sacarla con una caja en sus manos cuando vuelva. Por eso me gustan con tela en vez de cubierta. Lleve la tapa a la localización vieja. Tome la tapa de nuevo a la antigua ubicación. Coja la caja superior y póngala en la tercera tabla de fondo. Ponga la tapa que ha traído en la pila de cajas. De nuevo, esto es así siempre que hay una tapa sobre la pila de cajas y una tapa sobre la caja que está moviendo. Esto ayuda a que las abejas se calmen. Usted puede estar pensando que el fondo está expuesto mientras lo está cargando. Sí, pero las abejas no se mueven hacia abajo cuando las están molestando, se mueven arriba. No me pondría pantalones cortos mientras muevo cajas.

Cargue la segunda caja a la ubicación nueva y cargue la tela (si usó una) con un dedo mientras aguanta la caja y levante la tela y póngala en la caja. Quite la tapa y reemplácela con la tela.

Regrese a la antigua ubicación con la tapa y repita hasta que todas las cajas estén en la ubicación nueva.

No queremos que quede nada en la antigua ubicación que parezca como casa. Cuando esté casi oscuro nos llevaremos la última caja a la antigua ubicación con su propia tapa y fondo para que pueda traerla a la ubicación nueva después de que oscurezca.

Cuando oscurezca bloquee la entrada, o ponga el palo y llévelo a la ubicación nueva con el fondo en su lugar. Póngalo al lado de la colmena con las ramas delante de la entrada. Abra la entrada o reemplace el palo. *No intente poner esta caja en la colmena en la oscuridad al no ser que el clima esté frío.* Si nunca ha abierto una colmena en la oscuridad, considérese afortunado o sabio, y no lo haga. Las abejas son muy defensivas en la oscuridad y atacarán y se pegarán a usted buscando una manera de picar.

A la mañana siguiente puede poner la última caja en la parte superior de la colmena. Remueva cualquier equipo del sitio viejo para que no empiecen a agruparse ahí.

Algunas abejas de campo llegarán a la antigua ubicación. Si han prestado atención y se han reorientado, entonces se acordarán de la mudanza e irán de nuevo a la ubicación nueva y entonces estarán bien.

Puede revisar en la noche antes de la oscuridad y ver si hay agrupamientos en la ubicación vieja. Si hay, pondremos alzas y se mudarán y podrá moverlos después de la oscuridad. Nunca he tenido ningún agrupamiento ahí el día siguiente, y casi nadie ha tenido ninguno.

Tratamientos contra Varroa que no funcionan

Muchos de ustedes usan algún tipo de tratamiento, y su número de ácaros no cambia mucho y asume que no está matando ácaros. Veamos algunos de esos números.

Independiente de cuál sea el tratamiento, vea lo que pasa. Estos son números redondeados y probablemente subestiman la reproducción de ácaros y subestiman cuántos son eliminados por las propias abejas.

Asumiendo que le da tratamiento cada semana y da tratamiento con efectividad de 100% en ácaros foréticos. Si asume que la mitad de Varroa está en las celdas y tiene una población total de 32,000 ácaros y si asumimos que la mitad de ácaros foréticos regresarán a las celdas en una semana, la mitad de ácaros en las celdas tendrán una cría cada uno y emergerán y entonces los números se parecerán a esto:

100%						
Semana	Forético	Operculada	Matada	Reproducida	Emergida	Regresada
1	16,000	16,000	16,000	8,000	16,000*	8,000
2	8,000	16,000	8,000	8,000	16,000	8,000
3	8,000	16,000	8,000	8,000	16,000	8,000
4	8,000	16,000	8,000	8,000	16,000	8,000

* Mitad de 16,000 más 8,000 cría
Operculada es dentro de celdas operculadas. Regresada es el número que volvió a celdas y fueron opérculos.

Ahora asumamos que da tratamiento cada semana y con efectividad de 50% en ácaros foréticos con todas las asunciones las mismas:

50%						
Semana	Forético	Operculada	Matada	Reproducida	Emergida	Regresada
1	16,000	16,000	8,000	8,000	16,000	12,000
2	12,000	20,000	6,000	10,000	20,000	13,000
3	13,000	23,000	6,500	11,500	23,000	14,750
4	14,750	26,250	7,375	13,125	26,250	16,813

Ahora asumamos que da tratamiento cada dos semanas con 50% de efectividad sin cría en la colmena:

50%	No	Cría				
Semana	Forético	Operculada	Matada	Reproducida	Emergida	Regresada
1	32,000	N/A	16,000	N/A	N/A	N/A
2	16,000	N/A	8,000	N/A	N/A	N/A
3	8,000	N/A	4,000	N/A	N/A	N/A
4	4,000	N/A	2,000	N/A	N/A	N/A

Después, por supuesto, 100% sin cría:

100%	No	Cría				
Semana	Forético	Operculada	Matada	Reproducida	Emergida	Regresada
1	32,000	N/A	32,000	N/A	N/A	N/A
2	N/A	N/A	N/A	N/A	N/A	N/A
3	N/A	N/A	N/A	N/A	N/A	N/A
4	N/A	N/A	N/A	N/A	N/A	N/A

Y sin tratamiento se ve así:

0%						
Semana	Forético	Operculada	Matada	Reproducida	Emergida	Regresada
1	16,000	16,000	N/A	8,000	16,000	16,000
2	16,000	24,000	N/A	12,000	24,000	20,000
3	20,000	32,000	N/A	16,000	32,000	26,000
4	26,000	42,000	N/A	21,000	42,000	34,000

Un modelo real de matemática, por supuesto, debe tener en consideración muchas cosas, como éxodo, robo, comportamiento higiénico (morder), limpiar, momento del ano, etc. Espero conseguir el principio general de lo que sucede cuando se da tratamiento.

Unas Cuantas Reinas Buenas

Cría de Reinas Simple para un Aficionado

Me hacen esta pregunta a menudo, así que simplifiquémoslo lo más posible para maximizar la calidad de las reinas lo máximo posible.

Labor y Recursos

La calidad de la reina está directamente relacionada con cómo de bien es alimentada, lo que está relacionado con la mano de obra disponible para alimentar a la larva (densidad de las abejas) y comida disponible.

Calidad de Reinas de Emergencia

Primero hablaremos de reinas de emergencia y calidad. No ha habido mucha especulación a lo largo de los años sobre este tema y tras leer las opiniones de muchos experimentados criadores de reina en este tema, estoy convencido de que la teoría prevalente de que las abejas empiezan con larva muy vieja, no es cierta. Pienso que para conseguir buena calidad de reinas de celdas de emergencia hay que asegurarse de que puedan romper las paredes de celda y que tengan los recursos de comida y trabajo para cuidarlas adecuadamente por la reina. Esto significa una buena densidad de abejas (para trabajo), marcos de polen y miel (para recursos) y néctar o sirope entrando (para convencerlas de que tienen recursos disponibles).

Así que si uno añade un panal nuevo de cera o estampada de cera sin alambre o con marcos vacíos al nido de cría durante el momento del año en que estén ansiosas por criar reinas (desde un mes después del primer florecimiento hasta el último día del flujo principal), rápidamente crearán este panal y pondrán huevos. Así que cuatro o cinco días después de añadirlo, debería haber marcos de larva en cera recién creada sin capullos que interfieran con ellos, rompiendo las paredes de las celdas para construir las celdas de reina. Si uno hace esto con una colmena fuerte y en este momento pone a la reina en un marco de cría y un marco de miel y los pone al lado del núcleo, las abejas empezarán a construir celdas de reina.

Los expertos en reinas de emergencia:

Jay Smith, de Better Queens

"Ha sido declarado por un número de apicultores que debería saber más que eso (incluyéndome a mí mismo) que las abejas tienen tanta prisa por criar una reina que escogen larvas demasiado viejas para buenos resultados. La observación posterior ha demostrado la falacia de esta declaración y me ha convencido de que las abejas tienen más éxito bajo estas circunstancias.

"Las reinas inferiores causadas al usar el método de emergencia se deben a que las abejas no pueden romper células fuertes en los panales viejos llenos de capullos. El resultado es que las abejas rellenan las celdas de obreras con leche de abeja para inundar y sacar las larvas de las aperturas de las celdas, entonces construyen una reina pequeña apuntando hacia abajo. La larva no se puede comer la leche de abeja en el fondo de las celdas, y el resultado es que no están bien alimentadas. Sin embargo si la colonia es fuerte, están bien alimentadas, y tienen panales

nuevos, pueden producir a las mejores reinas. Y por favor observe, nunca cometerían el error de escoger larva demasiado vieja. Jay Smith

Punto de vista de C.C. Miller sobre reinas de emergencia

"Si fuese verdad, como antes se creía, que las abejas huérfanas no quieren criar reinas y entonces seleccionan larva demasiado vieja, entonces no tendríamos que esperar esos nueve días. La reina madura en quince días desde el momento en que se pone el huevo y es alimentada durante toda su vida de larva con la misma comida que se le da a la larva obrera durante los primeros tres días de su vida de larva. Así que una larva obrera de más de tres días o más de seis días desde cuando se puso el huevo, sería demasiado vieja para ser una reina buena. Si entonces, las abejas deben seleccionar a la larva de más de tres días, la reina debería emerger en menos de nueve días. Creo que nadie ha visto esto ocurrir. Las abejas no prefieren larva vieja. De hecho, las abejas no tienen el mal juicio de seleccionar larva demasiado vieja cuando hay larva suficientemente joven, como he comprobado por experimento directo y muchas observaciones."—Fifty Years Among the Bees, C.C. Miller

Equipo

Segundo, hablemos sobre equipo. Uno puede establecer núcleos de copulación en cajas estándares con tablas de división, pero solo si tiene cajas adicionales o tablas de división. La ventaja es que puede expandir esto según la colmena crezca si no usa a la reina. Puede también construir o cajas de dos marcos o dividir las cajas en cajas de dos marcos (comúnmente vendido como castillos de reinas). Estos necesitan tener la misma profundidad que los marcos de cría.

Método:

Asegúrese de que están bien alimentadas

Aliméntelas durante unos cuantos días antes de empezar a no ser que haya un flujo fuerte.

Déjelas Huérfanas

Así que si dejamos una colmena huérfana (haga lo que quiera en panales nuevos) nueve días después de dejarlas huérfanas habrá mayormente cría madura y operculada y a tres días de emerger.

Haga Núcleos de Copulación

En este punto a no ser que pretenda usar las celdas para reemplazar a la reina en sus colmenas, tendrá que hacer núcleos de copulación. Los "castillos de reinas" o cajas de cuatro direcciones que cogen su marcos estándares de cría y hacen cuatro, núcleos de copulación de dos marcos en una caja, aunque las tablas de división y cajas regulares funcionan también. En mi colmenar tengo todas en profundidad mediana y marcos de dos. La reina que se quitó anteriormente va bien en una de estas. Queremos un marco de cría y un marco de miel en cada uno de los núcleos de copulación.

Transferir Celdas de Reina

El día sigueinte (diez días después de hacerlas huérfanas) cortaremos (con un cuchillo afilado) las celdas de reina de los panales nuevos de cera que colocamos. Si usamos estampada sin alambre (o ninguna) debe ser fácil cortarla sin obstáculos (como seria con alambre con estampada de plástico) y podemos colocar cada celda en un núcleo de copulación. Puede presionar con su pulgar y suavemente colocar la celda en la presión. Si quiere también puede colocar cada marco que tiene celdas en un núcleo de copulación y sacrificar las celdas adicionales (ya que la primera reina al salir lo destruirá). Esto ayuda si tiene estampada de plástico o si solo no quiere cortar las celdas.

Revise por Huevos

Dos semanas más tarde debemos ver algunos huevos en los núcleos de copulación. Si no, entonces a las tres semanas deberíamos verlos. Permítala poner en los núcleos antes de moverla a la colmena o enjaularla y guardarla para más tarde.

Para la próxima tanda solo deje el núcleo de copulación huérfano el día antes de añadir las celdas.

Ahora que los núcleos están bien poblados por la cría que la reina ha puesto, podemos hacer más reinas simplemente creando un núcleo de copulación fuerte y huérfano y criarán más reinas. De nuevo, es la densidad de abejas y el almacén de comida lo que causa problemas. Podemos también, si tienen panales de cera, cortar las celdas y hacer uso de las múltiples celdas en otros núcleos de copulación también. En este caso establezca los núcleos el día antes o quite a la reina el día antes. Y eso es todo lo que tiene que saber para criar varias reinas.

Volumen III Avanzado

Genética

La Necesidad de Diversidad Genética

En cualquier especie que usa reproducción sexual, la diversidad genética es esencial para el éxito y salud de la especie. La falta de diversidad deja a la población vulnerable frente a cualquier plaga, enfermedad o problema que surja. Mucha diversidad mejora las probabilidades de tener las características necesarias para sobrevivir a estas cosas. Esto parece a veces estar en contra del concepto de reproducción selectiva, y hasta algún punto lo está. La reproducción selectiva es solo eso- selectiva. Quiere decir que no reproduce características que no le gusta. Por supuesto, esto reduce el patrimonio genético, con suerte de manera positiva, pero limita la variedad ya que reproduce de menos y menos ancestros. Aun si cree en un Creador o en la Evolución como origen de la naturaleza, la reproducción sexual tiene su obvia meta, la diversidad. La reina se aparea, no solo con un zángano, sino con varios, las colmenas cogen muchos zánganos para mantener sus genes en juego, e incluso una colmena lista para morir de orfandad sacará zánganos para intentar preservar esos genes en el patrimonio. Cada enfermedad estrecha ese patrimonio para que queden sólo los que puedan sobrevivir, y cada plaga lo mismo. Nosotros los apicultores queremos limitar ese patrimonio aún más al seleccionar una reina y criar miles de reinas de ella, algo que nunca ocurre en la naturaleza, y al comprar reinas de solo unos pocos criadores, que hacen lo mismo y comparten los genes de sus abejas entre ellos, estrechamos ese patrimonio aún más. Cuanto más lo estrechamos, menos probabilidad hay de que esos genes restantes sean suficientes para sobrevivir la próxima ola de enfermedades y plagas. Esto es realmente de miedo. Y todo esto ignora el control innato de las abejas sobre género, que limita el éxito de abejas con líneas consanguíneas. Una línea consanguínea de abejas tiene muchos huevos de zánganos diploides (fertilizados) que las abejas no permitirán que se desarrollen.

Abejas Ferales Han Mantenido Esto

La profundidad del patrimonio genético durante muchos años ha sido mantenida por una gran cantidad de abejas ferales. En años recientes, sin embargo ese número ha sido reducido significativamente por una ola de enfermedades y plagas, y sin mencionar la pérdida de hábitat, uso de pesticidas, y miedo de las Africanizadas.

¿Qué podemos hacer?

No podemos propagar abejas con un patrimonio genético limitado y esperar que sobrevivan, mucho menos prosperar. Así que, ¿qué podemos hacer para promvoer la diversidad genética y mejorar la raza de las abejas que criamos? Podemos cambiar nuestra perspectiva de solo escoger la mejor reina como madre y empezar a pensar en términos, en vez de solo reproducir lo peor. En otras palabras, si una reina tiene malas características que no queremos, como obreras gruñonas, entonces las sacrificamos. Pero si tienen características buenas no intentamos reemplazarlas con solo la genética de nuestras mejores reinas, sino que intentamos seguir esa línea al hacer divisiones, o criar reinas, o usar zánganos de esas otras líneas. No use la misma madre para cada tanda de reinas. No reemplace a la reina de colonias ferales que ha quitado o de enjambres ferales que ha capturado. Si una colonia es agresiva pero tiene otras buenas cualidades, intente criar una hija y vea si puede perder esa cualidad en vez de simplemente borrar toda esa línea. Críe a sus propias abejas de supervivientes locales en vez de comprar reinas. Críe a sus propias abejas incluso de las reinas comerciales que ya tenga, para que copulen con los supervivientes ferales. Apoye a los criaderos de reina locales para que mantengan más líneas genéticas vivas. Haga más divisiones y permítalas criar a sus propias reinas en vez de comprar reinas para que cada colonia continúe su línea.

Abejas Ferales

Hay mucha conversación sobre la muerte de las abejas ferales. En mi observación hubo un cambio significativo sobre lo que encontré cuando capturaba abejas ferales. Solía encontrar abejas parecidas a las italianas, de color "cuero". Ahora estoy encontrando más abejas negras con un poco de marrón en ellas. Estoy criando estas abejas supervivientes yo mismo para mí y para la venta.

Típicamente me preguntan cómo sé que estas son supervivientes ferales en vez de fugitivas recientes. Primero, actúan diferente a las domésticas. Detalles pequeños, pero también invernan en agrupamientos pequeños y son muy frugales. También varían mucho en aspectos por las cuales son criadas, como el propóleo o que son corredizas. También son más pequeñas cuando están en panales de tamaño natural.

Enjambres

...son la manera más fácil de encontrar abejas ferales. Pero muchos enjambres son abejas ferales y muchos enjambres no lo son. Los capturaría de todas formas, pero si está buscando supervivientes ferales para criar reinas entonces buscaría las abejas más pequeñas. Los enjambres con abejas pequeñas normalmente son ferales. Los enjambres con abejas más grandes probablemente son enjambres de la colmena de alguna persona. Para capturar enjambres, notifique a la policía y las personas de rescate y la oficina de agricultura del condado. Si quiere capturar muchos, ponga un anuncio en las páginas amarillas de captura de enjambre.

Capturar un enjambre

Mucho se ha escrito sobre esto y cada situación es tanto similar como única. Un enjambre es un grupo de abejas sin hogar pero con reina. Pueden ya haber decidido donde quieren ir o puede que todavía haya abejas buscando. Los enjambres generalmente ocurren por la mañana y acaba al principio de la tarde, pero pueden enjambrar en la tarde e irse en varios minutos o varios días. Si persigue enjambres a veces llegará muy tarde y otras llegará a tiempo. Ambas situaciones ocurren. Es mejor llevar el equipo en todo momento. Si tiene que ir a buscar su equipo, probablemente llegará muy tarde. Tenga una caja con un fondo de rejilla adjunto. Esto puede estar unido con clavos de pequeños pedazos de madera tanto en la caja y el fondo o con grapas de 2' de ancho que venden los proveedores de colmenas portátiles. Necesita una tapa. Me gustan las cubiertas migratorias porque son sencillas. Menos partes móviles. Me gusta tener un filtro de #8 y doblado a 90 grados para bloquear la puerta (pero sin unir todavía). Una grapadora es buena para unir el filtro a la puerta y la cubierta a la colmena. Las mejores son las que se usan en trabajos ligeros en vez de las de para trabajos pesados. Entran mejor y se adhieren mejor. No sé por qué. Las que tienen grapas T50 *no* son las correctas, aunque si es la única que tiene, la puede usar. Las que usan las grapas J21 son más fáciles de usar. Necesita un velo como mínimo, a mí me gusta usar una chaqueta o un traje. Unos guantes y un cepillo son de ayuda. Puede hacer o comprar una plataforma con un cubo de 5 galones para tumbarlas primero. La idea es añadir un EMT (conducto) como soporte largo, y cerrarlo bajo un enjambre para desplazarlas dentro de la caja. Entonces introduzca la cuerda para colocarle la tapa y bajar todo y echarlas en la caja. El truco principal para los enjambres es obtener la reina. Si la ve y puede asegurarse que está en la caja, ciérrela, cepíllele los restantes y váyase. Si no está seguro, entonces permita que se asienten. Ayuda si la caja huele a aceite esencial de limoncillo. Úntele aceite de esencia de limoncillo (dura más) o atracción de enjambre (cuesta más pero funciona bien) o rocíelo con limpiador de limón (barato, fácil de encontrar, pero no dura mucho) en la caja antes de colocar el enjambre. Si presta atención cuando compra un paquete o colmena, notará que eso es a lo que huele. A veces se asentarán en su caja. A veces no atrapará a la reina, o la reina preferirá la rama en donde estaba, y entonces todos empezarán a acumularse en la rama de nuevo. Sigo sacudiéndolas hasta que se quedan. Por norma general, funciona. En mi observación, miel, cría, etc. no ayudan a aclimatar un enjambre a la colmena aunque puede ayudar a que se quieran quedar allí una vez decidan mudarse. No están buscando una casa ocupada, están buscando una casa abandonada vacía. Un panal viejo vacío a veces ayuda. Alguna cría puede ayudarlas a quedarse. Vale la pena también tener Feromona Mandibular de Reina. Puede mantener a sus reinas retiradas en una jarra de alcohol (jugo de reina) o comprar Bee Boost (disponible de Mann Lake).

Siempre use equipo protector. Los enjambres no suelen ser agresivos, pero pueden ser impredecibles.

También tenga cuidado con las líneas de electricidad caídas. Suena redundante, pero cuando hay muchas abejas zumbando a su alrededor, especialmente si una entra en su casco, es difícil mantener la calma, pero es un requerimiento si está en lo más alto de una escalera.

Mi método favorito para capturar enjambres no incluye escaleras. Coja suficientes cajas para hacer una de un buen tamaño (una profunda y dos medianas) y preferiblemente algunas en donde hayan vivido abejas. Algún panal viejo si tiene. Algún QMP (un cuarto de Bee Boost o un Q-tip (palito de algodón) remojado en jugo de reina y aceite esencial de limoncillo. Remoje el otro lado del palito en el aceite de limoncillo. Suelte el palito en la colmena, póngale la tapa, colóquela cerca de la colmena y vuelva después de que oscurezca. Probablemente se habrán movido a la caja. Grape el filtro sobre la entrada y lléveselo a su casa.

Mudanza

A veces llamado un "corte". Esto no es la manera más fácil de conseguir abejas. Es emocionante y divertido pero a veces se necesitan buenas habilidades de construcción y mucha valentía. La idea es mudar a todas las abejas y todos los panales del árbol, una casa, o donde sea que viven. Muchas veces implica mover secciones de las paredes y que alguien lo repare después. No vale la pena económicamente a no ser que esté siendo pagado por moverlas o que tenga mucho tiempo libre.

Cada mudanza es una situación separada. A veces si está en un edificio abandonado y al dueño no le importa romper la pared entonces no importa. Normalmente sí importa, y no puede ir rompiendo paredes. Ignorando los problemas de construcción, si logra llegar al panal, aun si está en una casa o árbol o lo que sea, necesita cortar la cría para que quepa en los marcos y amarrarla a los marcos. Esto no funciona bien para la miel, especialmente en un panal nuevo porque es muy pesado así que ráspele la miel. Tire todo en un cubo de cinco galones con tapa para mantener las abejas fuera. Intente colocar la cría en una caja de colmena vacía y siga cepillando o sacudiendo las abejas en ella. Si ve a la reina, atrápela con la trampa de clip de pelo o colóquela en la jaula y póngala en la caja de colmena. Si tiene alguna cría y reina en la caja de colmena, el resto de las abejas finalmente las seguirán. Si no ve a la reina entonces siga colocando abejas en la caja y el panal de cría en los marcos de la caja y la miel en el cubo hasta que acabe con todos los panales. Coja un cubo y si puede, váyase durante unas horas y permita a las abejas descifrar dónde está la reina y dónde están las otras abejas. Se asentará en la caja nueva. Al oscurecer todas deben estar adentro y podrá cerrar e irse a la casa.

Método de Cono

Este método se usa cuando no es práctico romper la colmena y quitar el panal o cuando hay tantas abejas que no quiere verlas todas a la vez. Este es un método donde el alambre del filtro de cono se pone por encima de la entrada principal del hogar de las abejas. Todas las otras entradas están bloqueadas con filtros grapados. Haga el fondo del cono para que tenga algunos alambres fuera de sitio para que una abeja pueda empujar lo suficiente y pueda salirse (incluyendo los zánganos y las reinas) pero no puedan volver a entrar. Apúntela bien y ayudará a que no encuentren la entrada. Ahora coloque una colmena que tenga solo el marco de cría abierta, varios marcos de cría emergente, y miel/polen al lado de la colmena. Puede que necesite construir un pedestal o algo para que se acerque a donde las recolectoras están agrupadas en el cono. A veces se moverán a la caja con el panal de cría. A veces permanecerán en el cono. El problema más grande que he tenido es que esto hace que más abejas busquen la manera de entrar, dando vueltas en el aire y esto hace que a los dueños de la casa les de ansiedad y a veces rocíen pesticida porque tienen miedo. Si piensa que esto es una posibilidad, entonces *no* coloque la caja con la cría ahí, sino en su propio colmenar por lo menos a 2 millas de distancia, y cepille las abejas en la caja cada noche y llévelas en la caja con la cría, finalmente despoblará la colmena. Si continúa así hasta que no haya un número substancioso de abejas, puede usar el sulfuro en el ahumadero para matar a las abejas restantes (el humo de sulfuro es fatal pero no deja residuo venenoso) o BeeQuick para sacar al resto del árbol o la casa, o lo que sea. Y si usa el BeeQuick, puede hacer hasta que la reina salga. Si lo hace, la puede atrapar con la trampa de clip de broche de pelo y colocarla en la caja y permitir a las abejas a mudarse a la caja. Ya que el cono está en la entrada todavía, no podrán regresar a la colmena vieja. Lo dejaría así durante unos días y entonces las llevaría a una colmena fuerte y las colocaría cerca de la colmena vieja. Quite el cono y coloque algo de miel en la entrada para atraer a las abejas e incitarlas a robar. Esto es lo más efectivo durante una escasez. A mediados de verano y tarde en el otoño es cuando es más probable tener escaseces. Una vez empiecen a robar, robarán la colmena entera. Esto es especialmente importante si las ha cogido de una casa, para que la cera no se derrita y la miel vaya por todas partes, o la miel atraiga ratones y otras plagas. Ahora puede sellarlo lo mejor que pueda. Puede comprar espuma de poliuretano creciente en la ferretería y funciona para sellar la apertura. Crecerá y creará una buena barrera. Joe Waggle inventó esta opción, si puede mantener un vista óptima de cuando enjambran, coloque el cono y entonces la reina virgen irá a copular y no podrá regresar. Entonces tendrá un enjambre con una reina del cono.

Aspiradora de Abejas

Empezaré diciendo que no me gustan las aspiradoras de abejas. Matan muchas abejas, hace que sea difícil encontrar a la reina, y probablemente la mata. Casi nunca las uso. Son buenas para limpiar las abejas restantes en una colonia, pero prefiero usar una botella de agua para evitar que vuelen tanto y un cepillo de abejas o sacudirlas para sacarlas. Creo que una aspiradora de abejas es un reemplazo para las habilidades de apicultor. Ya que ocasionalmente son útiles, hablemos de ellas.

Brushy Mt. Bee Farm las hace, pero puede modificar una aspiradora de mano para hacerla. Los problemas importantes son los siguientes:

Si tiene demasiada aspiración, matará demasiadas abejas. Si quiere convertir una aspiradora de mano, corte un agujero en la parte superior o use un taladro y taladre un agujero. Tiene que ajustar esto para que quepa de la manera que la aspiradora está diseñada, pero si tiene espacio podría solo taladrar un agujero de tres pulgadas. Si no, podría taladrar para hacer un agujero más grande. Si no, podría taladrar para hacer un agujero más largo. La idea es que tomaremos un pedazo de madera o plástico y haremos un amortiguador al colocar un tornillo en una esquina y giraremos el amortiguador para hacer el agujero más grande o más pequeño. Este agujero estará cubierto por dentro con tela de ferretería o filtro de alambre. Simplemente lo pego con resina epoxi en la parte de adentro. Ahora cuando ajuste el amortiguador para que este más abierto habrá menos succión. Cuando lo cierre un poco más, habrá más succión.

Si las abejas golpean el fondo de la aspiradora demasiado fuerte se pueden dañar y morir. La solución a eso es colocar un pedazo de gomaespuma. O colocar periódico- cualquier cosa para acolchar su caída y que no se den tan fuerte contra el plástico.

Las abejas se desgarran al pegarse contra las corrugaciones del tubo. Si tiene una manga lisa habrá menos. Si tiene estrías pequeñas, habrá menos de estos accidentes.

Si tiene en marcha la aspiradora durante demasiado tiempo las abejas dentro se calentarán y vomitarán miel y morirán. Si esto ocurre notará que son un embrollo pegajoso. No encienda la aspiradora durante más tiempo del que necesite.

Ajuste la aspiradora cuidadosamente. Quiere suficiente succión para que recoja a las abejas del panal y nada más. Demasiada succión y las abejas de machacarán dentro.

Esta herramienta se puede usar para quitar abejas. Conseguir mover abejas del panal y no al aire puede ser ventajoso. Tenga cuidado. Las he usado con suerte, pero he matado muchas abejas sin querer.

Trasplantar Abejas

Mover abejas de una "colmena" a otra. (Árboles, colmenas viejas, u otra casa de abejas)

Algunas personas a veces tienen abejas en colmenas viejas pudriéndose y desmoronándose y no las pueden manipular. O tienen una colmena en un tronco de goma, en una caja (sin marcos), colmena de canasta, pedazo de árbol que se cayó, u otro equipo raro que quieren "jubilar" o incluso que quieren moverlas de marcos profundos a medianos, etc. Si quiere que las abejas abandonen su casa, éste un método que he usado y algunas variaciones que no he usado, pero que debería funcionar.

Lo he usado en colmenas de caja sin marcos, y troncos de goma. Quiere que las abejas abandonen su casa, pero no quiere sacrificar la cría. Quiere sacar el mayor provecho de las abejas y sacar a la reina de la colmena vieja y ponerla en una caja conectada a la colmena vieja. En otras palabras, necesita tener una conexión entre las dos. Un pedazo de madera que sea tan grande como la medida más grande de cada lado en cualquier dirección puede entonces tener un hueco en el centro que sea tan grande como el más pequeño en cada dirección. Colocando esto entre el cuerpo nuevo de la colmena y la colmena vieja puede conectar a ambas.

La próxima decisión es si quiere usar BeeGo, BeeQuick (parecido pero huele mejor) o humo y golpecitos, o solo paciencia.

Ayuda que la colmena nueva tenga panal creado y mejor aún, un marco de cría.

Si quiere usar los gases (Bee Go y Bee Quick) entones coloque la colmena vieja encima y la colmena nueva en el fondo. Tenga un excluidor de reina disponible cerca. Use un pañuelo empapado de los gases y colóquelo cerca de la parte superior de la colmena vieja. Esto hará que las abejas bajen a la caja. Cuando la caja parezca estar suficientemente llena y la vieja vacía, coloque el excluidor entre ellas. Si lo puede hacer fácilmente, coloque la colmena vieja entre los panales boca abajo, al contrario de lo que solían estar. De esta manera las abejas serán más propensas a abandonarlo finalmente porque la miel saldrá de las celdas y el panal estará en dirección contraria para la cría.

Si quiere ahumarlas, entonces coloque la colmena vieja en el fondo y la nueva arriba. Ahúme la colmena vieja fuertemente y dele golpes en la parte lateral. No lo tiene que hacer de manera brusca, solo como un tambor, tap tap tap. Mucho humo ayuda. De nuevo, cuando parezca que la mayoría de las abejas están arriba coloque el excluidor. No importa la orientación de los panales al sacar a las abejas, pero ayuda si están boca abajo. La reina debe estar en la parte superior y terminará la cría abajo y después la re-trabajarán para la miel, o la abandonarán.

Si quiere usar paciencia, solo coloque la colmena nueva en la parte superior y espere a que las abejas se muevan. Esto puede o puede que no funcione durante un tiempo porque la reina quiera permanecer en la cámara de cría.

Colmenas Anzuelo

Las colmenas anzuelo son cajas vacías usadas para atraer a un enjambre. No atraerá a una colmena a enjambrar, pero ofrece un buen hogar para una colmena que quiera enjambrar. Uso aceite de limoncillo y a veces feromona de reina. Puede comprar Feromona Mandibular de Reina (QMP) de marca Bee Boost. Es un pedazo de plástico en tubo que tiene el olor impregnado en él. Cuando uso estos como anzuelo, corto cada uno en cuatro partes iguales y uso una pieza con aceite de limoncillo u otros anzuelos de enjambre. Puede conseguir Feromona Mandibular de Reina y otros anzuelos de enjambres en los proveedores de abastecimientos de abeja. Puede hacer su propia Feromona Mandibular de Reina poniendo todas sus reinas viejas al reemplazar y cualquier reina virgen sin usar en una jarra de alcohol. Coloque unas gotas de esto en la colmena de anzuelo. Los panales vacíos viejos son buenos también y usar cajas que hayan tenido abejas en algún momento también ayuda. Saqué como siete el año pasado y conseguí un enjambre. No son buenas probabilidades, pero obtuve unas buenas abejas ferales. Hay cosas que han sido investigadas para aumentar las probabilidades, como el tamaño de la caja, el tamaño de la apertura, y la altura del árbol. Parece haber muchas excepciones también. Hasta ahora lo que me funciona mejor es una caja profunda de cinco marcos o una mediana de ocho marcos con algún tipo de anzuelo (hecho en casa o comprado), 12 pies o tan alto como un árbol. Y los marcos sin estampada (marcos con guía de panal, vea capitulo *Marcos Sin Estampada*). Mis problemas han sido tener avispas mudándose, pájaros mudándose, polilla de cera comiéndose los panales viejos, niños sacudiéndolos de los arboles con piedras. Intenté colocar clavos en el agujero para hacer una "X" para que fuese difícil para los pajaritos, o cubrir el agujero con telilla de ferretería #4. Píntela color marrón para que sea más difícil de encontrar por los niños. Use tirillas de empiece o panal viejo limpio y seco para que las polillas de cera no se puedan mudar o rocíe el panal viejo con Certan. Recuerde, esto es como pescar. No contaría con esto para empezar en la apicultura. Puede que atrape uno el primer año o puede que no capture a ninguno durante varios años, o puede atrapar varios. Es como pescar porque si lo que quiere es pescado para la cena, mejor que vaya a la tienda y lo compre.

Criar Reinas

Para una presentación en vivo de este autor sobre este tema haga una búsqueda de videos en internet bajo los términos "Michael Bush Queen Rearing". (Serán en inglés)

¿Por qué criar sus propias reinas?

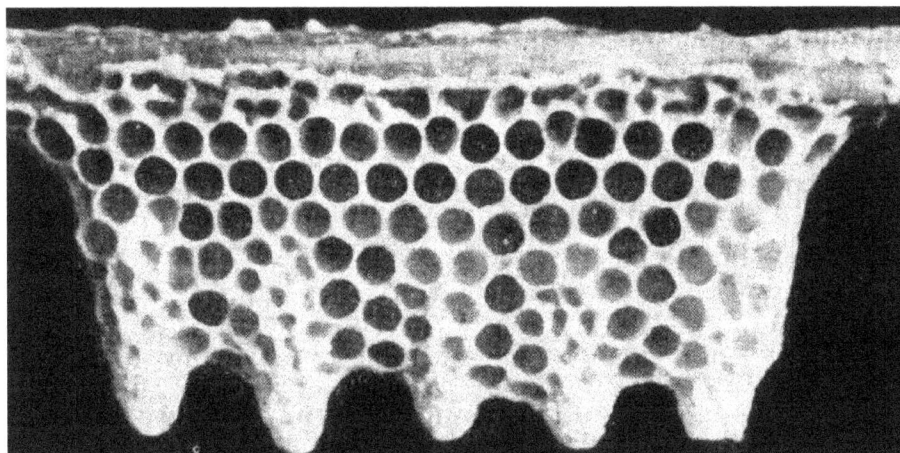

Gasto

Una reina cualquiera le cuesta al apicultor cerca de $20 y más si cuenta gastos de envío, y puede costar considerablemente más que eso.

Tiempo

En una emergencia, pida una reina y lleva varios días hacer el acuerdo y conseguir la reina. Normalmente necesita una reina para ayer. Si tiene alguna en núcleos de copulación, entonces ya tiene una reina.

Disponibilidad

Usualmente cuando necesita una reina los proveedores no tienen ninguna disponible. De nuevo, si tiene una a mano, la disponibilidad no es un problema.

AHB Abejas Melíficas Africanizadas

Las reinas criadas en el sur tienen más probabilidad de ser de áreas de Abejas Melíficas Africanizadas. Para mantenerlas fuera del norte, debemos suspender las importaciones de reinas de esas áreas.

Abejas Aclimatadas

No es razonable esperar a que las abejas criadas en el sur inveren bien en el norte. Las abejas locales ferales están aclimatadas a nuestro clima local. Incluso criando de stock comercial, puede criar de las que inveran bien en su ubicación.

Resistencia a ácaros y enfermedad

La resistencia a los ácaros traqueales es una característica fácil de reproducir. Simplemente no las trate y obtendrá abejas resistentes. El comportamiento higiénico ayuda a evitar loque americano y otras enfermedades de cría al igual que problemas de ácaros de Varroa. Y sin embargo los criaderos le proporcionan tratamientos a sus abejas y no seleccionan, a propósito o no, según estas características. La genética de nuestras abejas es demasiado importante para dejarla en manos de personas que no tienen interés en su éxito. Las personas que venden reinas y abejas hacen más dinero al vender reemplazos de reinas y abejas cuando las abejas fracasan. No estoy diciendo que estén intentando a propósito criar reinas que fracasen, sino que no tienen incentivo económico para que produzcan reinas que no fracasen. A lo mejor hay criaderos responsables pero la mayoría no lo son.

Básicamente para obtener los beneficios de no darles tratamiento, necesita criar a sus propias reinas.

Calidad

Nada es más importante para el éxito en la apicultura que la reina. La calidad de sus reinas puede sobrepasar la de los criaderos de reinas. Tiene el tiempo para invertir en cosas que un criadero comercial no puede darse el lujo. Por ejemplo, ciertas investigaciones han descubierto que una reina a la que se le ha permitido poner hasta que tiene 21 días será mejor reina con ovarioles mejor desarrollados que una que es bancada antes. Una espera más larga ayuda más, pero esos primeros 21 días son mucho más críticos. Un productor de reinas comercial típicamente busca huevos a las dos semanas y si hay alguno es bancado y normalmente enviado. Usted puede desarrollar sus huevos mejor al darles más tiempo.

Conceptos de Cría de Reina
Razones para criar reinas

Las abejas crían reinas por una de estas cuatro condiciones:

Emergencia

De repente no hay reina así que se hace una nueva reina de alguna larva de obrera ya existente.

Reemplazo

Las abejas creen que la reina está fracasando y crían una nueva.

Enjambre reproductivo

Las abejas deciden que hay suficientes abejas y, suficiente almacenamiento y suficientes temporadas para hacer un enjambre que tiene una buena oportunidad de construir lo suficiente para sobrevivir el invierno sin poner en peligro la supervivencia de la colmena.

Enjambre Superpoblado

Las abejas deciden que hay demasiadas abejas y no hay suficiente espacio, o no hay suficientee abastecimiento para continuar bajo las condiciones actuales, así que crean un enjambre superpoblado para controlar la población. Este enjambre no tiene muchas oportunidades de sobrevivir pero la colonia cree que mejora las oportunidades de la supervivencia de la colonia.

Conseguimos las mejores celdas y el mejor alimento para las reinas si simulamos tanto una Emergencia como Sobrepoblación.

Un apicultor puede fácilmente obtener una reina al hacer una división sin reina con la larva de edad apropiada. Así que, ¿por qué queremos criar reinas?

Más Reinas con Menos Recursos

El concepto subyacente de cría de reinas es conseguir el mayor número de reinas con menos recursos de las genéticas elegidas para las características que quiere.

Para ilustrar el problema del recurso examinemos los extremos. Si hacemos una colmena fuerte sin reina. Podrían haber, durante esos 24 días sin reina ponedora, criado una tanda de cría completa. La reina puede poner varios miles de huevos al día y una colmena fuerte puede cuidar fácilmente esas miles de crías. Entonces hemos perdido el potencial de alrededor de 30,000 o más obreras dejando esta colmena huérfana y ha resultado en solo una reina. Y actualmente, esta colmena hizo muchas celdas de reina, pero todas fueron destruidas por la primera reina que emergió.

Si hubiésemos hecho un núcleo pequeño solo tendríamos unas cuantas miles de abejas sin reina criando varias celdas de reina y esas miles de abejas solo tendrían que criar unos cuantos cientos de obreras en ese momento. Pero hubiesen hecho varias celdas de reinas y los resultados serían solo una reina.

En la mayoría de los escenarios estamos usando la menor cantidad de abejas sin reina en la menor cantidad de tiempo y resultando en el mayor número de reinas ponedoras cuando hemos acabado.

De donde las reinas vienen

Una reina está hecha de un huevo fertilizado, exactamente igual que una obrera. Es la alimentación lo que es diferente y esa diferencia empieza al cuarto día. Así que si coge un huevo recién puesto y lo coloca en una celda de reina (o en algo que las pueda hacer a pensar que es una celda de reina) en una colmena que necesita una reina (enjambre o huérfana) convertirá esos huevos en reinas.

Métodos para conseguir larva en "tazas de reina"

Hay muchos métodos. Puede encontrar los libros originales para muchos de estos aquí:

http://bushfarms.com/beesoldbooks.htm

Aquí hay algunos de ellos:

El Método Doolittle

Originalmente publicado por G.M. Doolittle, es injertar larva de edad apropiada en tazas de cera hechas en casa. Esto requiere habilidad y buena vista, pero es el método más popular. En vez de cera, hoy en día se usan vasos de plástico. La reina se confina a veces para conseguir larva de la edad correcta toda en el mismo sitio para poder seleccionarla más fácilmente. La tela de ferretería #5 funciona bien para esto ya que las obreras pueden pasar por ella pero la reina no. Se coloca normalmente en un panal oscuro de cría para que la larva sea más fácil de ver y para hacer el fondo de la celda más firme para el injerto. Una vez a echado el ojo a la larva de edad apropiada, esto es menos crítico y uno puede hacerlo simplemente encontrando la larva de edad correcta. En el día 14, se colocan en los núcleos de copulación.

El Método Jenter

Existen variaciones de esto en el mercado bajo nombres diferentes. El concepto es que la reina pone huevos en una caja de confinamiento que parecen celdas de obreras. Cada otro fondo de celda de cada otra fila tiene un tapón en el fondo. Cuando los huevos emergen se quita el tapón y se coloca encima del vaso Se consigue lo mismo que con el método Doolitte sin la necesidad de mucha habilidad o buena vista. En el día 14 se ponen en núcleos de copulación.

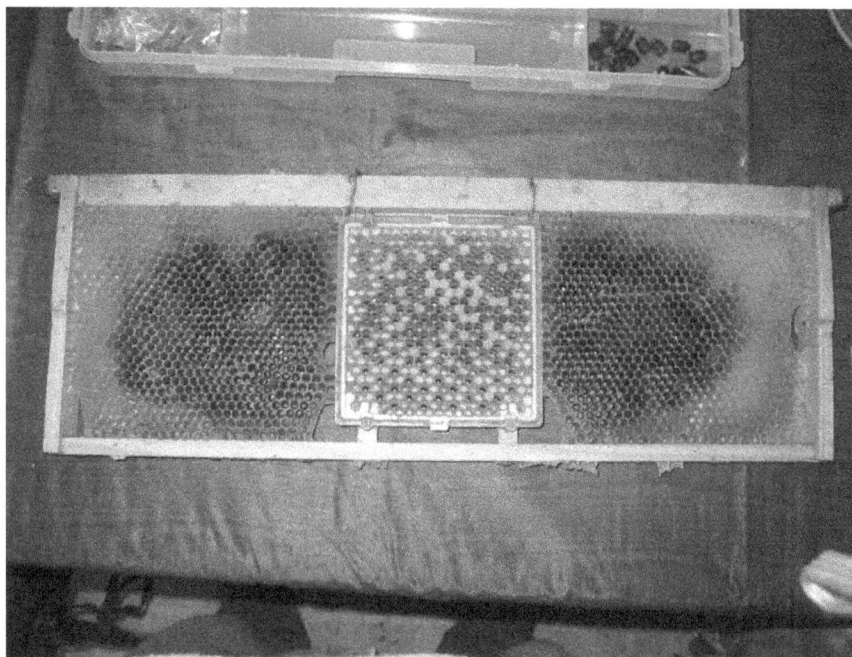

Parte delantera de Caja Jenter

Parte Trasera de Caja Jenter

Parte Superior de Caja Jenter

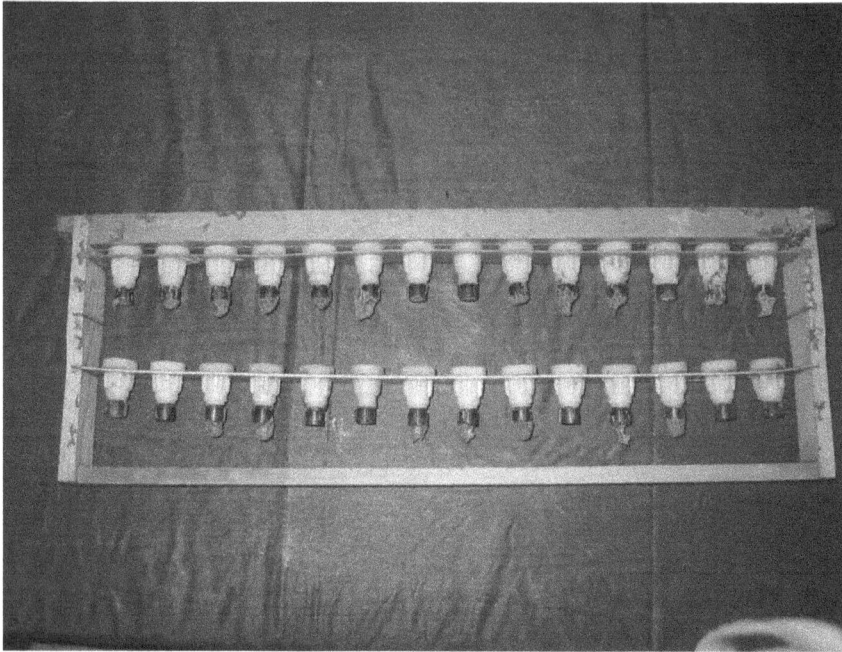

Resultados perdidos en celdas de reina con reinas muertas

Fotos del sistema de cría de reinas Jenter. Parte delantera, trasera, y superior de la caja de reinas y una foto de una barra de celda donde no vi la celda de reina que las abejas construyeron. 17 reinas muertas.

Ventajas de Jenter
- Si es un novato logrará ver la larva de edad correcta ya que sabe cuándo fue puesta
- Si su vista no es buena no tiene necesidad de ver la larva (mi vista no es la mejor)
- Si no es muy coordinado (y yo no lo soy) no tiene que recoger algo demasiado pequeño dentro de una celda sin dañarlo. Solo mueva los tapones.

Ventajas del Injerto
- Si la reina no puso en la jaula Jenter y estoy bien de tiempo, no tengo ninguna larva de edad correcta a

no ser que encuentre alguna y la injerte (o haga el método de Better Queens).

- Si estaba demasiado ocupado para confinar a la reina hace cuatro días, puedo simplemente injertar.
- Si la reina madre está en el colmenar, no tengo que hacer dos viajes, uno para confinarla y el otro para trasferir la larva.
- No tengo que comprar un kit de cría de reinas.

El Método Hopkins

En mi variación, la reina es confinada con la tela de ferretería #5 para que ponga en su panal nuevo y así sabremos la edad de la larva (como en el método Doolittle pero en un panal nuevo vacío en vez de uno viejo). Esto debe ser de cera, preferiblemente sin alambres para que pueda cortar las celdas sin alambres en el medio, aunque Hopkins dice que debe usar panal de alambre para que no cuelgue. Si usa panal de alambre asegúrese de trabajar alrededor de los alambres cuando deje a la larva para que los alambres no interfieran. Suelte a la reina al día siguiente. Puede también colocar el panal nuevo en el medio del nido de cría y revisar todos los días para ver que la reina haya puesto, para juzgar la edad de la larva.

En el cuarto día (desde cuando la reina estaba confinada o fue puesta en el panal) la larva emergerá. En cada fila de celdas toda la larva es destruida o agujereada con un clavo, o cabeza de cerilla, u otro instrumento similar. Después, la larva en *cada otra celda* en las filas restantes es destruida de la misma forma (o dos celdas destruidas y una intacta) para dejar a la larva espacio en medio. Entonces, se deja suspendido sobre una colmena huérfana. Un espaciador simple es un marco vacío debajo del marco con celdas y un alza por encima. Esto requerirá colocar los marcos en cierto ángulo y colocar un pedazo de tela por encima. Las abejas perciben estas como celdas de reina por la orientación y construyen celdas ahí. Deben tener suficiente espacio para poder cortarlas el día 14 y distribuirlas a cualquiera de las colmenas para reemplazar a su reina (que hubo que haberles quitado la reina el día antes) o para núcleos de copulación.

Jaula de confinamiento de reina hecha de tela de ferretería #5.

Calce Hopkins para soportar el marco en la caja.

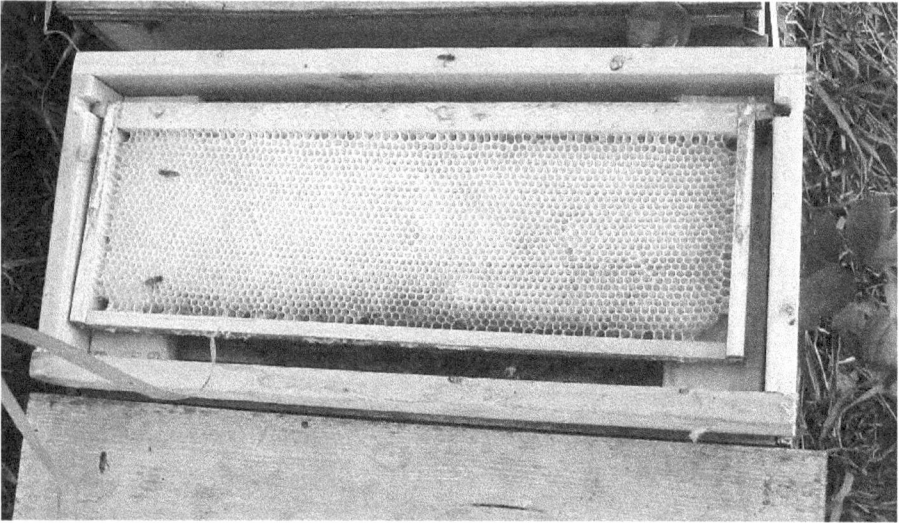

Marco de larva en el calce de Hopkins.

Empiece de Celdas

Para mí lo más difícil de entender y lo más crítico para la cría de reinas, aparte de los problemas obvios de tiempo, era el empiece de celdas. Lo más importante del empiece de celdas es que esta superpoblado con abejas. Que sean huérfanas también ayuda, pero si tuviese que escoger entre huérfanas o superpobladas de abejas, escogería las abejas. Quiere tener una densidad alta de abejas. Esto puede ser en una caja pequeña o en una colmena grande. Es la densidad lo que es un problema, no el número total. Hay muchas maneras de acabar con muchas abejas sin reina que quieran construir celdas, pero nunca espere una buena cantidad de celdas de un empiece que no sea una sobreabundancia de abejas.

El siguiente problema importante con el empiece es que estén bien alimentadas. Si no hay flujo debe alimentar para asegurarse de que la larva esté bien alimentada.

El resto de la complejidad de los sistemas de cría de reina, que parecen contradecirse los unos a los otros, son trucos para conseguir resultados consistentes bajo todas circunstancias. En otras palabras, son importantes para un criador de reina que necesita una fuente consistente de abejas desde principios de la primavera hasta el otoño independientemente del flujo o el clima. Para otro criador novato de reinas, estas cosas quizás no son tan importantes como el tiempo de los intentos. Criar reinas durante la temporada de enjambre justo antes o durante un flujo es sencillo. Criar reinas durante una escasez o más tarde o temprano de la temporada de enjambre requerirá muchos más trucos y mucho más trabajo. Para empezar, quitaría esas "ampliaciones" y las adoptaría una cada vez según vea necesidad.

Una tabla Cloake (Suelo Sin Suelo o Fondo sin Fondo) es un método útil. Puede reorganizar las cosas para que parte de la colmena esté sin reina durante el periodo inicial y con reina al final sin alterar a la colmena. Pero no es necesario.

La manera más simple que conozco es quitar a la reina de una colonia fuerte antes y cortarle al espacio mínimo (quitar todos los marcos vacíos para lograr quitar algunas cajas y si hay alzas que estén llenas, quitar esas también.) Esto puede darles ganas de enjambrar pero cogerían demasiadas celdas de reina. Asegúrese de que no haya celdas de reina cuando comience y si las usa para más de una pila, asegúrese de que no haya celdas de reinas adicionales ya que emergerán y le destruirán la próxima pila de celdas.

Otro método es sacudir muchas abejas en una caja de enjambre (o empiece de colmena) y darles unos cuantos marcos de miel y unos cuantos marcos de polen y marcos de celdas.

Matemática de Apicultura

Casta	Poner	Días Operculada	Emerge	r
Reina	$3^1/_2$	8 +-1	16 +-1	Ponedora 28 +-5
Obrera	$3^1/_2$	9 +-1	20 +-1	Recolectora 42 +-7
Zángano	$3^1/_2$	10 +-1	2	4 +-1 Vuelo al ACZ 38 +-5

*ACZ- Área de Congregación de Zánganos

Calendario de Cría de Reina:

Usar el día en que el huevo fue puesto como 0 (no ha pasado tiempo)

Las oraciones en negrita requieren acción del apicultor.

Concepto de Acción por Día

-4 Coloque la jaula de Jenter en la colmena. Permita que las abejas la acepten, la pulan, y la cubran con olor de abeja.

0 Confine a la reina—Para que la reina ponga huevos de edad conocida en la caja Jenter o en la jaula de telilla #5.

1 Suelte la reina- Para que no ponga demasiados huevos en cada celda, necesita ser soltada cada 24 horas.

3 Arregle el empiece de celdas. Déjelas huérfanas y asegúrese de que hay una *alta* densidad de abejas.- Esto es para que quieran reinas y para que haya bastante polen y néctar. Alimente el empiece para una mejor aceptación.

$3^1/_2$ Huevos se eclosionan

4 Transfiera la larva y coloque las celdas de reinas en el empiece de celdas. Alimente el empiece para una mejor aceptación.

8 Operculación de celdas de reina

13 Arregle el núcleo de copulación. Cree núcleos de copulación o colmenas para el

reemplazo de reina – Así estarán huérfanas y queriendo celdas de reina. Alimente los núcleos de copulación para una mejor aceptación.

14 Transfiera celdas de reina a núcleos de copulación.- En el día 14 las celdas están en su día más fuerte y en clima caliente pueden emerger en el día 15 así que necesitamos tenerlas en los núcleos de copulación o en las colmenas de reemplazo de reina para que la primera reina no mate al resto.

15-17 Las reinas emergen (en clima cliente, 15 es más probable. En clima frio, 17 es más probable. Típicamente, el 16 es el día más probable.)

17-21 Las reinas se endurecen

21-24 Vuelos de orientación

21-28 Vuelos de Fecundación

25-35 La reina empieza a poner

28 Si pretende reemplazar a las reinas en sus colmenas, busque reinas poniendo en los núcleos de copulación, si encuentra, quite a la reina de la colmena para reemplazarla.

29 Transfiera a la reina ponedora a la colmena sin reina para ser reemplazada.

Núcleos de Copulación

Dividir una caja de diez marcos en cuatro núcleos con dos marcos cada uno. Observe la tela azul sobresaliendo. Esto son cubiertas de tela internas para que pueda abrir un núcleo cada vez sin molestar al siguiente núcleo. También observe el Calendario de Fechas Importantes para el Núcleo.

Núcleos de Copulación de Dos por Cuatro

Una nota sobre núcleos de copulación

En mi opinión, tiene más sentido usar marcos estándares para sus núcleos de copulación. Aquí hay varios apicultores que están de acuerdo con esto:

"Algunos criadores de reina usan una colmena muy pequeña con marcos mucho más pequeños que los comunes para mantener a sus reinas mientras las fecundan, pero por varias razones pienso que es mejor tenerlas en un marco tanto en las crías de reina como en la colmena ordinaria. En primer lugar una colonia de núcleo se puede formar en unos pocos minutos con cualquier colmena simplemente al transferir dos o tres marcos y cambiar abejas de ahí al núcleo. Claro que una colonia de núcleo se puede hacer en cualquier momento o unir a otra donde los marcos sean todos parecidos, sin problemas. Y por último, tenemos solo los marcos de un tamaño por hacer. Siempre he usado núcleos como los que he descrito y no me interesa usar ningún otro."- Isaac Hopkins, The Australasian Bee Manual

"para el productor de miel parece que no hay mucha ventaja en un núcleo pequeño. Generalmente necesita aumentarlo y es más conveniente usar un núcleo de 2 o 3 marcos para criar reinas, y entonces construirlas en una colonia.... Yo uso una colmena entera para cada núcleo, meramente colocando 3 o 4 marcos a cada lado de

la colmena, con uno ficticio al lado de ellos. Para estar seguro, necesita más abejas que tener tres núcleos en una colmena, pero es un poco más conveniente construir en una colonia entera un núcleo que tiene la colmena entera para sí mismo. "-C.C. Miller, Fifty Years Among the Bees

"La colmena pequeña de Núcleo que tuve durante un tiempo es ya considerada una moda pasajera. Es tan pequeña que las abejas se ponen en condiciones antinaturales y por ende trabajan de manera antinatural... Aconsejo fuertemente un núcleo de colmena que use un marco de cría regular usado en sus colmenas. El que uso es una colmena gemela, cada compartimento es lo suficientemente grande para albergar dos marcos grandes y una tabla de división." - Smith, Queen Rearing Simplified

"Estaba convencido de que el mejor núcleo que podía tener era uno o dos marcos en una colmena ordinaria. De esta manera todo el trabajo hecho por el núcleo estaba disponible para el uso de cualquier colmena, después de que acabara con el núcleo... coja un marco con cría y uno de miel, junto con las abejas, con cuidado de no coger a la Reina vieja, y coloque los marcos en la colmena donde quiera que el núcleo permanezca... juntando la tabla de división para ajustar la colmena al

tamaño de la colonia."-—G. M. Doolittle,
Scientific Queen-Rearing

Colores de Marcador para Reinas:
Años acabando en:
- 1 o 6 – Blanco
- 2 o 7 – Amarillo
- 3 o 8 – Rojo
- 4 o 9 – Verde
- 5 o 0 - Azul

Capturar y Marcar a la Reina

Hasta que se acostumbre, siempre existe el riesgo de lastimar a la reina. Pero aprender a hacerlo vale la pena. Compraría una trampa de cierre de pelo, un tubo de marcación, y unos bolígrafos de pintura. Practicaría en unos cuantos zánganos con un color de años anteriores, o mejor el color para el próximo año para no confundir a los zánganos con la reina. Usaría el color actual para las reinas.

Mi método preferido es comprar una trampa de reina de cierre de pelo, una manguilla de reina (Brushy Mt.), un tubo marcado y un bolígrafo marcador. Capture a la reina con cuidado con la trampa de pelo. Es espaciado para no lastimar a la reina, pero tenga cuidado de todas formas. Si le coloca esto y el tubo marcador y el bolígrafo de pintura (después de ser sacudida y empezada) en el manguito de reina entonces la reina no podrá volar mientras usted la coge. Coja el tubo marcador y quítele la tapa. Si se va lejos de la colmena puede soltar algunas abejas que estén ahí y perderlas. No lo sacuda mientras aguanta la porción del cierre o puede sacudir a la reina. Si se lo lleva a un baño con ventana y apaga la luz puede estar seguro de que no volará. O si compra un cierre de Brushy Mountain. Use un cepillo o una pluma y cepille a las obreras mientras salen e intentan guiar a la reina al tubo. Ella tiende a irse hacia la luz, así que abra el cierre o se irá al tubo. Si no, correrá en su mano o guante, no se preocupe, simplemente deje caer el cierre y suavemente ponga el tubo encima de ella. Cubra el tubo con su mano para tapar la luz para que corra a la parte superior del tubo. Ponga el destapador. Sea rápido pero no se apresure. Suavemente fije la reina a la parte superior del tubo de marcar y toque un pequeño punto de pintura (pruebe el bolígrafo de pintura en un pedazo de madera o papel primero para que ya haya pintura en la punta) en el medio de la parte trasera de su tórax entre sus alas. Si no se ve lo suficientemente grande, solo déjelo. Necesita mantenerla fijada durante unos segundos mientras que sopla la pintura para secarla. No la deje ir demasiado rápido o la pintura se esparcirá por su cuerpo y la puede dejar incapacitada o matarla. Cuando la pintura se haya secado (20 segundos, o algo así) vuelva a poner el destapador a la mitad para que la reina se pueda mover. Ponga el destapador y apunte con el lado abierto hacia las barras superiores y la reina correrá de nuevo a la colmena.

Jay Smith

Algunas citas de Jay Smith, famoso criador de reinas y apicultor que crió más reinas que nadie que haya vivido)

Longevidad de las Reinas:

De "Better Queens" página 18:

"En Indiana tuvimos una reina a la que llamamos Alice que vivió hasta la edad madura de ocho años y dos meses y terminó un año excelente en su séptimo año. No puede haber duda de la autenticidad de esta declaración. La

vendimos a John Chapel de Oakland City, Indiana y era la única reina en su colmenar con alas cortadas. Esto, sin embargo es una rara excepción. En aquel momento estaba experimentando con panales artificiales con celdas de madera en donde la reina ponía."—Jay Smith

Señalaría que Jay dice: "Esto sin embargo es una rara excepción."

Creo que tres años siempre ha sido bastante típico en la vida útil de una reina.

Reinas de Emergencia:

"Se ha dicho por un número de apicultores que deben saber mejor (incluyéndome a mí mismo) que las abejas tienen tanta prisa por criar una reina que escogen larva demasiado vieja para mejores resultados. Observaciones posteriores han demostrado la falacia de esta declaración y me han convencido de que las abejas hacen lo mejor bajo las circunstancias existentes.

"Las reinas subordinadas causadas al usar un método de emergencia es porque las abejas no pueden romper las celdas fuertes en sus panales viejos llenos de capullos. El resultado es que las abejas llenan las celdas obreras con leche de abeja flotando la larva hacia fuera de las aperturas de las células, después construyen una pequeña celda de reina apuntando hacia abajo. La larva no puede comer la leche de abeja en el fondo de las celdas con el resultado de que entonces no están bien alimentadas. Sin embrago, si la colonia es fuerte, están bien alimentadas y tienen panales, pueden criar a la mejor de las reinas. Y por favor, observe, nunca cometerán un error tan grande como escoger una larva demasiado vieja."- Jay Smith

C.C. Miller

Punto de vista de C.C. Miller sobre las reinas de emergencia

> *"Si fuese verdad, como se ha creído, que las abejas sin reinas tienen tanta prisa por criar una reina que seleccionan una larva vieja, entonces sería difícil que esperaran nueve días. La reina ha madurado en quince días desde el tiempo en que se pone el huevo y es alimentado en su vida de larva con la misma comida que es dada a las larvas obreras durante los tres primeros días de su vida como larva. Así que una larva obrera más de tres días de edad, o más de seis días de ser un huevo puesto sería demasiado vieja para ser una buena reina. Si, ahora, las abejas deben seleccionar la larva de más de tres días de edad, la reina emergería en menos de nueve días. Creo que nadie ha sabido que esto ocurre. Las abejas no prefieren la larva vieja. De hecho, las abejas no tienen mal juicio para seleccionar la larva vieja cuando hay larva suficientemente joven presente, y lo he comprobado por experimentación directa y muchas observaciones." Fifty Years Among the Bees, C.C. Miller*

Bancos de Reinas

Un apicultor puede mantener un número de reinas en una colmena si puede mantener abejas que estén en la condición de aceptar una reina (huérfanas una noche o mezcla de abejas sacudidas de varias colmenas) y las reinas están en jaulas así que no pueden matarse las unas a las otras. He hecho esto con un calce de $^3/_4$″ encima de un núcleo o un marco con barras de plástico que soporte jaulas JZBZ. Pongo un marco de cría periódicamente para que no desarrollen obreras ponedoras o se queden sin abejas jóvenes que alimenten a las reinas.

SSS (o FWOF por sus siglas en inglés)

constructor de celda de reina. Esto se hace con un pedazo de madera de $^3/_4$″ por $^3/_4$″ con unas estrías de $^3/_8$″ x $^3/_8$″. Cuélguelo a $^3/_4$″ o más delante y póngale un pedazo a través del frontal bajo de los lados para hacer una tabla de aterrizaje. Corte un pedazo de $^3/_{16}$″ o $^1/_4$″ en los lados para obtener un fondo móvil. Cubra los bordes con Vaselina para que las abejas no se peguen. De izquierda a derecha: EL marco de una colmena sin suelo. Insertar el suelo. El SSS con el suelo dentro.

(Suelo Sin Suelo o Tabla Cloake). Solía convertir la parte superior de la caja en colmena de cría de reina para cambiar de un comienzo de celda huérfana, a un

Núcleos

Espacio Óptimo

Soy un fiel creyente en cuanto a darle a las abejas justo el espacio que necesitan, hasta que llega el flujo principal de miel. Criar a la cría y hacer la cera requiere calor. Las cajas de núcleo le permiten limitar el espacio que un número pequeño de abejas y cría necesita para cuidarlas durante un tiempo mientras se establecen o invernan. Estas son fotos de mis núcleos y mi equipo de invernadero.

Núcleos de Varios Tamaños

Núcleos de Copulación de Dos por Cuatro Marcos

A la izquierda hay núcleos de copulación de *Dos Por Cuatro*. Cuatro núcleos con dos marcos en cada uno en una caja de diez marcos. Observe la tela azul sobresaliendo. Tienen cubiertas de lienzo internas para que pueda abrir un núcleo cada vez para que no salgan sobre el siguiente núcleo. También observe los Calendarios de Núcleo de Fechas Importantes. A la derecha están los núcleos de varias profundidades medianas. El número de los marcos de izquierda a derecha 2, 3, 4, 5, 8, 10. Me gustan los núcleos de dos marcos para núcleos de copulación. Las cajas de 8 marcos medianos hacen un buen núcleo ya que son del mismo volumen que una profunda de cinco marcos.

Núcleos de Varios Anchos

Invernar Núcleos

De acuerdo con las investigaciones, para sobrevivir a las temperaturas frías, se necesita un grupo de al menos 2.000 abejas (Southwich 1984). No sé *cómo* suponen que un grupo tan pequeño sobrevivirá, pero mis núcleos de ese tamaño normalmente sobreviven hasta que llega una larga ola de frío bajo cero. Pero no suelen sobrevivir a temperaturas bajo cero durante mucho tiempo. Intento tener una caja mediana de ocho marcos que esté bastante llena de abejas al entrar en el invierno.

Estas son algunas de las cosas que he intentado para invernar núcleos en los últimos inviernos. Hay 14 núcleos de ocho marcos y 20 núcleos de cinco marcos. La base tiene cuatro por ocho hojas de madera de $3/4''$ con una hoja de poliestireno y una hoja de contrachapado de $1/4''$ encima. Los núcleos están en filas encima. El fondo está hecho de contrachapado de $1/4''$ con una abertura en la parte de atrás. La parte de arriba está hecha de contrachapado también con un agujero para un comedero de jarra de un cuarto (con telilla de #8 debajo) y otra abertura en la parte superior. La entrada tiene una pulgada de ancho por $3/8$ pulgadas encima de los núcleos de cinco marcos y 2" y $1/2$ pulgadas de ancho en los núcleos de ocho marcos. Tuve que reducirlos todos con telilla de ferretería de #8 para reducir el robo así que ahora todos tienen $3/8$ por $3/8$ pulgadas. Dos fueron robados y han muerto pero el resto parece estar bien. Uno tiene un banco de reina y un calentador de terrario debajo. La parte superior es una caja grande hecha de uno por ocho y una hoja de poliestireno (para cada sección) encima para que cierren. Hay un calentador de espacio eléctrico termostático preparado a 70º F. El problema más grande era que los comederos goteaban y hacía que las abejas se agruparan en el banco de reina y dejaban a la reina afuera. El calentador terrario abajo ayudó con el banco de reina. La alimentación parecía causar la mayor cantidad de problemas. El sirope causa humedad y a veces las jarras goteaban en las abejas.

Alimentar con azúcar seca

Las primeras dos fotos son de alimentación con azúcar seca, que es lo que hice con los núcleos este año. La siguiente foto es un comedero de marco lleno de azúcar seca. La siguiente es alimentación lateral sin comedero de marco, solo quitando unos cuantos marcos. Las dos últimas son del equipo de invernadero de este año. Hay un agujero en el centro con un pequeño calentador de espacio termostático ajustado a 60° F. El poliestireno cubre tres lados de un agrupamiento de núcleos. Los dobles tienen un fondo extra encima para llenar el espacio y los individuales encima de cada uno tienen su propia tabla de fondo. Los fondos son comederos para poner el sirope en el fondo en primavera o en temperaturas calientes para alimentar a las abejas. Esto me ha funcionado bien a mí.

Recomendé a los principiantes por lo menos unos cuantos núcleos. Son muy útiles para empezar colmenas y criar reinas y mantener una reina de repuesto. Como he recomendado medianos para todo, diré que puede comprar núcleos medianos de cinco marcos de Brushy Mt. Bee Farm. También puede comprar cajas de 8 marcos que son de un tamaño bueno intermediario de núcleo que es el mismo tamaño que tiene una caja profunda de 5 marcos. Creo que Miller Bee Supply tiene núcleos medianos, al igual que Rossmans y posiblemente otros. Un núcleo profundo cortado también. Puede hacer el suyo propio si es hábil con la madera. Encuentro que una tabla de fondo y una cubierta migratoria son adecuadas para un núcleo. Las he hecho en dos marcos (mayormente para apartar una reina y los núcleos de copulación) tres marcos, cuatro marcos, y cinco marcos. Ya que uso medianos, supongo que una caja de ocho marcos es equivalente a núcleo de cinco marcos profundos. También uso las cajas de ocho marcos para los núcleos. Tiendo a usarlas para darle un tamaño mínimo a una colonia recién empezada. Cualquier exceso de espacio es más trabajo para una colonia pequeña.

Para qué sirven los núcleos:

Divisiones

Puede poner un marco de cría con huevos en un marco de cría emergente con varios marcos de miel y polen y colocarlos en un núcleo y sacudir abejas de unos cuantos marcos de otra cría y las abejas criarán una reina y tendrá una nueva colmena. Cuando llenen el núcleo, muévalos a una caja estándar.

Enjambre Artificial

Si las abejas están intentando enjambrar, haga como arriba excepto añadir la reina vieja al núcleo y saque todas menos una o dos de las celdas de enjambre de la colmena.

Hacer Reinas de Celdas de Enjambre

Como arriba, puede hacer una división para que críen una reina, pero también cuando intenten enjambrar puede hacer la primera división y colocar una celda de reina en cada núcleo con la cría y la miel y las abejas, y criarán a la reina. La puede usar para reemplazar reinas o venderla o lo que quiera hacer. Claro que también puede criar a la reina para conseguir las celdas que poner. Si tiene múltiples celdas de reina puede cortar algunas y ponerlas en los núcleos.

Mantener una Reina de Repuesto

Cuando reemplace a la reina coja algunas de esas reinas viejas y colóquelas en núcleos con un marco de cría y miel y si la reina es rechazada, tendrá una de repuesto. También si solo mantiene un núcleo con una reina para repuesto, puede reemplazar a la reina de la colmena con esa reina. Para mantenerla débil, siga quitándole cría operculada y dándosela a otras colmenas.

Reemplazo de Reina A prueba de Errores

Si hace como en las primeras divisiones y coloca una reina en una jaula, las abejas nodrizas la aceptarán como reina. Una vez que haya puesto, puede matar a la reina en la colmena para ser reemplazada y combinar con periódico. Las abejas aceptarán a la reina ponedora.

Banco de Reina.

He construido un calce que es del tamaño de un núcleo pero de $^3/_4''$ de ancho y coloqué jaulas de reina con el alambre hacia abajo para mantenerlas durante varios días o semanas antes de introducirlos.

Construcción de Panal.

Esto es especialmente bueno con abejas revertidas. Ya que el problema con la estampada de 4.9mm no es que las abejas no usen las celdas, es que abejas anormalmente grandes *construyan* las celdas. Si empieza un núcleo con abejas pequeñas como en las primeras divisiones y al final se establecen coloque marcos con estampada de 4.9mm en las posiciones 1, 2,4, y 5. Alimente bien y quite cada día algunos de los marcos hechos. Si hay huevos, colóquelos en otra colonia para permitirlos emerger y después robe el marco. Quédese con 3 o 4 libras de abejas en el núcleo.

Trampa de Enjambre.

Los núcleos son buenos para construir colmenas para enjambres pequeños.

Colmenas de Anzuelo.

Los núcleos son buenos para colmenas de anzuelo para enjambres. Puede usar una caja de 10 marcos, la cual ya tendría un buen tamaño, pero es más difícil de adjuntar a un árbol y para mejores resultados necesitan estar a 10 pies o algo así en un árbol.

Enjambres Sacudidos

Puede colocar un filtro de fondo en el núcleo y sacudir las abejas de los marcos de cría de varias colmenas (con cuidado de no coger una reina) y conseguirá un grupo de abejas huérfanas y ambulantes. Se pueden poner en una colmena con alguna cría para que puedan criar una o añadir a un núcleo con una reina enjaulada.

Transportar miel

Los núcleos son buenos y livianos aun con cinco marcos de miel, comparados con una caja de diez marcos. Buenos para colocar marcos mientras cepilla a las abejas para cosechar y buenos para cargar.

Equipo Ligero

Medianas en vez de Profundas

Mi primer paso en la dirección hacia una equipo de apicultura más ligero fue intentar las colmenas horizontales, lo que me gusta mucho. Pero todavía tenía mucho equipo viejo, así que empecé a cortar las profundas en medianas, y dejé de usar profundas y llanas. Entonces corté cajas de diez marcos a ocho marcos. Si quiere entender por qué, una profunda de diez marcos llena de miel pesa 90 libras. Una mediana de diez marcos pesa 60 libras. Una mediana de ocho marcos pesa 48 libras.

A la izquierda está un equipo "típico" de apicultura como se recomienda en los libros. De abajo hacia arriba hay: una tabla de fondo, dos cajas profundas para la cría, un excluidor de reina, dos alzas llanos, una cubierta interna, y una cubierta telescópica. Una caja profunda de diez marcos de miel pesa 90 libras. Una mediana de miel pesa 60 libras. Una mediana de ocho marcos llena de miel pesa 48 libras. La de la derecha es una de mis colmenas verticales. Esta tiene cuatro cajas medianas para cría y miel (sin excluidor) y un tope migratorio con un calce en ambos lados para hacer una entrada superior y sin entrada inferior. Usar marcos del mismo tamaño simplifica tremendamente su manejo ya que cualquier miel puede ser usada para alimentar en invierno y la cría encontrada en los alzas puede ser movida de regreso ya que los marcos son todos intercambiables. Dejar fuera el excluidor evita los nidos de cría llenos de miel y permite a las abejas trabajar en los alzas. También ayuda no tener una entrada inferior porque los zánganos pueden salir por arriba (sin excluidor que los detenga).

Ocho marcos en vez de diez marcos

Estoy muy cansado de cajas de apicultura pesadas, así que empecé a comprar cajas de ocho marcos. Pero todavía tenía muchas de diez. Aquí hay varias de diez de fondo seguidas por ochos arriba. La tapa en los lados cubre las rajaduras. La siguiente foto es de una colmena de diez marcos entre dos colmenas de ocho marcos. La última vez que pasé por las colmenas no levanté ni una sola caja porque los agrupamientos estaban en las alzas superiores y no pude entender porque me dolía la espalda al terminar. Entonces me acordé de los bloques de cemento. Empecé a hacer clips con alambre del #10 para sujetar las tapas y deshacerme de los bloques. (Vea capítulo

Equipo Misceláneo) Pero esos vientos de 60 millas por hora tienden a volar las tapas sin ellos y a veces tiran las colmenas.

Alza de Ocho Marcos sobre Nido de Cría de Diez Marcos

Colmena de Ocho Marcos al lado de Colmena de Diez Marcos

Corté todas mis cajas y marcos de apicultura. La foto de la izquierda es lo que hice con las barras de fondo sólidas. La foto de la derecha es lo que hice con las barras de fondo rotas y partidas. Hice una barra de fondo nueva con las esquinas de una.

Marco Profundo Cortado A Mediano

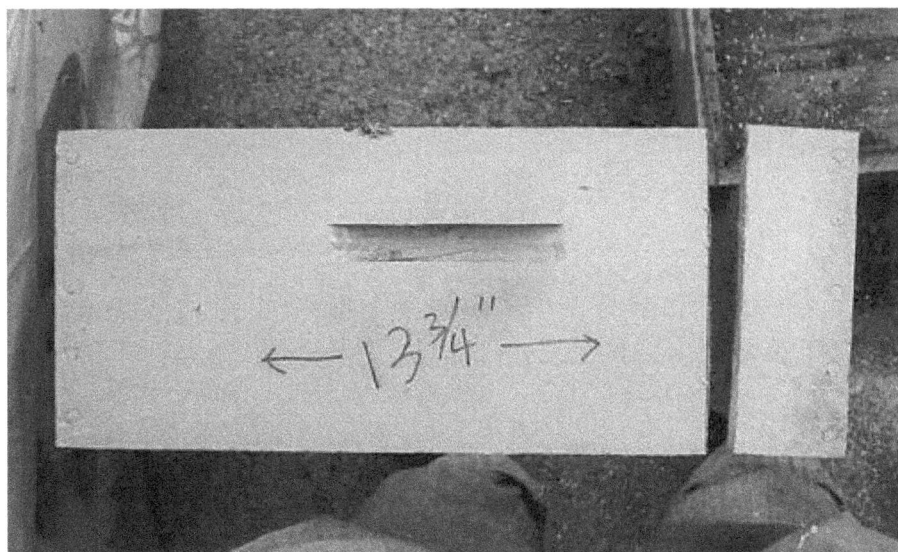

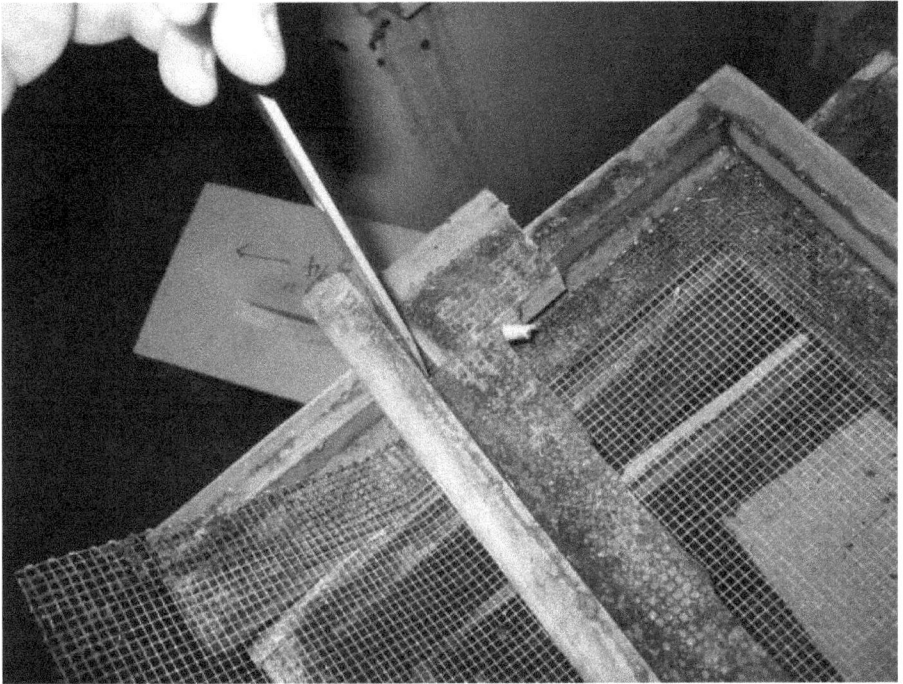

Cortando cajas de diez marcos y tablas de fondo a ocho marcos

Ahora estoy cortando todas mis cajas de 10 marcos y tablas inferiores. Esta es la secuencia de eventos para convertir una caja de 10 marcos y tablas de filtro de fondo Brushy Mountain en marcos de 8 marcos. El corte con sierra de mano es para terminar el corte cuadrado con habilidad debido a la curva de la hoja para hacer las orejas pequeñas en las puntas.

Equipo Sumergido en Cera

Cuando estuve expandiendo mi apicultura compré mucho equipo nuevo y decidí intentar sumergirlo en cera y goma colofonia para mantenerlo. Conseguí el tanque de un amigo que lo había pedido a su medida. Hubiese sido mejor si fuese más alto, pero funciona bien y no tenía ni tiempo ni dinero para conseguir uno mejor hecho. El método estándar es 2 partes de parafina y 1 parte de goma colofonia. La goma colofonia es de Mann Lake. La mezcla de cera/goma colofonia se derrite y calienta a 230º y 250º F (110º y 121º C). A 250º las cajas se cocinan bien (como freírlas) durante seis a ocho minutos. A 230, tardan de 10 a 12 minutos. No puede dejarlas sin atender o monitorear (y necesita un termómetro) ya que el riesgo de fuego es alto. Tenga un extintor cerca. Uso un cronómetro para no perder la noción del tiempo. Esto no es como cocinar habichuelas. ¡Si sale ardiento tendrá cientos de libras de hidrocarburo de gasolina!

Fondos del tanque

Cocinando Algunas Cajas.
Las restantes encima son para aguantarlas y
sumergirlas porque flotan.

Cajas y fondos después de sumergir. El equipo luce y huele estupendo y el agua forma gotas en él.

Las abejas parecen que creen que la colofonia y la cera son propóleo. Aquí hay una recolectando en mis guantes.

Decisiones de Colonia

He estado pensando en esto durante un tiempo, pero al escuchar una presentación de Tom Seeley sobre enjambres encontrando hogar en una reunión de KHPA y hablar durante dos días (y tarde en la noche) con Walt Wright ha cristalizado algunos de esos pensamientos.

En mi observación, una de las causas de la desaceleración de abejas es la toma de decisión de una colmena. Esto puede ser tan simple como en qué dirección quiere ir el agrupamiento de invierno para buscar almacenamientos o si empiezan a construir en estampada de plástico o moverse por un excluidor o moverse a las secciones de miel en el panal. En muchas situaciones las estrategias opuestas por parte del apicultor pueden tener el mismo resultado porque la decisión apropiada era clara, donde algo más moderado puede tener pobres resultados por una indecisión.

Veamos algo que la mayoría de las personas ha visto, como conseguir que las abejas pasen por un excluidor. Si las abejas tienen espacio en el fondo no parecen querer cruzarlo. Pero si las agrupa entonces no tienen opción. Una vez se convencen, lo cruzan sin pensarlo.

Vi al Dr. Thomas Seeley hacer una presentación sobre cómo las abejas deciden dónde ir cuando enjambran. Es cuestión de llegar a un consenso y eso lleva tiempo.

Otro ejemplo son los profundos, los profundos Dadant y medianos. Con los medianos nunca parecen dudar sobre moverse arriba o abajo en una caja cuando necesitan el espacio. Con profundos se quedan atoradas en una caja y no quieren moverse arriba o abajo. Con profundos Dadant tienen tanto espacio que no *necesitan* moverse arriba o abajo. Encuentro que obtengo mejores resultados con una Dadant profunda, donde no necesitan decidir, o la mediana donde la decisión es requerida.

Creo que ésta es la causa del entusiasmo (y velocidad) con la que construyen su propio panal comparado con estampada ya hecha de cualquier tipo y especialmente de plástico. Saben lo que quieren construir pero tienen que tomar decisiones sobre qué hacer con esa hoja de estampada.

Creo que esto es por lo que muchas personas, haciendo cosas opuestas, obtienen resultados similares. Una vez las abejas se han convencido para hacer algo, lo hacen rápidamente. Si tienen que llegar a un consenso, lleva tiempo. Un agrupamiento en una colmena larga mediana tiene solo a un sitio dónde ir, hacia el lado. Un agrupamiento en una colmena vertical de ocho marcos tiene un solo sitio a dónde ir si están en el fondo, hacia arriba. Si están arriba, abajo.

Creo que los apicultores le dan demasiadas opciones a las abejas. ¿Cuántas veces he visto un agrupamiento en el centro del almacenamiento con un agujero a su alrededor que se movía nada el almacenamiento? Creo que simplemente no podía decidir hacia dónde ir.

La indecisión consume mucha energía y tiempo perdido para las abejas. A veces esto solo las retrasa pero a veces las puede matar. Como apicultores tenemos que ser conscientes de esto y usarlo a nuestro favor y evitar trabajar en perjuicio de las abejas.

Colmenas de Dos Reinas

Presentaré esto al decir que he hecho esto y pienso que *normalmente* es más fácil que llevar dos colmenas de una reina. El problemas más grande para mi es que cuando se tiene una súper colmena con alzas apiladas hasta las nubes y abejas por todos lados, para hacer cualquier cosa se tiene que mover y molestar a todas las cajas. Todas esas abejas pueden ser intimidantes, especialmente para un principiante. Creo que es práctico y requiere un sistema que no precisa mover cajas para llegar a cualquier reina.

Dicho esto, el concepto es que dos reinas pondrán dos veces más huevos y la construcción será dos veces más rápida en primavera. Más obreras, más miel.

Hay varias tácticas que se pueden usar para lograr esto. Una sería equipo bajo, baja labor, un método menos fiable para criar celdas de reina y colocarlas en la caja superior para emerger. Esto a menudo, pero no siempre, resulta en colmenas de dos reinas con mínimo esfuerzo. Puede aumentar las probabilidades al colocar un excluidor de reina en algún sitio en el medio de las cajas. Claro que tendrá que establecer una manera para que los zánganos y las reinas vírgenes que salgan. Esto funciona a menudo pero en el peor de los casos la reina será reemplazada y en el mejor de los casos, acabará con dos reinas ponedoras. He hecho esto accidentalmente al criar reinas en varias ocasiones. Para detalles de cómo aparear una reina en la parte superior de la colmena vea la información de Doolittle en el Scientific Queen Rearing.

Un tipo de Demaree también funciona bastante bien para acabar con una. Construya una tabla doble de rejilla (o dos tablas individuales de rejilla) y coloque una caja de cría sobre la tabla de rejilla. Las abejas crían una nueva reina en la parte sin reina (cualquiera que sea) y cuando se acerca el flujo principal, puede combinar periódico con o sin un excluidor de reina.

Si quiere hacerlo más fiable, aquí está mi diseño para manejar una colmena de dos reinas. Establecería una colmena horizontal de tres cajas de largo (48" y $^3/_4$") con las entradas en el lado largo. Hágala para que pueda abrir o cerrar la entrada en cualquier tercero de la caja en cualquiera de los dos lados largos.

La caja necesita dos estrías por donde quepa un excluidor de reina y dividirlo en terceros. Esto permite tener una reina a cada lado y alzas en el medio.

Puede usar cualquiera de los varios métodos para conseguir que la colmena acepte dos reinas, pero están suficientemente separadas para no pelear y tiene dos nidos de crías y una pila de alzas en el medio. Puede comprar reinas, dejarlas sin reina en la colmena durante 24 horas y dividir el nido de cría en dos cajas de cría con una reina enjaulada en cada una e intentar la introducción simultánea.

Si cría sus propias reinas, puede colocar una virgen en cada lado y esperar a que vuelen de regreso a la colmena cuando terminen de copular.

El mejor momento para conseguir que dos reinas pongan es a principios de primavera. Cuanto más temprano mejor. Durante el flujo de miel sería mejor que dividiese la colmena y pusiera toda la cría abierta en uno de ellos y la mayoría de las abejas en el otro para subir la producción en esa colmena porque mucha cría durante un flujo de miel no ayuda a la producción.

Snelgrove tenía un plan para usar una colmena que reemplazara la otra que era bastante ingenioso, manipulando las entradas encima y debajo de una tabla doble de rejilla y quizás de alguna manera se puede desarrollar para hacerlo en una configuración horizontal.

La idea de una colmena de dos reinas es conseguir una "súper colmena" con una población grande de abejas. Otra manera de lograrlo es al "cortar/dividir/combinar/". Vea el capítulo de *"Divisiones"* para más información.

Colmenas de Barra Superior

Colmena de Barra Superior Kenia (KTBH por sus siglas en inglés)

Colmena de Barra Superior de estilo Kenia siendo construida. Los lados son uno por doce $46^1/_2$" largo. El fondo es uno por seis $46^1/_2$" largo.

Los extremos tienen uno por doce 15" de largo. Ninguna de las tablas está rota o desnivelada. Solo cortadas para el largo y clavadas juntas.

Los lados están esparcidos a donde caben en los extremos y los extremos están clavados y después atornillados con tornillos. Acabé usando tornillos porque cuando abría las barras, abría el extremo completo de la colmena.

Con abejas. Las barras superiores son arrancadas de
una con una guía de panal desnivelado y clavadas
encima. Puede ver la barra encima de la colmena en el
extremo derecho. El nido de cría tiene una barra de 1" y
$^1/_4$" ancho, y la miel tiene una barra de 1" y $^1/_2$" de
ancho. Estas barras tienen 15" de largo.

Panal de KTBH. ¿Puede encontrar a la reina?

Una foto de cerca de la reina en el panal de KTBH.

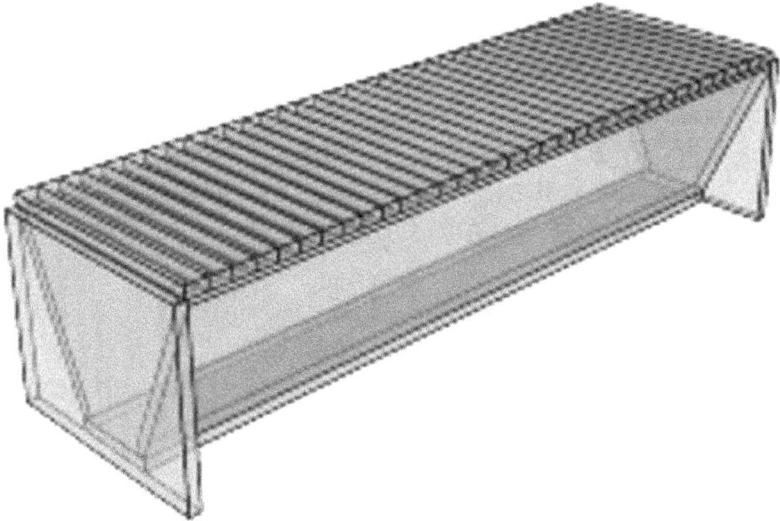

Vea dibujo (gracias a Chris Somerlot).

El objeto de una Colmena de Barra Superior es que sea fácil y barato de construir, fácil de trabajar y tenga celdas de tamaño natural. Uno de estilo Kenia (con lados inclinados) es así para que los panales sean naturalmente más fuertes y menos propensos a romperse y derrumbarse cuando estén llenos de miel. Esta colmena funcionó muy bien, sin derrumbes de panal. Los panales pequeños son fáciles de manejar y no tan frágiles como los panales grandes libres y colgantes. Las fotos son, de izquierda a derecha:

La entrada al KTBH es la parte trasera de la barra delantera desde el frente al lo menos $^3/_8$". La parte alta está en la parte superior de una barra superior de ¾" para que la entrada sea de ¾" de alto y $^3/_8$" de ancho y el agujero delante de la primera barra.

Lista de Partes:

- 2- uno por doce 46″ y $^1/_2$″
- 2- uno por doce 15″
- 1- uno por seis 46″ y $^1/_2$″
- Tapa de cualquier tipo de 15″ por 48″
- 16- barras 15″ por 1″ y $^1/_4$″ por $^3/_4$″
- 18- barras 15″ por 1″ y $^1/_2$″ por $^3/_4$″
- 34- guía de panales triangulares cortados de molde de chaflán o la esquina de uno por $^3/_4$″ por $^3/_4$″ por 1″ por 13″
- 2- cuatro por cuatros 16″ de largo de cedro o tratados para ponerlos en posición.

Todos los cortes son cuadrados a no ser que corte su propio chaflán uno a uno.

Uno de los problemas más difíciles parece ser comunicar el diseño de entrada. Creo que es porque no tiene que construir una entrada para tener una. Simplemente deje la barra de la parte delantera hacia atrás (como cuando tiene espacio de sobra) y las barras suben la cubierta con el grosor de las barras, y así aparece una entrada.

Entrada

(Foto por Theresa Cassidy)

Entrada con cubierta superior empujada hacia atrás
(Foto por Theresa Cassidy)

Colmena de Barra Superior Tanzania

Colmena de Barra Superior Tanzania

TTBH Abierta

TTBH Abierta

Esta es una colmena de profundidad larga mediana. Esta tiene barras superiores en vez de marcos. La entrada esta encima de la cubierta migratoria y la barra delantera echada hacia atrás $^3/_8''$ desde el frente. La ventaja de esto es que los marcos medianos estándares encajan así que si necesita recursos de mis otras colmenas puedo conseguir un marco de cría que le sirva. También, puedo empezar con algunos marcos de cría de mis otras colmenas (que son todas medianas). No he visto otro adjunto en esta colmena que no sean lados inclinados.

Lista de Partes:

- 2- uno por ocho 46" y $^1/_2$" con $^3/_8$" por $^3/_4$" ranura por resto de marco.
- 2- uno por ocho $19^7/_8$"
- 1-fondo (madera, u otro) 48" x 19" y $^7/_8$"
- Cualquier tipo de tapa de 19" y $^7/_8$" por 48" (madera, o acero de techo) o tres cubiertas migratorias.
- 16- barras 19" por 1" y $^1/_4$" por $^3/_8$"
- 18- barras 19" por 1" y $^1/_2$" por $^3/_8$"
- 34- guías de panales triangulares cortadas de molde de chaflán o la esquina de uno por $^3/_4$" por $^3/_4$" por 1" por $17^1/_2$"
- 2- cuatro por cuatro de 16" largo de cedro o tratado para ponerse en su sitio.

Medidas de Panales

Medida de Panal de 4.7mm

Solo para enseñarle algunos tamaños de celda. Aquí hay un panal de cría de mi Colmena de Barra Superior Kenia. Para medir, empecé en la marca de 10mm y conté sobre 10 celdas. Parece ser 4.7cm por cada diez celdas. Eso es 4.7mm. Observe que empecé en 10cm porque es difícil decir dónde está el cero.

Preguntas Frecuentes

Invernando

P: Algunas personas dicen que las TBH no invernan bien en climas fríos. ¿Es verdad?

R: Las tengo en Nebraska y sé de otros que las tienen en sitios tan fríos como en Casper Wyoming. No he escuchado opiniones de nadie con abejas en colmenas de barra superior que no invernan bien en climas fríos. Normalmente lo he escuchado de personas que no lo han intentado. Es un buen plan que el agrupamiento esté a un lado al principio del invierno para que puedan llegar al otro lado para el final del invierno. Si están en el medio pueden llegar a un lado y entonces morirse de hambre teniendo almacenamiento al otro lado. Los problemas más grandes son tener colmenas de barra superior en climas muy calientes y sin embargo hay personas que hacen esto muy bien. Tengo más problemas en días con más de 100 grados F de calor, cuando tengo derrumbes.

¿Tropical?

P: Las Colmenas de Barra Superior fueron desarrolladas en África, ¿verdad? Así que, ¿es una colmena tropical?

R: En realidad fueron desarrolladas en Grecia hace miles de años, y después aparecieron en muchos otros lugares. Pero el problema parece ser la creencia de que las abejas no se mueven horizontalmente. Obviamente esto no es cierto. He visto colmenas en ramas huecas horizontales, las he visto en suelos, y las he invernado en colmenas Horizontales, tanto en TBH como en marcos Langstroh. Las abejas tienden a moverse en una solo dirección cuando están agrupadas y tienen problema cambiando de dirección al agrupamiento durante el frio. Pero no les importa si esa dirección es horizontal o vertical. Las colmenas de bache (colmenas de tronco, o lo que desee llamar a una colmena vertical) han sido utilizadas en países escandinavos durante siglos. De acuerdo con Eva Crana, la mayoría de las colmenas del mundo hoy en día y a través de la historia han sido colmenas horizontales en todas las áreas desde el norte hasta los trópicos.

¿Excluidor?

P: Sin un excluidor de reina, ¿cómo mantiene a la reina apartada de la miel?

R: No uso excluidor de reina en colmenas regulares. La reina no está buscando poner por todos lados. Cuando usted termina con cría en alzas de miel en una colmena Langstroh es porque una de estas dos cosas ha ocurrido. O la reina estaba buscando un lugar donde poner cría de zánganos, y usted no permitió que pusiera en el nido debido a la estampada obrera; o la reina necesitaba expandir el nido de cría o enjambre. ¿Preferiría que se enjambraran? Las abejas quieren un nido de cría consolidado. No quieren cría por todos lados. Algunas personas intentan tener algo de miel operculada como su "excluidor de reina". Yo hago lo opuesto. Intento que expandan el nido de cría lo más posible para mantenerlas sin enjambrar y para que haya más fuerzas para conseguir la miel. Así que añado barras vacías al nido de cría durante la temporada de enjambre.

Cosecha

P: ¿Cómo cosecha la miel de una colmena de barra superior?

R: Puede o machacar o filtrar; o puede cortarlo para miel de panal. Si en realidad quiere, Swienty tiene un extractor que funciona para colmenas de barra superior. Pero si solo tiene unas pocas colmenas, un extractor no vale la pena.

¿Entrada Superior?

P: Algunas personas dicen que las entradas superiores dejan escapar el calor. ¿Cómo hace las suyas?

R: En cualquier colmena (de barra superior o no) creo que una entrada superior en invierno es siempre una buena idea. Deja salir la humedad y libera condensación. El calor casi nunca es un problema, la condensación es el problema en invierno. Una entrada superior dejará que salga. Todas mis colmenas tienen entradas superiores. La razón por la que las usé fue por los zorrillos. Mi primera colmena de barra superior tenía una entrada inferior y los zorrillos eran un serio problema. Después de cambiar a las entradas superiores dejaron de ser un problema. Mis entradas son simplemente un agujero en la parte delantera de la colmena entre la primera barra y la parte delantera de la pared. Sin hacer agujeros o atornillar.

¿Lados inclinados?

P: ¿Las Colmenas de Barra Superior de Kenia tienen menos añadidos que las Colmenas de Barra Superiores de Tanzania?

R: En mi experiencia no. Solo sé de un apicultor de TBH que parece pensar que sí. La mayoría ha tenido la misma experiencia que yo, que es que hay pocos añadidos.

¿Varroa?

P: ¿Cómo trata contra Varroa en una colmena de barra superior?

R: No lo hago. Dependo del tamaño natural de celda que es más pequeño. Pero usted podría hacer un agujero y usar vapor de ácido oxálico o podría rociar con ácido oxálico o podría usar azúcar en polvo.

¿Alimentar?

P: ¿Cómo puede alimentar una colmena de barra superior?

R: Ya que normalmente solo alimento durante emergencias, el azúcar seca en el fondo funciona bien si no usa rejillas. Rocíelas con un poco de agua para que cojan interés en comer y para que se agrupen un poco para que las abejas no se lo lleven cargado. Podría usar un comedero de bolsa en el fondo, o si lo construyó para coger marcos de Langstroh podría poner un comedero de marco ahí, o si no, podría construir uno que quepa. Con los medianos largos puedo usar cualquier cosa que use en una colmena regular. En el mediano largo generalmente he usado comederos de marco con flotadores en ellos.

¿Manejo?

P: ¿Cuál es la diferencia entre el manejo de una colmena de barra superior y una colmena larga?

R:

- Lo más importante de entender es que las abejas construyen panales paralelos. Entonces un buen panal lleva a otro buen panal de la misma manera que un mal panal lleva a otro mal panal. No puede arriesgarse a no prestar atención a cómo empiezan. La causa más común de un desastre en el panal es dejar la jaula de reina dentro, ya que siempre empiezan el primer panal desde ahí, y entonces empieza el desastre. No puedo creer cuantas personas quieren ir por lo seguro y colgar la jaula de la reina. Obviamente no entienden que es casi una garantía de fracaso empezar un buen panal sin intervención. Todos los panales en la colmena estarán torcidos. Una vez que encuentre un desastre lo más importante es asegurarse de que el último panal esté derecho, ya que el último siempre será la guía para el próximo. No puede esperar a que se arregle por sí solo, tiene que intervenir. No tiene que ver con alambres o sin alambres. O marcos o no marcos. Tiene que ver con que el último panal esté derecho.
- La necesidad de cosecha frecuente para mantener el espacio en el área de la miel abierto.
- La necesidad de barras vacías en el nido de cría durante la época de enjambre reproductivo para expandir el nido de cría y prevenir el enjambre. .
- La necesidad de tener el agrupamiento en un lado extremo de la colmena al comenzar el invierno (por lo menos en climas fríos del Norte) para que no vayan a un lado de la colmena y se mueran de hambre mientras haya almacenamiento al otro lado de la colmena por indecisión. Esto es fácil de hacer simplemente moviendo las barras que contienen al agrupamiento a un lado y colocando las barras reemplazadas en el otro. Como el nido de cría, por norma general, está en la entrada, tener la entrada

en un lado evita este problema. Teniéndola en el centro lo causa.

• La necesidad de manejar los panales con cuidado. Necesita ser consciente del ángulo de los panales con la tierra. Cada vez que tenga panales planos en un panal que es muy pesado, es muy probable que se rompa. Mantenga los panales "colgando" con la gravedad. Puede darle la vuelta pero debe rotarlos con el suelo del panal vertical y no horizontal. Debe también revisar los añadidos a las paredes, suelo y otros panales antes de sacar un panal. Corte estos añadidos antes si existen.

¿Producción?

P: ¿Cuál hace más miel? ¿Una colmena de barra superior o una colmena Langstroh?

R: Se trata de diferencias de manejo. Si tiene TBH donde pueda ir frecuentemente y revisarlo semanalmente durante un flujo fuerte y maneja el espacio al cosechar frecuentemente, creo que es igual. Si la colmena de barra superior está en un colmenar y no lo visita frecuente, o si está en su patio trasero y no lo visita a menudo, el Langstroh producirá más miel.

Mientras una TBH necesita manipulación más frecuentemente, no necesita más trabajo ya que no hay necesidad de levantar y mover cajas para hacer inspecciones.

¿SBB?

P: ¿Puedo colocar una tabla con fondo de rejilla en mi TBH?

R: Sí puede. Pero no lo dejaría abierto ya que esto sería demasiada ventilación. En mi experiencia la diferencia con Varroa es mínima.

P: ¿Cómo puede tener demasiada ventilación? ¿No es la ventilación algo bueno?

R: Evidentemente en invierno, demasiada ventilación significa demasiada pérdida de calor. Pero incluso en verano las abejas se refrescan con la evaporación, así que en un día caliente dentro de la colmena estaría más fresco que en el aire de fuera. Demasiada ventilación podría hacer que las abejas fueran incapaces de mantener una temperatura más fresca adentro. Cuando la cera se calienta más allá de las temperaturas normales de una colmena (> 93 F) se debilita y los panales pueden derrumbarse. De acuerdo con los experimentos de Huber sobre ventilación, más aberturas resultan en menos ventilación.

Ventilación Cruzada

P: En colmenas Langstroh hay una apertura superior e inferior para obtener suficiente ventilación. ¿Debo proporcionar ventilación cruzada en mi TBH?

R: Las abejas parecen tener más problemas con ventilación en las colmenas verticales sin ventilación arriba. Tienen que forzar al aire seco caliente (que quiere bajar) a ir hacia arriba y al aire caliente húmedo (que quiere ir hacia arriba), hacia abajo y al fondo. Es como caminar 20 millas hacia la escuela, colina arriba en ambas direcciones. Así que un respiradero o una entrada arriba en una colmena vertical parece ser muy útil ya que permite que el aire húmedo caliente salga por arriba, lo que absorbe el aire seco hacia el fondo. Con una colmena horizontal, esto no es un problema. El aire se mueve de forma circular a un lado y atrás, al otro lado y sale por la puerta. Como un paseo por un campo llano. Esto parece funcionar bien. Con ventilación cruzada (respiraderos o entradas delanteras y traseras) el viento puede pasar por la colmena y puede ser dañino.

¿Tabla de Aterrizaje?

P: ¿No necesito una tabla de aterrizaje en la entrada?

R: No. ¿Alguna vez ha visto una abeja en un árbol con tabla de aterrizaje? Las tablas de aterrizaje proporcionan a los ratones un lugar por donde saltar para entrar a la colmena. No es necesitado para las abejas, y en mi opinión es contraproducente debido a los ratones.

¿Largo?

P: ¿Cuál es el largo óptimo para una Colmena de Barra Superior?

R: En mi experiencia, algo cerca de cuatro pies parece funcionar. Con menos, es difícil evitar que enjambren. Con más, es difícil conseguir que las abejas ocupen el largo completo. La investigación de Hermano Adam sobre abejas y colmenas demuestra que la colmena más larga que encontró era de cinco pies de largo. Diría que cinco pies es el máximo largo útil.

Ancho de Barra

P: ¿Por qué no puedo construir todas las barras del mismo ancho?

R: Si puede. Pero independientemente de lo que haga, las abejas no construirán todos los panales con el mismo grosor, así que es difícil mantenerlos en las barras. Si quiere construirlos todos del mismo grosor, los haría todos de $1^{1}/_{4}$" de ancho y haría muchos espaciadores de $^{1}/_{4}$" para ponerlos entre los marcos para cuando las abejas quieran hacer panales más gruesos para centrarlos en las barras.

Guía de Panal

P: ¿Cuál es la mejor guía de panal?

R: No hay nada malo con las guías comunes más usadas excepto quizás la cera en métodos de estrías. La cual es apenas una sugerencia y para nada una buena guía. Necesita algo que sobresalga significativamente. $1/4''$ está bien, $1/2''$ no está mal. Cualquier cosa desde tirillas de comienzo de cera a guías triangulares funciona, pero existen ventajas y desventajas. En mi opinión la que tiene más ventajas y menos desventajas es la guía de madera triangular. Las abejas la persiguen con más fiabilidad y la adjuntan de manera más sólida. Las que menos me gustan son las tiras de cera porque son frágiles y con el clima caliente se pueden caer. Creo que lo menos fiable sería echar gotas a lo largo de una barra plana. No es que no pueda funcionar, pero que la fiabilidad de este método está al final de mi lista.

Guías de Cera

P: ¿Tengo que colocar cera en la guía de madera?

R: No. No solo no coloco cera en las guías de cera, no lo recomiendo. La cera que se coloca en la guía no se adjuntara tan bien como las abejas adjuntarán el panal. Así que debilita la conexión mojar el borde de la guía en la cera. En mi experiencia, las abejas lo seguirán la guía mejor o peor con o sin cera.

Listón de Estante

P: ¿Puedo construir un listón de estante en mi TBH (o cualquier otra pieza de equipo)?

R: Claro. Pero para mí lo más atractivo de una colmena de barra superior, además de no tener que levantar cajas, es su simplicidad. Prefiero mantenerla tan simple como práctica.

Colmenas Horizontales

Colmena larga de profundidad mediana.

Una de las primeras cosas que se me ocurrió cuando quería dejar de levantar tantas cosas en mi apicultura fue una colmena larga. Construí una primero en 1975 para un amigo, pero nunca las había usado. La próxima fue en 2002. El concepto es simplemente tener una colmena funcionando horizontalmente para no tener que levantarla. Son populares en muchas partes del mundo. Otra variación de ellas son las colmenas de barra superior (vea capítulo anterior para la lista de partes e información de colmenas de barra superior) las cuales no solo funcionan horizontalmente sino que no tienen marcos en los panales. Tengo actualmente en uso dos colmenas profundas de 12 marcos, una colmena profunda de 22 marcos, y cinco colmenas medianas de 33 marcos. Espero hacer más cada año. Mis entradas están puestas en las cubiertas migratorias. La ventaja es no solo que no tengo que hacer agujeros o preocuparme de los zorrillos sino que las entradas se mueven con los alzas para que las abejas tienden a trabajas los alzas mejor mientras los añado.

Long hive from the front. This one has medium frames.
Mostly PermaComb

Manejo

Los problemas de manejo y las preguntas son similares a los problemas de manejo de colmenas así que vea ese capítulo para más detalles.

Colmena larga con alzas. Esta es mayormente de marcos sin estampada.

Colmenas de Observación

¿Por qué una colmena de observación?

Me encantan mis colmenas de observación. He aprendido mucho más de ellas en un año que en muchos años de mantener abejas en una colmena. Tener una, como añadido a sus colmenas, le da una idea sobre lo que está pasando en otras colmenas. Puede ver si el polen está entrando, si el néctar está entrando, si está ocurriendo robo, etc. Puede verlas criar una reina. Verla como actúa mientras se está apareando, verlas enjambrar. Puede contar días u horas que tardan en tapar, el tiempo después de tapar. Puede ver los bailes. Puede escuchar como suenan cuando no tienen reinas, cuando están robadas, cuando las reinas están emergiendo, etc. Empecé a construir una varias veces, pero nunca la terminé. Ahora no sé cómo me las arreglé sin ninguna

Fotos de Varios Tipos de Colmenas de Observación

Abejas en barras superiores de colmena de observación profundo Langstroth. Colmena de observación estilo Langstroth de 10 marcos.

Esto funciona bien con marcos sin estampada. La vista es desde la cara de los panales, no de los extremos de las barras. Esto no es tan útil con marcos llenos de hojas de estampada. A la derecha hay una foto de abejas en la caja de observación de tamaño profundo Langstroth. Estas están en las barras superiores en vez de en marcos. Se movieron a una caja profunda de doble ancho (profundidad profunda estándar y $32^1/_2''$ de largo) que se mantuvo a la sombra. Los panales de barra superior profunda finalmente se derrumbaron como una fila de dominós, así que cambie a profundidad mediana para colmenas de barras superiores de tamaño de Langstroth. La colmena de observación sigue estando bien. Tengo una tabla que cabe en la porción y bloquea el sol así que la cera no se derrite con el sol.

Comedero de marco de cristal para colmena de observación interior que construí para que cupiese en el espacio que dejé cuando reformé la colmena para albergar cuatro marcos medianos en vez de dos profundos y dos llanos.

La cortina de privacidad.

La raja en el cristal es una inserción que puse para corregir el espacio de abeja. El cristal exterior es un cristal de seguridad. La inserción va por dentro, y es cristal regular cortado para que se ajuste. Desafortunadamente le di con una herramienta de colmena y le hice un agujerito. Con el tiempo se volvió en una raja que se expandió por todo el panal.

El tubo saliendo por la ventana a través de una inserción de uno por cuatro.

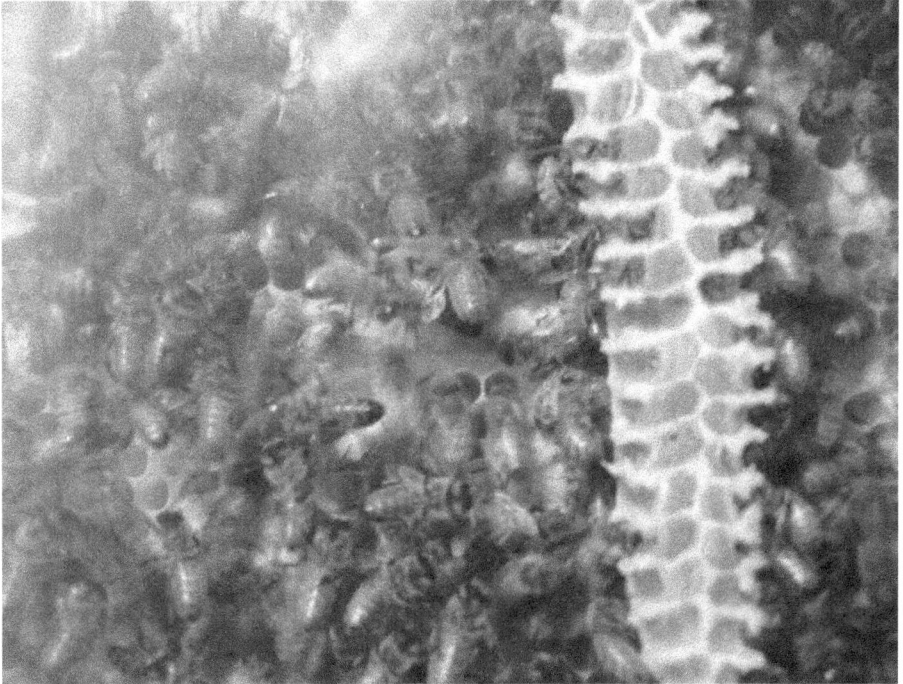

Zumbido en cristal celdas inclinadas

Las abejas construyen la mayoría de celdas inclinadas para que desde el fondo de las celdas a la boca haya una pendiente de unos 15 grados. Pero a veces construyen boca abajo el panal por si solas, o el apicultor coloca el panal hacia abajo para que las abejas lo abandonen. He tenido que rellenarlos hacia abajo con miel. Pero a la reina no le gusta poner en ellos. Para alguien que quiere ver lo que son las celdas boca abajo, puede verlos en el fondo de los zumbidos más pequeños en la foto de la derecha. Puede ver como la miel no sigue la gravedad sino el trabajo de las abejas en la foto de la izquierda. Vea como la miel no se queda lisa en la célula y está derecha y hacia abajo. Si mira las celdas en las fotos de la izquierda están o completamente horizontales o un poco más inclinadas.

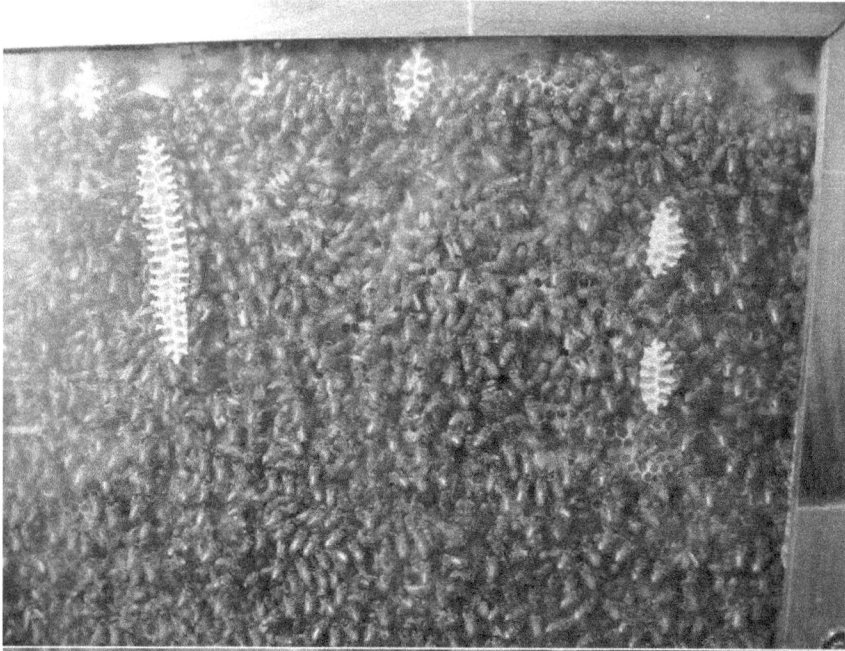

Cría en PermaComb

Conseguir una Colmena de Observación

Puede Construir Una o Comprar Una

Empezaré esto con una cláusula. *Todas* las colmenas de observación que he visto, medido o usado tenían un espacio de abeja incorrecto. Algunas son muy pequeñas. Otras muy grandes. Todas menos las de Brushy Mt. que estaban disponibles hace unos años, no están muy bien planeadas desde el punto de vista de tener una colmena de observación y manejarla. Esto puede animarle a construir la suya. Se dará cuenta de que es lo mejor. También puede que comprar una y reformarla sea más fácil para usted. Pero esto es lo que quiero en una colmena de observación.

Quiero una lo suficientemente grande para que pueda mantenerla todo el año con un marco grueso.

De esa manera siempre puedo encontrar a la reina, los huevos, y la cría, así que asumamos que esa es la meta.

También, la disponibilidad cambia todo el tiempo así que puede que algo de lo que diga esté obsoleto para cuando haya publicado este libro.

Cristal o Plexiglás

Me gustan ambos. Si está comprando uno, el cristal de seguridad es bastante duradero. De eso es de lo que está hecha mi colmena Draper y mis nietos la han golpeado varias veces con juguetes y todavía sigue de una pieza. El Plexiglás se rompe menos y es más ligero y fácil de trabajar con él cuando construya su colmena. El cristal es más fácil de limpiar. Para limpiar el cristal use una cuchilla raspadora y ráspela hasta que quede limpia. Después con limpiacristales. Para limpiar el Plexiglas necesita WD40 o quizás FGMO (Aceite Mineral de Grado de Comida). Puede conseguir el FGMO en la farmacia como Laxante de Aceite Mineral. Ambos disolventes tienen que remojarse para suavizar la cera y el propóleo.

Otras Buenas Características

Independientemente del espacio excesivo en mi colmena Draper, me encanta. Tiene una base giratoria para poder darle la vuelta a la colmena y ver el otro lado. Finalmente puse una pieza extra del cristal dentro para arreglar el problema del espacio de abeja.

Salida

Necesito una salida para la colmena. Yo utilizo un tubo hecho para una bomba de sumidero. Tiene alrededor de 1″ y $^1/_4$″. Corté uno por cuatros para que encajara con el ancho de mi ventana y tormentera y usé una sierra para hacer agujeros de 1″ y $^1/_4$″ en ambos para alinearlo. Entonces pasé una manguera a través y puse cinta adhesiva en la parte exterior para que si mis nietos tiraban de la manga, ésta no entrara en casa. Se grapa a la salida de la colmena con una abrazadera de manguera de coche. La colmena de Brushy Mt. requería un bloque pequeño para rellenar el agujero cuadrado en un lado y martillé un hueco de $1^1/_8$″ y atornille un tubo de 1″ (diámetro interno) para que la manguera se grapara a la salida. Ayuda tener la colmena en una ventana que no reciba sol directo (o si está a la sombra de los árboles o lo que sea) para que no se derrita la cera con el sol.

Privacidad

Tengo la mejor suerte al comprar una tela negra de algodón y doblarla doble y ponerla sobre la colmena de observación. Se puede cortar para que encaje exactamente y así tendrá una cortina fácil de quitar, fácil de colocar y fácil de hacer. Las abejas prefieren la oscuridad la mayoría del tiempo.

Problemas de Colmenas de Observación

Tamaño de Marcos

Brushy Mt. parece ser el único que entiende que para mantener una colmena de observación, debería ser de un tamaño de marco y el tamaño debe ser igual que las cámaras de crías de las otras colmenas. Ya no venden ninguna excepto la colmena "Ulster". Vendían una que era toda profunda (Colmena Huber) y una que era toda mediana (Von Frisch). Reformé la colmena Draper para coger cuatro medianas y un comedero de cristal hecho en casa para rellenar la diferencia en la parte superior.

Tamaño General

Nunca he tenido mucha suerte criando abejas con la colmena pequeña Tew (aunque no fue diseñada para hacerlo). Las abejas nunca han trabajado bien en ella. Es demasiado pequeña. Creo que el tamaño mínimo para una colmena de observación sostenible es tres medianas o dos profundas, pero cuatro medianas o tres profundas es mejor. Puesto que la tiene que sacar fuera para trabajarla (al lo menos si la tiene en el salón, como yo) querrá que sea lo suficientemente ligera como para poder moverla. Creo que las cajas medianas de cuatro marcos son las mayores que puedo manejar. Así que diría que ese es el tamaño ideal. Cuatro medianas o tres profundas (dependiendo de lo que use para criar en sus colmenas). Puede reformarlas cambiando los restos, para hacer marcos de diferentes tamaños puede usar las cantidades que sobran haciendo comederos o simplemente poniendo una barra superior para llenar el agujero con espacio de abejas arriba y abajo.

Espacio entre el Cristal

Por razones desconocidas a mí, nadie parece tener esto correcto. La Draper tiene $2^1/_4$" entre el cristal y las abejas. Las colmenas Brushy Mt. tienen $1^1/_2$" entre el cristal y cuando puse los marcos de cría de otra colmena, esta era demasiado estrecha para que cupiesen y la cría no pudo emerger y las abejas se rindieron. Reformé las colmenas de Brushy Mt. añadiendo un molde de rejilla (disponible en las ferreterías) de $^1/_4''$ de ancho. Lo coloqué detrás de las bisagras en el lado de las bisagras y detrás de la puerta como un freno en el lado opuesto, y entonces añadí uno a la puerta para que encajase con el otro lado. Esto ha funcionado perfectamente y es mi colmena más próspera. $1^3/_4''$ es solo la cantidad correcta de espacio entre el cristal para una colmena de observación. $1^7/_8''$ está bien.

Comedero

Una colmena de observación está normalmente en casa y por ende necesita poder alimentarla sin sacarla fuera. La colmena de Brushy Mt. Van Frisch tiene una estación de comedero con filtro donde puede colocar una jarra de un cuarto con agujeros en la tapa para alimentarlas. Funciona bien. La colmena Draper no tiene comedero así que hice un comedero de marco con lados de cristal y lo coloqué encima con un agujero para llenarlo por arriba cubierto con tela de ferretería #7. También puedo echarle polen si quiero ya que pasaría por el filtro #7. Pero sí tuve problemas cuando eché sirope, porque hizo que el sirope fermentara. Puse otro agujero más a un lado para que así no cayera en el hueco en el comedero y puedo poner polen ahí, de nuevo con la tela de ferretería #7 para cubrirlo.

Ventilación

La ventilación parece ser lo más difícil de conseguir de manera adecuado tanto para usted como para las abejas. El tubo largo saliendo de la ventana hace que la colmena sea difícil de ventilar a través de la entrada. Reformé la colmena Tew varias veces antes de *reducir* la ventilación lo suficiente para que no pudieran criar cría en absoluto. Tuve que aumentar la ventilación en la colmena Draper para que la condensación del cristal se fuese y la cría calcificada se arreglara. Tiene que prestar atención a las necesidades de las abejas. Si tiene condensación en el cristal no hay suficiente ventilación. Si hay cría calcificada en la colmena, no hay suficiente. Si tienen demasiados problemas para criar, entonces probablemente haya demasiada.

Robando

Una colmena de observación es por definición una colmena pequeña y tiende a ser robada por colmenas fuertes en el colmena. De nuevo Von Frisch tiene plexiglás que cae en la parte donde está el tubo que sale hacia fuera que reduce la entrada. Puede darle la vuelta y dejarla caer y bloquea la salida. La Draper no, y eso ha sido un problema de vez en cuando.

Desconectar

He intentado una variedad de aparatos elegantes para desconectar la colmena y sacarla fuera y bloquear a las abejas que entran y salen. Nada ha funcionado muy bien. Lo que acabé haciendo fue coger tres piezas de tela largas para cubrir el tubo y tres gomas elásticas de pelo y desconectar el tubo y rápidamente cubrir los lados con tela y gomas elásticas. Los separo lo suficiente como para deslizar la tela primero. Si alguien está disponible para ayudar le hago sujetar la tela por un lado mientras yo coloco la goma elástica por el otro. Una vez que el tubo de salida está bloqueado y el equipo del tubo en la colmena está bloqueado voy fuera y dejo el tubo fuera para que no haya tapón dentro del tubo mientras estoy intentando conectarlo de nuevo. Entonces saco la colmena fuera, hago mis manipulaciones y la llevo dentro de nuevo.

Trabajar la Colmena

Parece que en cuanto abre la colmena de observación las abejas empiezan a salir volando de la colmena. Necesitará un ahumadero y un cepillo para cerrar la puerta de nuevo. Intente ahumarlas hacia la colmena y cepille todas las que pueda antes de cerrar la puerta. Otra ventaja de Von Frisch *después* de colocar el espaciador adicional es que las abejas no se machacan mucho en la bisagra o el lado de la puerta porque hay un agujero de $1/4$". Las cepillo una vez, muevo la colmena y lo hago de nuevo. Entonces llevo la colmena de nuevo a la casa y vuelvo a unir los dos tubos y quito la tela lo más rápido que puedo y reconecto las cosas. Si lo hago en un tiempo mínimo, casi nunca tengo abejas sueltas por casa. Si se escapan, simplemente intentarán salir por la ventana y las puede atrapar con un vaso de cristal y un pedazo de papel. Coloque el vaso sobre la abeja y deslice el papel por debajo del vaso. Ya tiene la abeja en el vaso. Llévela fuera y suéltela.

Cada ver que necesito reformar la colmena o hacer una limpieza completa, simplemente coloco los marcos en un núcleo con la entrada en el mismo lugar que el tubo con el tubo todavía cerrado. En mi caso el núcleo está en la parte superior de una caja profunda vacía para que esté en la altura correcta. Si la entrada al núcleo está en el mismo lugar, encontrarán rápidamente el núcleo. Esto me da varios días, si quiero, para limpiar el zumbido, el propóleo, trabajar cosas que me estaban frustrando, como el comedero, colocar algo para mantener el espacio, el agujero para alimentar polen, más o menos ventilación. Entonces cuando he acabado, coloco los marcos de nuevo en la colmena de observación, muevo el núcleo y conecto todo de nuevo.

Porta-piezas de Cajas

Estaba expandiendo mi apicultura y compré mucho equipo nuevo así que decidí construir porta-piezas para unir las cajas. Aquí hay fotos.

Porta-piezas de caja sin las siguientes tablas

Tablas siguientes colocadas.

Extremos siendo puestos en el porta-piezas

Poniendo los lados

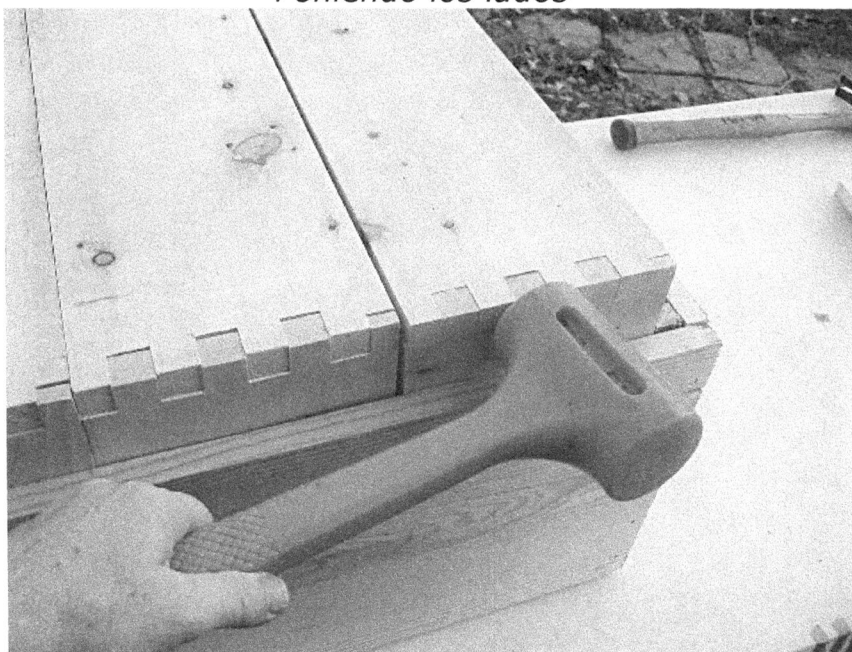

Lados siendo martillados con un mazo

Clavando los lados

Porta-piezas al revés

Porta-pieza quitado después de clavar el otro lado

Tablas siguientes quitadas del medio de las cajas

Equipo Misceláneo

Aquí hay equipo suelto que he modificado de alguna manera y otras fotos misceláneas.

Clip Superior

Clip para sujetar la parte superior

Este es un clip para aguantar la tapa. Vi uno de estos en un video y decidí hacer algunos para ahorrarme el levantar los ladrillos. El clip se agarra de los mangos. Está hecho de alambre de hierro galvanizado #9.

Plátano

Esto no es exactamente equipo, pero si le pica una abeja, esto es lo mejor que he encontrado para tratarlo. Coja una hoja y muérdala para machacarla y colóquela en la picadura (después de sacar el aguijón por supuesto).

Plátano

Si no puede encontrar Plátano, estos son mis remedios frente a picadura favoritos en orden de preferencia:
1) pomada de plátano
2) pomada de aspirina mojada machacada
3) pomada de tabaco
4) pomada bicarbonato sódico
5) pomada MSG (glutamato monosódico)
6) pomada de sal Epsom
7) pomada de NaCl (Sal)

Flotador de Cubo

Para usar cubos de 5 galones para comederos abiertos. Hechos de $^1/_4''$ madera de contrachapado. Las abejas parecen ahogarse en los comederos importar lo que haga. Si hace esto asegúrese de tener suficientes cubos para que no se tengan que apilar en el fondo para intentar alimentarse. Pierdo muchas abejas con más cubos que con menos cubos. Si existen otros colmenar cerca, los comederos abiertos pueden no ser prácticos.

Flotador de Comedero de Cubo

Pedestal de Colmena

Lo que pretendo es tener un soporte que pueda nivelar de una sola vez para 14 colmenas, y poder juntarlas todas en invierno para obtener calor. Los listones largos de deslizamiento tienen una separación de 16″ del armazón frontal de forma que si las partes de atrás están en el centro unas contra otras el borde frontal de la colmena está en el borde frontal del de dos por cuatro. Y el de la parte trasera está de forma que si la parte frontal está alineada con el frente de los extremos, la parte trasera todavía está sobre el de dos por cuatro en la parte trasera.

Pedestales de Colmena

Injerto de Ahumadero

Injerto de Ahumadero

Esto proporciona una fuente constante de oxígeno para que el ahumadero no se apague. Corte y doble las patas en el fondo para sujetarlo.

Herramientas de Instalación Eléctrica

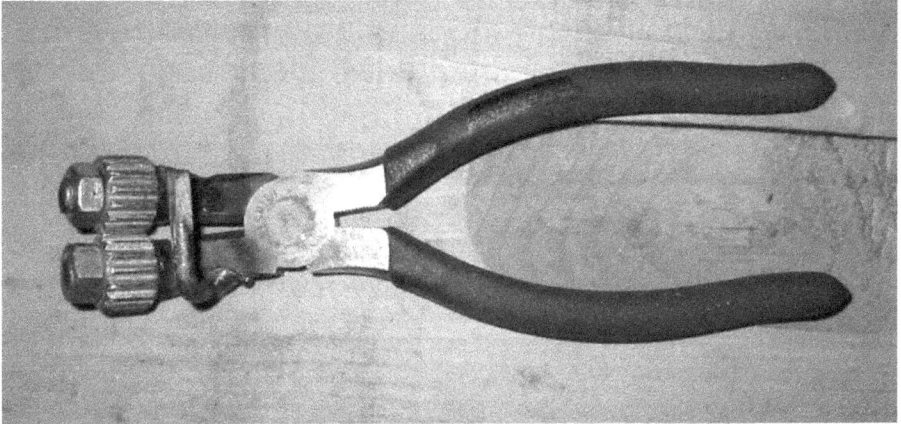

Onduladores de Alambre de Marcos

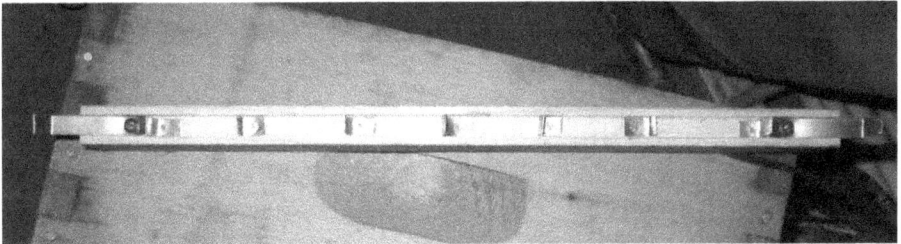

Incrustador de Alambre

Compré un incrustador de Walter T. Kelley pero no incrustaba los extremos del todo y a veces se saltaba algunas partes del centro. Añadí todas las piezas de metal plateadas entre las de latón y ahora funciona perfectamente.

Dee Lusby me convenció para intentar el alambrado. Me frustré con los onduladores de plástico baratos. Para conseguir que se ajustaran lo suficiente tenía que apretar tanto que me hacía heridas en las manos. Así que basándome en algunos que había visto antes, visité a mi soldador local para que soldara estos. Cortó los extremos de estas pinzas lineman en un ángulo de 45 grados y soldó dos pernos para los mangos y un pedazo de varillas de soldadura para el alambre. Perforó los hilos para que las tuercas se quedaran en posición. Funciona de maravilla. Tuve que acostumbrarme a no apretarlas demasiado fuerte, porque ahora hacen palanca.

Estampada Profunda de 4.9mm cortada por la mitad en un marco mediano

He usado unas pocas estampadas de 4.9mm. Puesto que uso todas cajas medianas y que solo venían en profundas, corté las estampadas por la mitad y coloqué un marco mediano y dejé el agujero en el fondo. Las abejas necesitan un lugar donde construir lo que quieren, así que les proporcioné un lugar donde hacerlo. Este tiene dos alambres horizontales y los extremos cortados a 1" y $^{1}/_{4}$".

Cosas que *no* inventé

"Cristóbal Colon, como todo el mundo sabe, fue condecorado para la posteridad porque fue el último en descubrir América"—James Joyce

"Lo que ya ha acontecido
volverá a acontecer;
lo que ya se ha hecho
se volverá a hacer
¡y no hay nada nuevo bajo el sol!
Hay quien llega a decir:
¡Mira que esto sí es una novedad!
Pero eso ya existía desde siempre,
entre aquellos que nos precedieron."—
Eclesiastés 1:9,10

Esto será un resumen de algunos de los temas que hemos cubierto pero también de vez en cuando algunas personas me acusan de atribuirme alguna idea u otra. Para clarificar, no estoy tratando de atribuirme la invención de nada, y aquí hay una lista de algunas cosas por las que me han acusado de atribuirme su invención, pero que no he inventado:

Espaciador de Abejas

Sí, me han acusado de llevarme el mérito de eso. No solo no lo inventé (obviamente las abejas lo hicieron) y no lo descubrí (obviamente ha sido usado hace tiempo), probablemente no sabremos quién fue. Los griegos descifraron cómo usar el espacio en la colmena entre los panales. Huber lo midió con mucha precisión. Langstroth no inventó la idea de usarlo entre los marcos. Jan Dzierzon lo hizo antes que Lanstroh. Así que podría decir que la colmena Langstroh la inventó Jan Dzierzon.

Usando Todos Medianos

    No estoy seguro de quién fue el primero que intentó convencer a los demás de que lo intentaran, pero Steve de Burshy Mr. ño ha sugerido durante mucho tiempo. Igual que muchos otros. Soy un convertido reciente. Empecé a convertirlas en el 2003 después de 31 años de apicultura. Creo que es una buena idea.

Usar cajas de 8 marcos

Fueron inventadas hace más de 100 años. Probablemente hace 150 años atrás. Kim Flottum ha sido un defensor desde hace tiempo. C.C. Miller y Carl Killion también. Simplemente creo que son una buena idea.

Colmenas de Barra Superior

Los griegos las inventaron hace varios miles de años. También inventaron la idea de una guía de panal en las barras. Construí una basada en la colmena de canasta griega sin madera trasera en los años '70 antes de haber visto una moderna. Pero la idea fue de los griegos. Las mías no eran colmenas largas (no había pensado en eso todavía) pero no fueron muy útiles y cuando vi un artículo en el ABJ a principios de los años '80 con una foto de la colmena de barra superior de Kenia me di cuenta de que habían perfeccionado lo que había intentado copiar de los griegos.

Colmena de Barra Superior

Marcos sin Estampada

Han estado en uso durante mucho tiempo. Jan Dzierzon, Huber, Langstroth y muchos otros tuvieron marcos sin estampadas. Todos basados en la colmena de canasta griega de barras superiores. Algo parecido a lo que hago ahora está en los libros de Langtroth y sus patentes y los libros de Kings. A.I. Root y otras casas de materiales de apicultura los fabricaron durante años. Más recientemente Charles Martin Simon intentó re-popularizarlos. Creo que es una tremenda idea.

Marcos Estrechos

Marcos Estrechos

Estos también han sido usados durante mucho tiempo. No puedo encontrar medidas exactas en las colmenas de canasta griegas pero Huber usaba marcos de $1^{1}/_{4}''$ a finales de 1700. Muchos defensores a través de los años los han usado y sugerido. Koover, más recientemente fue un partidario. Los rusos hicieron estudios sobre ellos y concluyeron que había menos Nosema y más crías en los marcos estrechos. Pienso que son una buena manera para desarrollar celdas pequeñas más rápidamente, y también conseguir 9 marcos de panales derechos de cría en mis cajas de ocho marcos de cría.

Colmenas Largas

No me inventé la idea aunque no había visto una foto, pero fue mi intento para resolver los problemas de levantar los profundos llenos para una señora mayor que amaba a las abejas pero tenía problemas de espalda. Otros lo inventaron mucho antes de yo pensarlo. Es una idea obvia si está intentando resolver el problema de levantar cajas. Ha sido así durante siglos. Es el equipo más popular del mundo, incluso hoy en día, y es popular desde Europa del Norte a Oriente Medio, África, y demás.

Injerto de Ahumadero

El injerto de lata de sopa que hago es solo una copia, excepto que está hecha de una lata de aluminio gratis, del ahumadero Rauchboy. Definitivamente no lo inventé, pero me gusta y quise convertir todos mis ahumaderos. Así que los hice con una lata vieja de aluminio. Probablemente alguien lo hizo de la misma manera antes que Rauchboy.

No Pintar las Colmenas

Esta no fue mi idea. Es, por supuesto, un paso obvio para cualquier apicultor vago pero CC. Miller, G.M. Doolittle y Richard Taylor publicaron el concepto antes que yo.

> *"Siguiendo las enseñanzas de G.M. Doolittle, en quien tengo total confianza sobre sus ideas, creo que hay una gran probabilidad de que la humedad se seque en las colmenas sin pintar que en las pintadas. En mi sótano he visto colmenas pintadas húmedas y llenas de moho cuando todas las que estaban sin pintar estaban en mucha mejor condición."— C.C. Miller*

Apicultura de Celdas Pequeñas

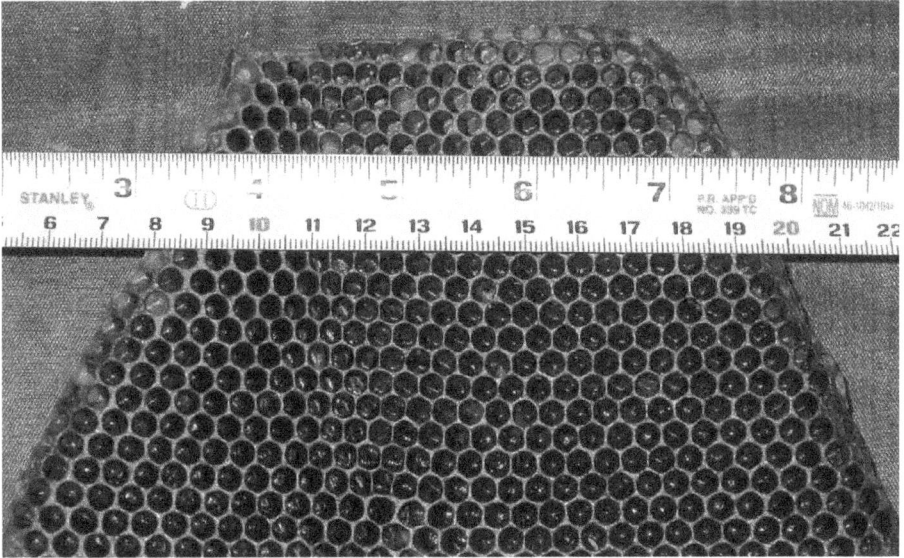

Por supuesto las abejas inventaron el tamaño de celda natural. Lusbys, hasta donde puedo decir fue el primero en asociarlo con la prevención de enfermedades y la salud de las abejas. Soy un recién convertido a las celdas pequeñas. Lusbys empezó en 1984. Yo empecé a finales de 2001 basado en una lectura de www.beesource.com.

Entradas Superiores

No estoy seguro de quién ha intentado esto a través de los años o a quién creer. Alguien citaba a un apicultor de Europa del Este que acredita las entradas superiores con todo tipo de beneficios que yo no he observado, pero vi que era una forma sencilla para sujetar mientras resolvía varios problemas que tuve con plagas y ventilación. Lloyd Spears definitivamente lo estaba usando y era partidario de esto antes de que yo lo usara y él es de quien saqué la idea de usar calzas de tejas para sostener la tapa.

Abrir el Nido de Cría

No estoy seguro de quién fue el primero que intentó abrir el nido de cría para evitar enjambres. Es otro misterio para mí. Lo he hecho durante años porque lo leí en alguna parte. Primero pensé que estaba ayudándolas a mantener el nido de cría abierta porque de alguna manera accidentalmente lo llenaban de néctar, comúnmente llamado "lleno de miel" en los libros viejos de abejas, lo que hacía que se enjambraran. Finalmente, empecé a darme cuenta de que su intención de llenarla era para enjambrar. Pero independientemente de la razón, mantenerlo abierto evita el enjambre. Varias personas a través de los años han usado, incitado, llamado de diferentes maneras y hecho variaciones de su aplicación. El resultado final es el mismo. Un nido de cría expandido que lleva al enjambre.

Matemática de Apicultura

Todos los números sobre el ciclo de vida de las abejas parecen ser irrelevantes, así que coloquémoslo en una tabla aquí y hablaremos de para qué son útiles.

Casta	Empollada	Operculada	Emerge	
Reina	$3^1/_2$ días (d)	8 +-1 (d)	16 +-1 (d)	Ponedora 28 +-5 (d)
Obrera	$3^1/_2$ (d)	9 +-1 (d)	20 +-1 (d)	Recolectora 42 +-7 (d)
Zangano	$3^1/_2$ (d)	10 +-1 (d)	24 +-1 (d)	Volando DCA 38+-5(d)

Si encuentra huevos, pero no reinas, ¿sabe hace cuánto había una reina? Por lo menos había una hace tres días y posiblemente hay una ahora. Si encuentra una larva y posiblemente una cría abierta pero no huevos ¿cuándo hubo reina? Cuatro días.

Si pone un excluidor entre dos cajas y regresa en cuatro días y encuentra huevos en uno pero no en el otro, ¿qué sabe? Que la reina está en uno con los huevos.

Si encuentra una célula de reina tapada, ¿sabe hace cuánto debería haber emergido? Nueve días, aunque probablemente ocho.

Si encuentra una célula de reina tapada, ¿sabe hace cuánto debería haber visto huevos de esa reina? 20-27 días.

Si mató o perdió una reina, ¿sabe cuándo volverá a tener una reina ponedora de nuevo? 24-31 días porque las abejas empezarán desde larvas puestas.

Si empieza de larva, ¿cuánto tiempo necesita para transferir la larva a un núcleo de apareamiento? 10 días. (Día 14)

Si confina a la reina para conseguir la larva, ¿cuánto tiempo tiene antes de injertar? Cuatro días porque a algunas no les habrán puesto el día 3.

Si confina a la reina para conseguir la larva, ¿cuánto tiempo tendremos antes de tener una reina ponedora? 28-35 días.

Si la reina muere y las abejas crían una nueva, ¿cuánta cría habrá en la colmena antes de que la reina empiece a poner? Ninguna. La reina nueva tardará entre 24-31 días (criada de una larva de cuatro días) en ser ponedora y pasarán 21 días para que las obreras hayan emergido y 24 días para que todos los zánganos hayan emergido.

Si las reinas empiezan a poner hoy, ¿cuánto tiempo tardarán en recolectar miel? 42 días.

Puede ver cómo saber estas cosas le ayudarán a predecir cómo funcionan las cosas o dónde estarán.

A veces tiene que deducir el mejor y el peor caso. Por ejemplo, una celda de reina sin tapar con una larva tiene entre cuatro y ocho días de edad (desde el huevo). Una celda de reina tapada tiene entre ocho y dieciséis días de edad. Mirando la punta de la celda puede diferenciar una tapada reciente (suave y blanca) de una que está a punto de emerger (marrón y papelosa y limpiada por los capullos de las obreras). Una celda de reina blanca y suave tiene entre ocho y doce años de edad. Una papelosa tiene entre trece y dieciséis días de edad. La reina emergerá a los dieciséis (quince si hace calor fuera). Estará poniendo a los veinte ocho días normalmente.

Si no está seguro de si tiene una reina o no, vea el capítulo "*BLUF*" en el Volumen I.

Cosas Antinaturales en la Apicultura

Definitivamente de alguna manera la apicultura siempre es natural, porque al final, las abejas hacen lo que quieren. Pero de alguna manera nunca es natural porque al final tenemos a las abejas en situaciones que no ocurren en la naturaleza.

Cosas que cambiamos de la naturaleza por la manera en que criamos las abejas:
Genéticas:
    Criamos menos:
        Defensiva.
        Enjambre.
        Propóleo.
        Panal Zumbido.
        Nerviosismo en el panal.
        Cría de zánganos.
    Criamos más:
        Acumulación.
        Acumulación de primavera y Abatimiento de Otoño.
    Ahora estamos criando:
        Resistencia de AFB.
        Más "higiénica" (significando que arrancan celdas que están infectadas con ácaros y otro problemas)
        Reproducción de Ácaros Oprimida (no creo que realmente sepamos lo que es excepto que hay menos ácaros)
Disturbios:
    Ahumadero.
    Abrir la colmena.
    Reorganizar los marcos.
    Confinar a la reina con un excluidor.
    Forzar a las abejas con un excluidor.

Forzar a las abejas por una trampa de polen.

Robar miel.

Alimento:

Sustituto de polen en vez de polen.

Sirope de azúcar en vez de miel.

Veneno y químico en la colmena:

Aceites esenciales.

Ácidos orgánicos (oxálico fórmico etc.)

Acáridos. (Apistan y CheckMite)

Pesticidas (de riego en cosecha y para mosquitos)

Antibióticos (TM and Fumidil).

Por la estampada de cera:

Organización de la colmena:

Tamaño de Celda.

Cantidad de celdas de zángano.

Orientación de celdas.

Distribución del tamaño de celdas.

Población de la colmena:

Intentamos tener menos zánganos.

Tenemos menos sub-castas de diferentes
tamaños.

Contaminantes acumulados que son solubles en
cera.

Por marcos o ceras:

Espacio entre panales.

Grosor de panales.

Distribución de grosor de panales.

Acumulación de químicos y posiblemente esporas en
la cera de la estampada.

Ventilación alrededor de los panales. Los marcos
tienen agujeros en la parte superior. Los panales
naturales se adjuntan encima.

Por los alzas, expandiendo y contrayendo el volumen de
la colmena para prevenir el enjambre e invernar.

Las colmenas naturales varían de muchas maneras,
pero por las colmenas:

Ventilación

Tamaño

Comunicación dentro de la colmena por los agujeros entre las cajas y los agujeros en la parte superior.

Condensación y absorción y distribución de condensación.

Los espacios de abejas encima y en los extremos donde en la colmena natural esta normalmente sólido en la parte de arriba sin comunicación ahí, y solo pasadizos aquí y allá según quieren las abejas basado en la conveniencia del movimiento y la ventilación.

Localización de entrada.

Detritus en el fondo (escalas de cera, abejas muertas, polilla de cera, etc.)

Misceláneas:

Algún clip de reina, que evita que vuele después (y con suerte copulada). Algunos de nosotros hemos observado reinas fuera de la colmena en alguna ocasión. No sé por qué razón, pero ¿y si es importante?

Marcamos la reina con pintura.

Reemplazamos a la reina más a menudo que en la naturaleza.

Interferimos con la naturaleza al reemplazar a la reina al no permitir que se complete el enjambre o el reemplazo.

No estoy diciendo que todas estas cosas que hemos cambiado son malas, ni estoy diciendo que estos cambios son buenos, pero si queremos crear una manera natural y sostenible de criar abejas necesitamos entender la manera natural y sostenible en que las abejas se crían por sí mismas. Me gustaría ver investigación sobre los efectos, tanto buenos y malos, que todos estos cambios que hemos hechos en el equilibrio natural de la colonia de abejas y sus parásitos.

Estudios científicos

"La mayoría del conocimiento del mundo es una construcción imaginaria." —Helen Keller

"Uno no divina la manera de la naturaleza, pone los métodos que confunden nuestra ciencia y es solo al estudiarla cuidadosamente que podemos tener éxito en descubrir algunos de sus misterios. "Francis Huber, New Observations on Bees Volume II

"Se apreciaría que en el transcurso de muchos años y el contacto diario con las abejas, el deseo del apicultor profesional de necesidad adquiera conocimiento sobre las misteriosas andanzas de las abejas y tendrá una vista única en las misteriosas andanzas de las abejas, generalmente denegada al científico en el laboratorio y al principiante en posesión de unas pocas colonias. Una experiencia práctica limitada inevitablemente lleva a conclusiones completamente diferentes a las de una práctica completa y vasta. El apicultor profesional está obligado a ver las cosas de manera realista y a tener una mente abierta respecto a los problemas a los que se enfrenta. Es también forzado a basar sus métodos de manejo en resultados concretos y debe diferenciar entre esenciales y no

*esenciales."—Beekeeping at Buckfast
Abbey, Brother Adam
"Use solo lo que funcione, y cójalo de
cualquier lugar donde lo encuentre."—
Bruce Lee
"Nunca aprendí de un hombre que
estaba de acuerdo conmigo."— Robert
A. Heinlein*

Me encantan los estudios científicos. He leído muchos sobre varios temas de principio a final. Hay tanto que aprender de ellos. Sin embargo, frecuentemente estoy en desacuerdo con las conclusiones tomadas por los investigadores.

Post hoc ergo proptor hoc (Después de esto por ende por esto) es el primer error en lógica y es una trampa en donde caen los humanos y los animales por igual. La tentación de este error es que "Post hoc ergo proptor hoc" es una buena base para una teoría. El error no está en usarlo como teoría, sino en usarlo como prueba.

Examinemos el error de esto, primero. Cada mañana en mi casa, los gallos canten. Cada mañana después de que los gallos cantan, el sol sube. ¿Eso significa que los gallos causan que el sol suba? Porque no podemos ver ningún mecanismo los conecte a parte de una secuencia de eventos, la mayoría de nosotros asumimos que los gallos no son la causa.

Cada cultura que conozco tiene historias de este tipo o chistes sobre este error. Uno en nuestra cultura es 'aprieta mi dedo" porque aprieta el dedo e inmediatamente después algo pasa, su cerebro hace la conexión y por un segundo cae víctima del error. Entonces un segundo o dos después el cerebro procesa de forma normal y lo absurdo de la conexión le golpea y se ríe. Los africanos cuentan mucho la historia de "los gallos hacen que el sol suba" y los Lakota lo dicen de los caballos cuando relinchan. Antropólogos tontos frecuentemente escriben estas historias como si las personas en realidad creyeran en esta conexión, pero mi experiencia con culturas primitivas es que cuentan estas historias para enseñar el error de esa manera de pensar. Por supuesto que quieren ver si el antropólogo se cree la tontería y tras verlo escribir en su libreta sin hacer ni un comentario o reírse, los nativos sacuden su cabeza ante la ignorancia.

He hecho cosas mientras conducía que han sido inmediatamente seguidas por un ruido. Mi primera conclusión es que he causado el ruido y me pregunto que lo habrá causado. Después de intentarlo varias otras veces sin ruido, me he dado cuenta de que eran los niños haciendo ruido. Fue simplemente mera coincidencia que pasara simultáneamente.

Cualquier "evidencia estadística" no constituye prueba. Mientras recojo muestras más y más grandes es probable que lo que estoy viendo estadísticamente sea una conexión actual y no una coincidencia, pero nunca constituye una prueba analítica. A no ser que tenga mecanismo y que ese mecanismo pueda probar la causa, de cualquier otra manera lo que tengo son simples estadísticas y solo una probabilidad.

Puedo probarle esto a cualquiera que entienda probabilidad básica. ¿Cuál es la probabilidad de que al tirar esta moneda al aire salga cara? 50/50. Así que la tiro al aire y sale cara. ¿Cuál es la probabilidad de que tire esta moneda al aire de nuevo y vuelva a ser cara? 50/50 igual que antes. Así que la lanzo al aire y vuelve a salir cara. He tirado personalmente la moneda 27 veces seguidas al aire y me sale cara cada vez. ¿Esto prueba que la probabilidad no es 50/50? No. Prueba que la muestra era demasiado pequeña para ser estadísticamente válida. ¿Cuántas veces tengo que lanzar la moneda para que mis resultados sean un hecho? No importa cuántas veces lo haga, solo me acerco más a la respuesta correcta. No es cuestión de prueba absoluta sino de acumular una muestra lo suficientemente grande. Cuanto más grande sea la muestra, más cerca estaré de la respuesta. Pero es como el problema de matemática de andar la mitad del camino y la mitad de esa mitad, y la mitad de eso, y así. ¿Cuándo llegaré al final? Nunca. Solo se puede acercar y acercar.

Con esto intentaba probar que las probabilidades de lanzar una moneda al aire son 50/50. El ciclo de vida de un organismo es infinitamente más complejo que lanzar una moneda y se ve afectado por muchas más cosas que sabemos. Si hago cierta cosa y obtengo cierto resultado, ¿cuántas veces tengo que hacerlo para probar absolutamente que lo que hice contribuyó a ese resultado? Si tengo una muestra muy grande y tengo un record de éxitos grande, es probable que mi teoría sea correcta. Cuanto más pequeña sea la muestra, menor será la diferencia en el record de éxito y más variables podrán contribuir al éxito o al fracaso, o aun peor, cuanto más decisivas sean esas variables en favor de cualquiera de los grupos, menos válidos serán mis resultados.

"...una rosa no es necesariamente incalificablemente una rosa... es un sistema bioquímico muy diferente al medio día que a la media noche."—
Colin Pittendrigh

El otro problema con la longitud del estudio es que lo que las abejas hacen en mayo no es lo que hacen en octubre.

"El menor movimiento es de importancia para toda la naturaleza. El océano entero se ve afectado por una piedra."—Blaise Pascal

Esto es asumiendo una falta de prejuicio por parte del investigador. Como uno de mis maestros decía (era un carpintero con mucha sabiduría, no un profesor) "todo el mundo piensa que su idea es la mejor porque la pensó." Esto parece ser intuitivamente obvio pero es importante. Tengo un prejuicio natural sobre mis ideas porque encajan en mi forma de pensar. ¡Si no, no las hubiese pensado! Esto es por lo que en la comunidad científica es importante tener la habilidad de reproducir los resultados. La reproducibilidad es una buena prueba, especialmente si otra persona está haciendo el segundo o tercer estudio que el que hizo el primero. Puede eliminar algo de prejuicio, y también cambiar algunas de las variables no medidas.

El segundo problema con la investigación es la motivación para hacerlo. La motivación para investigar es casi siempre (pero no siempre) la ganancia personal. Unas pocas personas altruistas tienen amor hacia las otras criaturas o hacia otros humanos y están activamente involucrados porque quieren reducir el sufrimiento o resolver el problema de otros. Desafortunadamente estas personas no reciben buenos fondos y sus investigaciones no son muy bien recibidas. No estoy diciendo que todo investigador sea conscientemente prejuicioso, pero hasta un profesor de universidad sin interés en el resultado necesita ser publicado de vez en cuando.

Muchas investigaciones son financiadas y predispuestas por alguna entidad que tiene algún plan para comprobar su solución, y esa solución tiene que ser algo que puedan mercadear y vender, preferiblemente con una patente o derecho de autor o alguna otra protección para proporcionarlas un monopolio. No hay ingresos y por ende no hay dinero para investigaciones en soluciones simples y comunes para los problemas.

Estoy seguro de que muchos estarán en desacuerdo conmigo, pero creo que hay entidades como la USDA que tienen su propio plan que ha sido revelado al ser observados durante un tiempo. El gran plan de cualquier agencia del gobierno es conseguir más dinero, más poder e intentar que parezca que están cumpliendo el propósito por el cual fueron puestos ahí. En el caso de la USDA, es obvio que tienen favoritismo por los químicos por encima de las soluciones naturales. Favorecen cualquier cosa que parezca ayudar a la economía de la agroindustria. Esto no significa solo al agricultor/apicultor pequeño, sino a toda la agro-industria. Les gusta ver cómo el dinero cambia de manos porque les parece que ayuda a la economía.

Solo porque hubo investigación sobre un tema y los investigadores llegaron a una conclusión no quiere decir que esa conclusión sea cierta.

Ahora, mientras hablamos de hechos, hablemos sobre una de las razones por las que a algunas personas no les gusta la ciencia y prefieren sus propias opiniones. Hablé de una arriba, que es que siempre nos gustan nuestras ideas porque encajan con nuestra manera de pensar, pero la otra es que la gente le gusta decir que algo no ha sido testado científicamente, como si eso significara que no fuese cierto porque no se ha probado. Cualquier cosa que no ha sido probada es simplemente algo que no ha sido probado. Porque no he comprobado que sea cierto, no significa que sea falso.

En 1847, el Dr. Ignaz Phillipp Semmelwis instituyó la práctica de lavarse las manos antes de ayudar a las mujeres a dar a luz a los bebes. Llegó a esta conclusión simplemente por la evidencia estadística de que las mujeres y los bebes que fueron atendidos por doctores que se lavaban las manos tenían menos mortalidad que las atendidas por doctores que no se lavaban las manos. Esto era "Post hoc ergo proptor hoc"- los doctores se lavaban y menos mujeres y bebes morían. Esto no es prueba científica y por ende sus colegas no lo consideraban prueba científica. ¿Por qué? Porque no podía proporcionar un mecanismo que lo explicara ni un experimento para probar el mecanismo. Porque era un defensor de algo que no podía probar absolutamente, lo echaron de la comunidad médica y le llamaron falso. Esto es un ejemplo de algo que no se había probado científicamente.

En los 1850s, cuando Louis Pasteur y Robert Koch crearon la ciencia de la microbiología y la "teoría del germen" de enfermedad, la teoría del Dr. Semmelwis finalmente fue probada científicamente. Ahora había un mecanismo y pudieron crear experimentos para probar ese mecanismo. Mi idea es que era cierto antes de ser probado y que fue cierto después de ser probado. La verdad no cambió porque lo probaran. Había, antes de esta prueba, evidencia que llevaría a la práctica de lavarse las manos, pero no prueba.

Vivimos nuestras vidas y tomamos decisiones todo el tiempo basadas en nuestra manera de ver el mundo. Esta visión no es la verdad, pero a veces está basada en nuestra experiencia y nuestro aprendizaje. A veces vemos algo que viene y cambia esa perspectiva y la aceptamos porque la evidencia es suficientemente fuerte. Ignorar la evidencia que encaja en el patrón de lo que vemos a nuestro alrededor porque no ha sido probada es estúpido. Aferrarnos ignorantemente a cosas que se han probado ser falsas es igualmente estúpido. Pero solo porque la mayoría crea algo como probado no significa que lo esté. Solo porque la mayoría de gente crea en algo no significa que sea cierto.

Diría que leyese la investigación con pinzas. Mire los métodos. Piense en los problemas que han sido ignorados. Preste atención a cualquier cosa que pueda cambiar la población que están estudiando o la población del grupo de control. Mire si el estudio se ha duplicado y si los resultados son similares o contrarios. ¿Cuál fue el tamaño de la población? ¿Cuál es la diferencia de éxito? Si solo hay una diferencia pequeña puede no ser estadísticamente importante. Incluso si hay una diferencia grande, ¿fue duplicado hasta esa diferencia tan grande? También, ¿cuáles pueden ser los prejuicios de las personas que hacen la investigación?

No Probado Científicamente.

De vuelta a esto. Frecuentemente escucho esto citado como si probara que algo es cierto: "no ha sido probado científicamente" o alguna variación. Esto se dice casi siempre cuando falta la prueba de algo que demuestre que puede ser incorrecto. Aparentemente no han prestado atención a la historia. Lo que es "conocido" hoy en día y lo que "no ha sido probado" hoy en día cambia día a día. Un "hecho conocido" hoy en día es una "locura" de mañana. Una "locura" de hoy en día es un "hecho cierto" de mañana. Encuentro más útil hacer mis propias observaciones y tomar mis propias conclusiones. Pero echemos un pequeño vistazo a la historia y "a esperar la prueba científica":

1604 "A Counterblaste to Tobacco" fue escrito por el Rey Jaime I de Inglaterra y se quejaba de fumar pasivamente y advertía de los daños a los pulmones. En su momento, no había, por supuesto, base científica para sus creencias.

1623-1640 Murad IV, sultán del Imperio Otomano, intenta prohibir el fumar al declarar que era un peligro para la salud pública. En su momento, no había, por supuesto, evidencia científica. Solo su observación.

1798 Doctor (y firmador de la Declaración de Independencia), Benjamín Rush declara que el uso del tabaco afecta a la salud de uno, incluso causando cáncer, basado en sus propias observaciones y por supuesto sin estudios científicos que lo prueben.

1929 Fritz Lickint de Dresden, Alemania, publicó un documento formal demostrando evidencia estadística de una correlación entre el cáncer del pulmón y el tabaco, pero esto, por supuesto es una correlación estadística y no se considera prueba, es simplemente "post hoc ergo proptor hoc".

1948 el psicólogo británico Richard Doll publicó el primer estudio primario que "probó" que fumar puede causar serios daños a la salud. Por supuesto, la industria tabacalera insistió en que esto no era prueba por el método científico porque no había mecanismo presentando cómo lo podía causar.

1950 Revista de la Asociación Médica de América (Journal of the American Medical Association) publica su primer estudio enseñando definitivamente la correlación entre fumar y el cáncer del pulmón. Es, por supuesto solo una correlación estadística pero es un número estadístico significante.

1953 el Dr. Ernst L. Wynder descubre la primera correlación biológica definitiva entre fumar y el cáncer.

1957 el Cirujano General Leroy E. Burney emite el informe "Informe Conjunto del Grupo de Estudio sobre la Salud y Fumar" (Joint Report of Study Group on Smoking and Health) la primera declaración oficial sobre fumar del Servicio de Salud Pública.

1965 el Congreso aprueba el acta Federal de Etiqueta y Mercadeo de Cigarrillo requiriendo las advertencias del cirujano general en los paquetes de cigarrillo.

¿En qué punto dejaría de fumar?

Diferencias de observaciones en general y como ejemplo, diferencias en las observaciones en el tamaño de celda.

"La contradicción no es una señal de falsedad, ni la falta de contradicción una señal de la verdad." —Blaise Pascal
"Las personas, normalmente, se convencen más por razones que han descubierto por sí mismas, que por aquellas encontradas por otros."— Blaise Pascal

Siempre me ha sorprendido y divertido que todo el mundo parece pensar que sobre un problema siempre hay una persona equivocada y otra persona que está en lo correcto. Especialmente cuando la diferencia se basa en observaciones de varias personas, y más especialmente cuando se relaciona con algo tan complejo como las abejas. Me sorprendería más que las observaciones de todo el mundo estuvieran de acuerdo.

Las abejas son animales complejos y lo que hacen depende no solo de las abejas sino de la etapa de desarrollo en que las abejas se encuentren y la etapa de desarrollo en que la colmena esté y la etapa de desarrollo en que las temporadas estén y las etapas de desarrollo en que las vegetaciones de alrededor estén. En otras palabras, en casi todo relacionado a las abejas los resultados de cualquier medida o cualquier manipulación dependerán en todo lo demás. Hay algunas generalizaciones que puede hacer pero es increíble cuantas veces usted puede pensar que tiene una solución segura que no funciona en circunstancias diferentes. Lo que ocurre en la acumulación de la primavera, el flujo, la reducción del otoño, la escasez, la colmena con cría, sin cría, con una reina ponedora, una reina virgen, sin reina, etc. varía bastante. No estoy diciendo que pueda explicar cualquier diferencia en la observación yo mismo, pero no tengo duda de que la gente implicada no tenga motivación para mentirme sobre este tema.

Claro que si queremos comparar observaciones necesitamos igualar algunas de estas cosas al igual que asegurarnos de que medimos las mismas cosas. Por ejemplo, si medimos el tamaño de celda, ¿estamos calculando el promedio sobre algo más pequeño que una celda de zángano? o ¿estamos calculando el promedio sobre cualquier cosa que actualmente tiene cría? o ¿solo estamos midiendo el centro de un nido de cría? ¿Estamos tratando de establecer un rango? ¿O un promedio? ¿Estamos midiendo de la misma manera, por ejemplo estamos midiendo a través de los planos o a través de los puntos? Pero aun así tenemos diferencias en observaciones.

En el caso del tamaño de celda de un panal creado de manera natural, tenemos las observaciones de Dee Lusby que dicen que el panal de obrera es uniforme en tamaño y las observaciones de Dennis Murrel que siguen un patrón pequeño en el centro y largo en los bordes, con el más largo en la parte superior. Tenemos las mías, que son similares pero no idénticos a Dennis. Tenemos a Tom Seeley que dice:

"La organización básica del nido es el almacenamiento de miel en la parte superior nido de cría debajo, y almacenamiento de polen en medio.

Asociadas con este equipo están las diferencias en estructura de panal. Comparado con panales usados para almacenamiento de miel, los panales de nido de cría son generalmente más oscuros y más uniformes en ancho y en forma de celda. El panal de zángano se localiza en la periferia del nido de cría."—The nest of the honey bee (Apis mellifera L.), T. D. Seeley and R. A. Morse

Lo que parece bastante similar a las observaciones de Dennis y las mías. Que hay celdas de almacenamiento de miel y que no son las mismas que las celdas de cría.

Langstroth dijo:

"El tamaño de las celdas donde se cría a las obreras nunca varía"

¿Significa esto que Dee está equivocado? ¿Qué es deshonesto? Creo que no. He ido a Arizona y mirado el panal de cortes que ha hecho con las abejas todavía en el panal y el panal en "marcos de enjambres" y los tamaños son muy uniformes. ¿Por qué las de ella son diferentes? No tengo idea. Pero mi idea es que ella está informando precisamente sobre lo que ve. Dennis ha tenido, en el pasado, fotos, mapas de medidas y tamaños de celdas en su sitio web, así que o es experto retocando fotos o está honestamente compartiendo lo que ha visto. Puesto que es más similar a lo que veo, y como sé que es una persona honesta, creo que informa de lo que ve. Le pregunto a la gente que hace cortes, todo el tiempo, para que informen de lo que ven sobre el tamaño de celda y vemos mucho en el área de 5.2mm y mucho en el área de 4.9mm. ¿Uno de ellos está equivocado y uno correcto? No creo. Creo que informan de lo que encuentran.

En cuanto a tamaños de celdas variantes:

"...una continua variedad de comportamientos y medidas de tamaños de celdas se observó entre colonias consideradas "fuertes Europeas" y "fuertes africanas".

"Debido al alto grado de variación dentro y entre las poblaciones manejadas ferales y de africanizadas, se enfatiza que la solución efectiva al problema de las africanizadas en áreas donde las abejas africanizadas han establecido poblaciones permanentes, es seleccionar consistentemente las más gentiles y las colonias más productivas dentro de las poblaciones de abejas melíficas existentes"—Marla Spivak —Identification and relative success of Africanized and European honey bees in Costa Rica. Spivak, M— Do measurements of worker cell size reliably distinguish Africanized from European honey bees (Apis mellifera L.) Spivak, M; Erickson, E.H., Jr.

Subestimar estudios científicos

"'Es con nuestros juicios como con nuestros relojes, ninguno es igual, pero cada cual cree en el suyo." —Alexander Pope
"Cuando deseamos corregir con ventaja y enseñar a otro que comete error,

debemos darnos cuenta desde qué lado
ve el asunto, ya que desde ese lado
será cierto y admitir la certeza, pero
revelarle el lado donde es falso. Él está
satisfecho con eso, ya que ve que no se
ha equivocado y que solo se equivocó al
no mirar desde ambos lados. Así, nadie
se ofenderá por no verlo todo; pero a
nadie le gusta estar equivocado, y esto
quizá viene del hecho de que el hombre
no puede verlo de manera natural, y
que naturalmente no puede errar
dessde el lado que mira, ya que las
percepciones de nuestros sentidos son
siempre ciertas." —Blaise Pascal
"Hay algo fascinante en la ciencia. Uno
recibe ciertas devoluciones continuas
de conjeturas de tan insignificantes
inversiones de hechos."—Mark Twain

Parece que hay muchas personas que acusan a otras de desacreditar un estudio simplemente porque no están de acuerdo con él. Quizás para alguien que no ha hecho nada para medir lo que estaba en el estudio, puede ser una acusación válida. Sin embargo, creo que todo el mundo lo hace en los asuntos donde el estudio está en desacuerdo con sus experiencias personales. *¡Como debe ser!*

Aun los "de mentalidad científica" de entre nosotros parecen desacreditar más estudios de los que ellos aceptarán en cualquier disputa. O piensan que la conclusión no está garantizada, que los números son insignificantes, o que el experimento estuvo pobremente diseñado, la mayoría desacreditará un estudio cuando los resultados son contrarios a su propia experiencia. El hecho es que su propia experiencia está en el contexto de su aplicación (su clima, su colmenar, su raza de abejas, sistema de apicultura) donde el estudio fue un intento por controlar todo lo posible y probablemente fue hecho en un clima diferente del suyo u otra circunstancia diferente de la suya. Así que nuestra honesta y sincera respuesta para esto está en encontrar esa diferencia y apuntarla para explicar las diferencias de resultado.

Si alguien ha prestado atención a los estudios científicos durante los últimos años, últimas décadas, últimos siglos, verá que los resultados normalmente oscilan entre dos conclusiones opuestas cada año o algo así. ¿Cuántos medicamentos han sido demostrados como seguros en estudios científicos solo para ser sacados al mercado después de menos de un año de haber sido probados en el campo? ¿Cuántas veces se ha dicho que la cafeína es buena para la salud, mala para la salud, buena para la salud de nuevo? ¿O el chocolate? ¿Alguien se acuerda cuando los doctores casi uniformemente avisaban de no comerlo? Ahora es un antioxidante que de acuerdo con un estudio científico de Holanda, reducirá a la mitad la probabilidad de morir de hombre adulto.

Solo los tontos siguen los estudios científicos sin pestañear. Los prudentes los levantan en contra de las experiencias personales y el sentido común.

Punto de Vista Mundial

Ya que el punto de vista mundial tiene mucho que ver con esto, compartiremos un poco más mi punto de vista.

Creo que el mundo es demasiado complejo para que cualquiera comprenda. Es por lo que creamos nuestro "punto de vista del mundo". Nos da un esquema básico con el que tomar decisiones y resolver problemas. Ninguno de nosotros puede comprender todo completamente, así que nadie de nosotros tiene un punto de vista completo y en el peor caso, un punto de vista erróneo sobre el mundo.

Empírica frente a estadística

Estoy a favor del "método" científico. Especialmente si es seguido. Había una vez cuando en el "mundo" científico que todo excepto la verdad empírica era ignorado. Pero en parte debido al *faux paux* antes mencionado donde los doctores perseguían a un doctor brillante para proponer algo basado en evidencia estadística (lavarse las manos antes de ayudar a mujeres a dar a luz o atender en cirugías), la moda actual en la ciencia y la medicina es realmente dar credibilidad a la evidencia estadística. A veces hasta un extremo que no es enteramente razonable.

Como mencioné en la ilustración de "lanzar una moneda al aire", a veces las estadísticas que hemos recogido se distorsionan por posibilidades aleatorias. Otras veces los resultados son influenciados por otros factores. Es una de las razones por las que los científicos en el pasado desacreditaban la evidencia estadística e insistían en la evidencia empírica.

En el caso de algunos problemas estadísticos, la muestra es grande (a veces un país entero o continente) los otros factores se promedian bien y las diferencias en los resultados son grandes. Por ejemplo, las mujeres que fuman son doce veces más propensas a morir de cáncer del pulmón que las mujeres que no fuman. Esto no es un número significativo. Si fuese el doble sería significativo, pero doce veces no es muy significativo. Cuando estos números son de una muestra amplia se convierte incluso en más significativo.

Por otro lado esto no es evidencia empírica. Si todo lo que hacemos es recoger estadísticas entonces lo único que tenemos es *"post hoc ergo proptor hoc"*. Sigue siendo demasiado grande como para ignorarlo. Pero entonces hay estudios de cómo los constituyentes del humo del tabaco causan cambios celulares y finalmente cáncer. Este estudio tiene más evidencia empírica por el hecho de que pueden exponer células a sustancias del tabaco y ver cómo cambian. Y lo hemos estudiado hasta el punto de saber que alguno de esos químicos causa algunos de esos cambios.

No hay tanto tiempo en lo que me queda de vida para hacer una experimentación tan extensa como la del cáncer sobre cada aspecto de todo en lo que estoy involucrado. Lo que yo (y todo el mundo) he hecho mientras proceso mis experiencias, es buscar patrones. Los patrones son los senderos que nos llevan al camino de la experimentación. Así es como un científico llega a una teoría. Hemos visto un patrón que es la manera general en que las cosas funcionan y nos inventamos una teoría basada en el patrón. A veces la diferencia entre un punto de acción y otro es tan insignificante que no merece demasiado trabajo e investigación. A veces cuando las dificultades ocurren, vale la pena intentar descubrir la causa de las dificultades. Este es el momento de estudiar algo y aplicar el método científico para descubrir una solución.

Intentémoslo desde un punto de vista personal. Si toco un metal caliente y me duele el dedo y desarrolla una ampolla, ¿eso es evidencia empírica de que tocar metal caliente quema mi dedo? Solo sé que "toqué el metal y me dolió el dedo" entonces no, no lo es. Pero tengo otras cosas que considerar. Una es que sé un poco sobre el metal. Sé que ha sido calentado y sé que podría sentir el calor que emitía. También sé que cuando aplico calor a otras cosas se combustionan o se derriten o se dañan de otras maneras. Entonces es razonable para mí creer que el metal causó la quemadura porque no solo tengo una conexión cronológica (una seguida de la otra) sino también un mecanismo. He observado otras cosas quemándose cuando están calientes, así que es razonable asumir que ese calor (no el metal) causó mi dolor. Sería razonable para mí no tocar el metal de nuevo cuando está caliente. Por otro lado si no estoy prestando atención a los detalles y llego a la conclusión errónea de que tocar el metal quema mi dedo y no tengo en cuenta el mecanismo (el calor en el metal) podría pasar por la vida sin volver a tocar metal de nuevo. Esto parece ser un poco tonto, pero otras situaciones son mucho más complejas que la situación del dedo y el metal y un aspecto significativo de otra situación pasa desapercibida y pasamos la vida con una creencia equivocada.

Creo que muchas veces no hay tiempo para ser científico. Cuando sus abejas están muriendo, por ejemplo, puede, por desesperación, intentar varias cosas a la vez y ver si se mejoran. Si lo hace, nunca sabrá en realidad cuál de esas cosas fue la que marcó la diferencia. Incluso si solo intenta una cosa, no sabrá si marcó la diferencia o si se hubiesen recuperado por si solas.

Una mujer que conozco dice: "el método de enseñar a ir al baño que intentó justo antes de que su hijo aprendiera, es el que usted considerará como efectivo". Su idea es que habría aprendido a ir al baño con o sin su ayuda, pero estará seguro de que fue por el método que uso ("post hoc"). Cuando va al médico y recibe medicina y entonces se recupera, probablemente pensará que es la medicina. Estadísticamente con o sin la medicina hay una probabilidad de 99% de que mejorará, pero le dará crédito a lo que hizo antes de recuperarse. Por el contrario, si toma medicina y empeora, culpará a la medicina. Estadísticamente esto es más probable. De acuerdo con un estudio reciente del Instituto Nacional de Academia de Medicina, cada año mueren más personas por errores médicos que de accidentes vehiculares (43,458), cáncer de mama (42,297), o SIDA (16,516). Así que las probabilidades son de que sí fuese la medicina. Pero no será un hecho a no ser que se haga más investigación. Estos tipos de conclusiones simples, no basadas en suficiente evidencia para ser científicas, se basan normalmente en vivencias porque no tenemos el tiempo, la energía, o la oportunidad de hacer una muestra suficientemente grande como para llegar a conclusiones significativas. Estas conclusiones no son científicas y a veces son equivocadas pero también frecuentemente son correctas.

Cosas Naturales

Admito ser prejuiciado con las cosas que son naturales. No es solo una creencia fanática sin base, se basa en mi experiencia y observación. Es uno de los patrones que he observado. Con el paso del tiempo he visto muchas soluciones no naturales a problemas que han fracasado miserablemente. A veces con consecuencias catastróficas.

Cuando era joven, la ciencia iba a resolver todos nuestros problemas. Curar todas las enfermedades, darnos vacunas para todo. Iba a erradicar (¿esta palabra suena familiar?) moscas, mosquitos, ratones, ratas, y perritos de la pradera. Los humanos han sido bastante eficaces en erradicar cosas como osos y lobos (claro que no fue ciencia, sino niños de 14 años recogiendo trofeos por las orejas). El resultado de este pensamiento fue rociar DDT por todas partes, veneno de rata echado por todas partes y la aniquilación de cada raptor en el continente, sin mencionar a los depredadores de los perritos de la pradera. Por supuesto, no hubo ningún impacto significativo en los mosquitos, ratas, ratones, o moscas. Pero esto es solo uno de una serie de fiascos científicos.

He encontrado que no solo los doctores y los científicos comúnmente se equivocan sino que hacen lo opuesto de lo que debían haber hecho. Entiendo que esto abrirá la caja de Pandora, pero soy un guerrero de la Danza del Sol Lakota. Sin comer ni beber durante cuatro días y cuatro noches bailando desde el amanecer hasta la puesta del sol en un clima por encima de los 100 grados Fahrenheit, he visto muchos casos de agotamiento por calor y he tenido un caso severo en dos ocasiones yo mismo. Estas son personas con piel caliente y seca, nauseas, vómitos, confusión. Solo conozco una cura y nunca he visto que fallara. Esto pasa en gente que todavía no quiere nada de beber y que se dan la vuelta y bailan durante dos días más. Son gente que dejaron de sudar hace un día porque no tenían más nada que sudar. Si llevara a una de estas personas a algún doctor inmediatamente tratarían de enfriarlas. Cuando se tiene agotamiento por calor, su cuerpo se confunde y no sabe qué hacer. El cuerpo empieza a calentarse porque no está seguro de hacia dónde ir. Es intuitivamente obvio hacer que se enfríen. Esto fracasa frecuentemente. Cuando los doctores usan el tratamiento de enfriamiento, las personas mueren. Literalmente cientos de personas murieron en una ciudad grande durante una ola de calor y estas personas tenían acceso a agua, acceso a cuidado médico, y sus cuerpos tenían suficiente humedad para sudar. La primera vez que estuve exhausto de calor, me senté en el rio Niobara durante un buen rato sin ningún alivio.

El tratamiento que nunca he visto fallar, es poner la persona en mucho calor, mucha humedad, mucho sudor corto. Esto significa llevarlo a una cabaña con rocas rojas calientes, cerrarlo y echarle agua por encima a las piedras, haciendo mucho vapor hasta que el lugar es tan caliente que no lo soportas. Los efectos en el cuerpo son inmediatos. Primero el cuerpo inmediatamente se da cuenta de que está caliente. ¿Cómo puede estar confundido cuando el aire está acercándose al punto de ebullición? La segunda cosa que ocurre es que la piel se cubre con condensación. Cuando salen, el cuerpo está convencido a aceptar el enfriamiento y el agua está ahí para hacer el trabajo. No creo que nunca escucharé un estudio científico sobre la eficacia de este tratamiento porque va en contra de su manera de ver el mundo.

Los doctores tienen el punto de vista de que cualquier cosa que haga el cuerpo que ellos no quieran, intentarán que pare. Tengo el punto de vista de que cualquier cosa que mi cuerpo quiera hacer, tengo que ayudarle a hacerlo, hasta que decida parar. Cuando tengo fiebre, o me sumerjo en una bañera de agua caliente hasta que lo soporte o en una sauna para sudarlo. Si el cuerpo quiere fiebre, lo ayudo a que tenga. No tomo aspirina ni nada así a no ser que la fiebre persista después de la sauna, pero nunca me ha ocurrido.

Seguir la naturaleza y trabajar con ella es mi punto de vista del mundo. Está basado en mis experiencias. Es cierto que a veces nuestras experiencias nos llevan en la dirección equivocada, y nos lleva a conclusiones erróneas, pero más a menudo nos ayudan con los patrones de lo que está a nuestro alrededor.

Paradigmas.

"Todos los modelos están equivocados, pero algunos son útiles" —George E.P. Box

Parte del problema con todo esto es que ningún modelo que tenemos es incompleto. Una palabra nueva se ha establecido en nuestro lenguaje. Probablemente ha estado ahí durante un tiempo, pero ahora se ha hecho notar. Los programadores de ordenadores lo usamos mucho. Es "paradigma". Simplificando, un paradigma es un punto de vista, un modelo, una manera simplificada de ver un problema particular que nos ayuda a resolverlo.

Un ejemplo seria la física Newtoniana. La física Newtoniana es un conjunto de reglas matemáticas que nos permite predecir cosas como el camino de una bala, la cantidad de energía en un choque de vehículos o el movimiento de los planetas. Resumiendo, no resuelve la mayoría de los problemas que tengan que ver con el movimiento y la energía a velocidades inferiores a la velocidad de la luz. Es un paradigma útil. Aún se usa diariamente y se enseña en el instituto y la universidad, por su utilidad.

El problema es que no es cierto. Durante años fue aceptado como una verdad sin disputar, hasta que alguna evidencia llegó para contradecirlo. La evidencia normalmente es a nivel atómico, y cercana a la velocidad de la luz, pero es difícil de refutar. Estos niveles atómicos permanecieron sin resolver hasta que Einstein, un matemático (que suspendió matemáticas en la escuela), sin ningún grado en física, tiró el paradigma Newtoniano por la ventana y propuso el paradigma de la relatividad. Esto entonces pasó a ser verdad (aún cuando la mayoría de los problemas eran más fáciles de resolver con el paradigma newtoniano y todavía siguen siendo resueltos de esa manera) hasta que algunas contradicciones forzaron otro cambio y un nuevo paradigma, la física quantum.

Einstein recibió mucha crítica por desacreditar la física newtoniana. Fue aceptada como verdad absoluta y lo cuestionó. Pero nadie pudo resolver estos problemas de la velocidad de la luz hasta que se descartó el paradigma viejo y se encontró uno nuevo que lo solucionó.

> *"Siempre escuche a los expertos. Le dirán qué no se puede hacer y por qué. Entonces hágalo."— Robert A. Heinlein*
> *"Lo que tenemos que descubrir a veces está bloqueado por lo que ya sabemos."—Paul Mace, autor de "Mace Utilities"*

Este método de resolver problemas se llama cambio de paradigma. El bloqueo más grande para el siguiente paradigma es aferrarnos demasiado al último.

Este es el propósito de un cambio de paradigma. Descartar (por lo menos temporalmente) lo que conocemos para que no nos bloquee lo que tenemos que descubrir.

El paradigma clásico de nuestra relación con el sol es que el sol sube por el este y se pone por el oeste. Este paradigma es útil para descifrar en qué dirección estoy caminando y en qué dirección poner mi granero, casa, colmenar, o tipi. De hecho para casi todo lo que es terrestre funcionará bien. Pero falla miserablemente cuando se intenta explicar lo que ocurre en nuestro sistema solar.

Para eso nos apoyamos en el paradigma de Galileo, Copernicanismo, que dice que el sol es el centro de nuestro sistema solar y que dice que está quieto y que nosotros nos movemos a su alrededor y damos vueltas en un eje. Es esa vuelta en el eje la que causa la ilusión de que el sol sube por el este y baja por el oeste. Por supuesto no lo hace y aún así seguimos diciendo como hecho absoluto que el sol sale por el este. Lo vemos desde nuestro punto de vista, aquí en la tierra.

¿Así que el modelo clásico de que el sol sale por el este, es cierto? No. ¿Es útil? Sí. ¿Es el modelo de Galileo cierto? No. El sol no está fijo, está flotando por el espacio, pero desde el punto de vista de nuestro sistema solar parece ser cierto y cuando lidiamos con cosas solamente dentro de nuestro sistema solar es un modelo útil.

Nuestro punto de vista del mundo es una serie de paradigmas que hemos adoptado. Frecuentemente confundimos este punto de vista y estos paradigmas con la verdad. Pero para que sea cierto tendría que ser el universo en sí. La idea del paradigma es hacer un modelo simple y abstracto. Aislar los elementos esenciales para hacer que una solución posible este en nuestro nivel de entendimiento. Así que por su naturaleza, un paradigma nunca podrá ser la verdad entera, porque la verdad entera es infinita y nos sobrepasaría.

El peligro de los paradigmas es que los confundimos con la verdad. No lo son. Cuando el paradigma que tenemos no funciona, es hora de un cambio de paradigmas. Tomar prestado otro punto de vista del mundo. Crear un, pero estar dispuesto a dejar de lado al que no funcione.

Un paradigma (hecho de muchos pequeños) es una filosofía. Es muy bueno para las "Grandes Preguntas" como "¿Por qué estoy aquí?" "¿A dónde voy?", pero es terrible para arreglar su coche.

Otro paradigma es el "Método Científico". Muy bueno para arreglar su coche, un cero a la izquierda para crear relaciones.

Números Científicos en sistemas complejos

No es tan simple

Entiendo que a todo el mundo le gustaría pensar que lo que miden es científico. Cosas como el peso, la temperatura, volumen son simples de cuantificar y por ende parecer muy científico al tratar de probar algo. El problema es que incluso los sistemas simples son más complicados que una simple medida. Normalmente expresamos estas cosas más complejas con declaraciones turbias como "no es pesado, es incómodo". Esto es una manera de expresar que aunque sabemos (desde el punto de vista científico) que si ponemos este objeto en una escala no dirá que pesa mucho más que objetos que podamos levantar con facilidad, este objeto es difícil de levantar. Sentimos que el peso debe traducirse a cuán difícil es de levantar, pero también sabemos que la realidad es que no lo es.

El peso como ejemplo

El peso es solo un aspecto de cuán difícil es algo de levantar. Cualquier objeto donde acabamos con mucho peso fuera del cuerpo es incómodo. El contrapeso está en contra de nosotros de tal forma que es como poner más tensión en nuestras espaldas que el peso parecía indicar. Esto es porque cómo de difícil es algo de levar o mover, no trata sólo de peso, es el contrapeso y la ventaja y desventaja mecánica. Es también sobre cuán rápido podemos poner un objeto en el suelo, o con cuánto cuidado tenemos que poner el objeto en el suelo.

Mover sacos de granos de cincuenta libras donde puedo tirarlas en una pila es mucho más fácil que cajas de abejas y miel de cincuenta libras que tienen que ser puestas en el suelo cuidadosamente. Es también sobre cuánto hay que doblarse para colocarlas en el suelo. El peso es solo un aspecto del problema entero.

Una caja de ocho marcos es mucho más fácil de manejar que lo que su peso indicaría. Es cierto que pesa menos que una caja de diez marcos en otras circunstancias iguales (llenas de miel, de la misma profundidad, etc.) pero el peso que eliminó eran los dos marcos más alejados de su cuerpo, siendo la desventaja mecánica de esos marcos mucho mayor que la del resto. Así que mirándolo desde una simple medida (peso) es engañoso. Hay que tener en cuenta muchas otras cosas. Esas son cosas que probablemente podrán ser cuantificadas, pero hacer eso es mucho más complejo. Intentar descifrar el "peso mecánico" (significa el peso por la ventaja o desventaja mecánica) es mucho más complicado que ponerlo en una escala y pesarlo.

Invernar como otro ejemplo

Saco este tema, no solo para hablar de cajas, sio sobre cosas en general y otras cosas como las termodinámicas de invernar una colmena. No estoy intentando explicar la respuesta a la termodinámica de una colmena, sino intentando resumir la pregunta y mostrar que la métrica es mucho más complicada de lo que parecía en un principio. Veamos cuántos aspectos significativos de las termodinámicas de una colmena invernando podemos listar:

• **Temperatura**. Este es simple. Es fácil medir temperatura al poner un termómetro donde puede medirla. Mida la temperatura de los puntos equidistantes de la colmena, del agrupamiento, de los bordes de los agrupamientos y de fuera de la colmena.

Estos son los "hechos" que normalmente usaban para intentar explicar la termodinámica de una colmena invernando. Estos hechos son una pequeña parte de la idea general.

- **Producción de Calor.** El agrupamiento está produciendo calor. Puede argumentar que no calientan la colmena, y obviamente esa no es su intención, pero si producen calor en la colmena y el calor se disipa en la colmena, y dependiendo de otros factores, al exterior, a cierto ratio. Esta fuente no termostática de calor controlada en las abejas producirá más calor mientras las temperaturas caen para compensar por la pérdida de calor, o menos mientras calientan. La temperatura en su casa es la misma con la puerta abierta o cerrada, pero eso no significa que dejarla abierta no importe. Un ambiente controlado termostático puede ser engañoso cuando intentamos medirlo en temperatura y no se tiene en cuenta la pérdida de calor.
- **Respiración.** Hay un cambio de humedad en la colmena causado por el proceso metabólico de las abejas. Esta agua se pone en el aire por la respiración. Es aire caliente y húmedo. Esto cambia la humedad y la humedad cambia otros aspectos.
- **Humedad.** La humedad en el aire cambia muchos otros aspectos de la termodinámica que causan más transferencia de calor por convección, más calor almacenado por el aire, más condensación y menos evaporación. Expresamos la diferencia cuando nos referimos al clima con cosas como "hace calor pero era calor seco" o "no hacía frio, era la humedad".
- **Condensación.** La condensación de agua desprende calor. Hay agua condensándose en los lados fríos y la tapa de la colmena durante el invierno y esto afecta a la temperatura. La condensación es causada por la diferencia de temperatura entre la superficie y el aire que entra en contacto con la superficie. Ocurre

cuando la humedad del aire es lo suficientemente alta como para que el aire se enríe en la superficie, el aire (ahora más frio) no puede soportar esa cantidad de humedad.

• **Evaporación.** El agua se ha consensado y ha bajado desde los lados hasta el fondo o goteado en las abejas, se evapora. Esto absorbe calor mientras se evapora. Abejas mojadas tienen que quemar cantidades enormes de energía para evaporar el agua que les ha goteado. Los charcos de agua en el fondo continúan absorbiendo calor hasta que se evaporan.

• **Masa Termal.** La masa de toda la miel en la colmena mantiene el calor y disipa el calor con el paso del tiempo. Cambia el periodo de donde ocurren los cambios de temperatura. Mantiene gran parte del calor que está en la colmena. Mucha miel fría puede mantener una colmena fría aun cuando hace calor fuera. Mucha miel caliente puede mantener una colmena caliente aun cuando hace frío fuera. Modera el efecto de los cambios de temperatura y mantiene y suelta calor. Esto está más relacionado con la cantidad de calor que hay en el sistema que con la temperatura. Una masa grande de temperatura moderada puede mantener más calor que una masa pequeña de temperatura alta.

• **Intercambio de Aire.** Estoy separando esto de la convección, aunque la convección está implicada, porque estoy diferenciando un intercambio de aire con en el exterior al contrario que la convección teniendo lugar dentro de la colmena. El aire exterior que entra en la colmena es esencial para que las abejas tengan suficiente oxígeno para su metabolismo aeróbico, pero cuanto más hay, más afectan las temperaturas de la colmena. Si se minimiza en invierno, las temperaturas en la colmena se minimizarán durante el invierno, la temperatura en la colmena excederá la temperatura exterior de la colmena. Si disminuye demasiado las abejas se sofocarán. Si aumenta demasiado las abejas tendrán que trabajar mucho más duro para mantener el calor del agrupamiento. Aun si fuese a aumentar esto gradualmente hasta el punto de que las temperaturas interior y exterior fuesen iguales, más intercambio de aire desde ese punto en adelante no cambiaría la temperatura, dentro, fuera, o en el agrupamiento pero causaría más pérdida de calor para compensar. Si se empeña en medir la temperatura no vería esta diferencia.

• **Convección** dentro de la colmena. La convección es como un objeto con masa térmica y, por lo tanto, algún calor cinético, pierde el calor en el aire (dependiendo de la dirección de la diferencia del calor) y si el aire se calienta se levanta trayendo más aire fresco en su lugar. Si se enfría se hunde trayendo más aire caliente en su lugar. Las cosas que bloquean el aire o lo dividen en capas añadirán al calor. Así es cómo cosas como las sabanas y las mantas funcionas. Crean un espacio muerto donde el aire no se puede mover fácilmente. Un vacío térmico funciona en el principio de que si no hay aire, no se puede llevar el calor por convección. Cuanto más espacio abierto haya en la colmena, más convección puede tener lugar. Cuanto más limite con cosas como capas, menos convección tendrá lugar. A veces nos referimos al exceso de convección en nuestras casas como "Estaba a 70 grados en la casa pero había brisa."

• **Conducción.** La conducción es cómo se mueve el calor por un objeto. Coge la pared exterior de la colmena. Por la noche si hace frio fuera, absorbe el calor de dentro que viene por convección (aire caliente en contra de la superficie) y el calor de radiación (calor radiando del agrupamiento) y el calor que calienta la madera. El índice por el cual el calor se mueve a la madera desde fuera es la conductividad. El calor se conduce al exterior donde la convección se lleva el calor a la superficie. En un día soleado en el lado sur, el sol calentará la pared, el calor se moverá por conducción por la pared interior donde la convección transferirá el calor al aire. El aislamiento o las colmenas de poliestireno harán la conducción más lenta.

• **Radiación.** La radiación es el proceso por el cual en cuerpo emite energía, transmitida por un medio o un espacio sin que no afecte de manera significativa a la temperatura del medio, y absorbida por otro cuerpo. Una lámpara de calor o el calor del fuego son ejemplos tangibles de esto. En el caso de una colmena invernando, las dos fuentes de calor son el agrupamiento y el sol. Durante un día caliente el calor radiante del sol da a un lado de la colmena y se vuelve calor cinético y es transferido por conducción a la parte interior de la colmena. El calor radiante del agrupamiento da a los panales de alrededor de la miel y las paredes, tapa y fondo. Parte es absorbido por la miel y las paredes, y el resto se reflecta de vuelta. La cantidad depende de cuán cerca del agrupamiento y cuán reflectada esté la superficie. La experiencia del calor radiante sería estar en el sol en un día frio o poner un termómetro en el sol y tener una lectura dramáticamente diferente a en la sombra.

• **Diferencias de Temperatura.** La cantidad de diferencia de temperatura entre el agrupamiento y el exterior es un factor significativo. Si sus temperaturas exteriores en el invierno tienen por promedio 32º F y sus bajas rara vez están en 0º F lo significativo de alguna de estas cosas será mínimo. Por otro lado, si sus inviernos normalmente tienen temperaturas de -20º a -40º F durante periodos largos de tiempo, entonces estos problemas son mucho más significativos.

La verdadera pregunta es "¿cómo interacciona todo esto en una colmena que está invernando?"

Una pista para entender algo de esto es observar a las abejas. Se ajustan basándose en lo que están experimentando de pérdida de calor, en vez de lo que dice el termómetro. El agrupamiento se mueve al lugar donde hay menos posibilidad de pérdida de calor. Esto debe ser una pista de dónde y cómo están perdiendo el calor.

Mi idea es, si mira la mayoría de las cosas son más complicadas que una medida simple pero tenemos la tendencia de intentar reducirlas a eso.

Una colmena realmente viciosa tiene gran necesidad de reemplazar a la reina, pero es también muy difícil encontrar a la reina. Entre la distracción de cien mil abejas intentando matarle y las abejas volando por todos los panales, la reina viciosa también se mueve mucho y es difícil de encontrar. También hay que tener en cuenta que una colmena sin reina puede ser viciosa así que asegúrese de que tiene huevos o señales de una reina antes de gastar tiempo intentando encontrarla. También busque señales de orfandad como un grito disonante cuando la colmena esté cerrada. Cuando necesito reemplazar a la reina, esto es lo que he hecho en esas circunstancias.

Primero, prepárese para que le piquen. Prepárese para echarse para atrás un momento. Preparase para huir también. Creo que correr por los arbustos es una buena manera de deshacerse de las abejas que se le han pegado y de las abejas que le están persiguiendo.

Divida y vencerá.

El objeto de esto es dividir la colmena en partes manejables. Una parte será una caja vacía en la antigua ubicación para atraer a las abejas del campo que normalmente son las más difíciles de dominar, y sabemos que no tienen reina. Si tiene un carrito y algo de ayuda, puede mover la colmena de una pieza 10 yardas de distancia y poner una caja vacía en la antigua ubicación para que las abejas de campo salgan antes de manejar la colmena. Nunca he tenido ayuda así que lo hago caja a caja. Queremos el resto de las cajas de la colmena en su propio fondo con su propia tapa. Cada una tendrá una reina, así que si pretende pedir o encargar reinas, pida una reina más que el número de cajas en la colmena. Ahora ponga tantas tablas de fondo, a diez pasos de la colmena original, como cajas haya en la colmena original. Asegúrese de tener un traje de apicultor, de tener bandas elásticas en los tobillos para que no entren por ahí, de tener un velo con cremallera, y guantes de cuero. Ponga tantas tapas como cajas tenga al lado de la colmena y una adicional en el fondo. Saque el ahumadero y ahúme la colmena hasta que el humo salga por arriba. Usted solo quiere asegurarse de que las abejas huelan el humo en vez de las feromonas. No apague las llamas hasta que estén enfadadas, solo ahúme. Espere al menos 60 segundos. Ahora abra la caja dejando la tapa. Póngala en el fondo y ponga una tapa en la parte superior de la colmena. Ponga la caja que ha quitado en una de las tablas del fondo. Tome nota de cualquiera que parezca tener la mayoría de abejas y menos peso (más frecuentemente la de cría o la que tiene una reina) y márquela con una roca u otro tipo de señal. Repita hasta que no haya cajas en el fondo original. Si no movió la colmena entera, ahora ponga una caja vacía con marcos en la tabla de fondo y cúbrala. Esto es para captar a las abejas de campo que regresan. Ahora váyase y vuelva en una hora o un día.

Cuando regrese, empiece con las cajas más pobladas ya que es más probable que tengan reina. Ponga otra tabla de fondo y una caja vacía sin marcos en esa tabla de fondo. Ahúme un poco esta vez. No quiere que la reina corra mucho. Espere un minuto. Abra la caja y busque el marco con la mayoría de abejas y hálelo para buscar una reina. Si la encuentra, mátela. Si no, ponga el marco en la caja vacía y siga con los demás marcos. Si no puede manejarlos con fuerza entonces divida los 10 marcos en dos núcleos de cinco marcos. Deje que los núcleos se tranquilicen y entonces busque dentro de ellos. Encuentre a la reina y mátela. Váyase las veces que necesite para que se calmen, pero quédese hasta que termine. Busque pistas. La caja que tenga el mayor número de abejas es probablemente la que tiene reina. Una vez que la reina está muerta, cualquier caja huérfana podrá reemplazar a la reina en 24 horas. Presente una reina en jaula. No abra el dulce, solo ponga a la reina con la rejilla hacia abajo para que las abejas puedan alimentarla. Algunas abejas viciosas no aceptarán una reina nueva. No se preocupe por ahora. Que unas no acepten a la reina, combina perfectamente con que otras no la acepten. Después de tres o cuatro días, saque el corcho y haga un agujero para dulce. Si las abejas parecen intentar salir y no están mordiendo la rejilla, podría abrir la rejilla y dejarlas salir.

Cuatro o cinco colmenas débiles viciosas son mucho menos agresivas que una colmena viciosa grande así que en poco tiempo estarán algo más calmadas. En 12 semanas o algo así deberían haber vuelto a la normalidad.

Si quiere asegurarse incluso para buscar a la reina, puede esperar hasta el día siguiente después de dividirlas, y poner a la reina en una jaula con dulce en la caja. Vuelva al día siguiente y vea si hay una reina muerta o una donde estén mordiendo la jaula. La jaula que están mordiendo o la que tenga la reina muerta es probablemente la que tiene la reina. Mire ahí. Puede que tenga que poner la mitad de los marcos en otra caja, esperar a que se calmen y buscar menos abejas. Después puede poner el corcho en el extremo del dulce y dejar que las abejas suelten a la reina en cada caja. Si la reina nueva de la caja con reina está muerta, puede combinar la caja con una que tenga una reina enjaulada. Puede también reemplazar a la reina de las abejas de campo pero será más difícil. Puede hacer una combinación de periódico después de que la reina sea aceptada en una de las divisiones.

CCD

Este tema surge mucho y he sido citado erróneamente. He aquí lo único que he dicho sobre el tema.

Después de muchos años de CCD y muchos estudios de microbios en abejas y colmenas, he dado con una teoría. Es, por supuesto, solo una teoría y no tengo a mi disposición científicos trabajando en ella. Pero me parece que la razón por la cual no pueden encontrar un microbio como causa o por la cual cambian tanto de opinión sobre cuál es el microbio que lo causa, es porque ahí no está dicho microbio. Y tampoco los que deberían estar. Hay alrededor de 8,000 microbios que han sido aislados que viven en una colmena sana y en el estómago de una abeja sana. Muchos de los que conocemos son necesarios para la fermentación del pan de abeja (polen, nácar, varias bacterias, algunas levaduras y otros hongos). Si el polen no fermenta, las abajas no lo puede digerir. También la bacteria que vive en el estómago de las abejas sustituye a muchos patógenos. También tenga en mente que esta ecología de más de 8,000 microbios vive en equilibrio. Incluso los patógenos previenen de otros patógenos. Sabemos que el hongo de cría calcificada previene el loque europeo y el hongo de la cría petrificada previene Nosema. Existen muchos balances de este tipo en una colmena sana.

Así que presentemos la Terramicina. Los apicultores empezaron a usarlo hace varias décadas y estos microbios han tenido muchos años para desarrollar resistencia. Y mientras estoy seguro de que el Terramicina perturba este equilibrio, también introduce un equilibrio nuevo.

Ahora presentemos el Tylosin (el cual solo se usa supuestamente para resistencia TM al loque americano pero que ahora se está expandiendo y es más poderoso y cubre un espectro más amplio, y tiene más longevidad) y nos quitamos de Apistan y Coumaphos, que no causan daño a los microbios sino que causan problemas mayores a las abejas y matan otros insectos y ácaros que son parte de la ecología, y empezamos a usar acido oxálico y ácido fórmico el cual causa un cambio en el pH de la colmena y cambia qué microbios viven y cuáles mueren al igual que conmocionan y matan a la mayoría de microbios. Así que ahora entre Tylosin y los ácidos orgánicos que hemos aniquilado y reestructurado el ecosistema entero de microbios y otras criaturas de la colmena. ¿Qué esperaría como resultado? Entre otras cosas, esperaría encontrar señas de malnutrición porque ahora el polen es indigerible entre tanta abundancia de comida. Esperaría un severo derrumbamiento de la infraestructura de la colmena.

Esa es mi teoría.

Sobre el Autor

"Su escritura es como sus conversaciones, con más contenido, detalle, profundidad que uno pensaría posible con tan pocas palabras... su página web y sus presentaciones de PowerPoint son el modelo de referencia para prácticas diversas y de sentido común de apicultura."—Dean Stiglitz

Michael Bush es uno de los partidarios más importantes de la apicultura sin tratamientos. Ha tenido una variedad ecléctica de trabajos, desde impresión y artes gráficas, a la construcción de programas de ordenadores y otros cuantos en medio. Actualmente está trabajando en computadoras. Ha tenido abejas desde mediados de los '70, normalmente de dos a siete colmenas hasta el año 2000. El ácaro de Varroa le obligó experimentar más, lo que requirió más colmenas y el número se ha ido incrementando con los años. Para 2008, tenía alrededor de 200 colmenas. Es un miembro activo en los foros de apicultura con alrededor de 50,000 publicaciones y subiendo. Tiene una página web sobre apicultura en www.bushfarms.com/bees.htm

www.ingramcontent.com/pod-product-compliance
Lightning Source LLC
Chambersburg PA
CBHW021427180326
41458CB00001B/158